网络空间安全系列教材

密 码 学
——基础理论与应用

李子臣　编著

電子工業出版社
Publishing House of Electronics Industry
北京·BEIJING

内 容 简 介

本书在国家密码管理局和中国密码学会的指导下，依据教育部高等学校网络空间安全专业教学指导委员会发布的网络空间安全、信息安全本科专业密码学课程知识领域的要求，系统地讲述了密码学的基本内容。

本书系统讲述了密码学的基本概念、基本理论和密码算法，基本涵盖了密码学各方面内容。全书共15章：第1章和第2章主要讲述了密码学的发展历史、密码学的基本概念和古典密码，第3章和第4章讲述了分组密码，第5章和第6章讲述了序列密码，第7～9章讲述了公钥密码，第10章以格理论密码为例讲述了后量子密码，第11章和第12章讲述了密码杂凑算法，第13章讲述了数字签名，第14章讲述了身份认证，第15章讲述了密钥管理。在相关的章节系统讲述了国家商用密码算法，包括祖冲之序列密码算法、SM2公钥密码算法、SM3密码杂凑算法、SM4分组密码算法、SM9标识密码算法等。

本书可作为高等院校信息安全专业、网络空间安全专业或其他相关专业本科生的教材，也可作为网络空间安全专业、计算机科学与技术专业或其他相关专业研究生的教材，还可作为信息安全相关领域中的教学人员、科研人员及工程技术人员的参考用书。

图书在版编目（CIP）数据

密码学：基础理论与应用 / 李子臣编著. —北京：电子工业出版社，2019.9

ISBN 978-7-121-36501-0

Ⅰ. ①密… Ⅱ. ①李… Ⅲ. ①密码学－高等学校－教材 Ⅳ. ①TN918.1

中国版本图书馆 CIP 数据核字（2019）第 089267 号

责任编辑：戴晨辰　　特约编辑：田学清
印　　刷：三河市华成印务有限公司
装　　订：三河市华成印务有限公司
出版发行：电子工业出版社
　　　　　北京市海淀区万寿路 173 信箱　　　　邮编：100036
开　　本：787×1092　　1/16　　印张：15.75　　字数：403 千字
版　　次：2019 年 9 月第 1 版
印　　次：2024 年 8 月第 12 次印刷
定　　价：48.00 元

网络空间安全系列规划教材

编委会名单

序

随着经济全球化和信息化的发展，以互联网为平台的信息基础设施，对整个社会的正常运行和发展起着关键的作用。甚至，像电力、能源、交通等传统基础设施的运行，也逐渐依赖互联网和相关的信息系统。网络信息对社会发展有重要的支撑作用。

网络空间是利用全球互联网和计算机系统进行通信、控制和信息共享的动态虚拟空间，包括四个要素，分别是网络平台、用户虚拟角色、资产数据和管理活动，是社会有机运行的神经系统，已经成为继陆、海、空、天之后的第五空间。

网络空间面临的威胁也与日俱增。从国际上看，国家或地区在政治、经济、军事等各领域的冲突都会反映到网络空间中，而网络空间边界不明确、资源分配不均衡，导致网络空间的争夺形势异常复杂。另外，网络犯罪和网络攻击也对个人和企业构成严重威胁。在网络中，个人隐私信息泄露并大范围传播的事件已经屡见不鲜，以非法牟利为目的利用计算机网络进行犯罪已经形成了黑色的地下经济产业链。如何充分利用互联网对经济发展的推动作用、保护公民和企业的合法权益，同时控制其对经济社会发展带来的负面威胁，需要人们研究和探索更加科学合理的网络空间安全治理模式。正如习近平总书记所言：没有网络安全就没有国家安全。

加强网络空间安全已经成为国家安全战略的重要组成部分。2014 年 2 月，中央网络安全和信息化领导小组成立。2015 年 6 月，国务院学位委员会、教育部决定在"工学"门类下增设"网络空间安全"一级学科，并明确指出需要加强"网络空间安全"的学科建设，做好人才培养工作。2016 年 3 月，国务院学位委员会下发通知，明确全国共有 29 所高校获得我国首批网络空间安全一级学科博士学位授权点。同年 6 月，中央网络安全和信息化领导小组办公室、国家发展和改革委员会、教育部、科学技术部、工业和信息化部、人力资源和社会保障部联合发文，《关于加强网络安全学科建设和人才培养的意见》（中网办发文〔2016〕4 号）指出，网络空间的竞争，归根结底是人才竞争。我国网络空间安全人才还存在数量缺口较大、能力素质不高、结构不尽合理等问题，与维护国家网络安全、建设网络强国的要求不相适应。因此，提出要加快网络安全学科专业和院系建设；创新网络安全人才培养机制；加强网络安全教材建设；强化网络安全师资队伍建设；完善网络安全人才培养配套措施等意见。

网络空间安全主要研究网络空间中的安全威胁和防护问题，即在有敌手的对抗环境下，研究信息在产生、传输、存储、处理、销毁等各个环节中所面临的威胁和防御措施，以及网络和系统本身面临的安全漏洞和防护机制，不仅包括传统信息安全所研究的信息的保密性、完整性和可用性，同时还包括网络空间基础设施的安全和可信。从宏观层面来看，网络空间安全的研究对象主要包括全球各类各级信息基础设施的安全威胁；从微观层面来看，主要对象包括通信网络、计算机网络及其设备和应用系统中的安全威胁。

数学、信息论、计算复杂性理论等是网络空间安全重要的理论基础。

网络空间安全的理论体系由三部分组成。一是基础理论体系，主要包括网络空间理论、密码学、离散结构理论和计算复杂性理论等。其中，信息的机密性、完整性、可控性、可靠性等是核心，对称加密、公钥加密、密码分析、侧信道分析等是重点，在复杂环境中的可证安全、可信可控及定量分析理论是关键。二是技术理论体系，主要包括网络空间安全保障理论体系，从系统和网络角度出发，研究和设计网络空间的各种安全保护方法和技术，重点包括芯片安全、操作系统安全、数据库安全、中间件安全、恶意代码等，从预警、保护、检测到恢复响应的安全保障技术理论。从网络安全角度出发，以通信基础设施、互联网基础设施等为研究对象，聚焦研究通信安全、网络安全、网络对抗等。三是应用理论体系，从应用角度出发，针对各种应用系统，研究在实际环境中面临的各种安全问题，如 Web 安全、内容安全、垃圾信息等，涵盖电子商务、电子政务、物联网、云计算、大数据等诸多应用领域。

网络空间安全有如下五个研究方向。一是网络空间安全基础，包括网络空间安全数学理论、网络空间安全体系结构、网络空间安全数据分析、网络空间博弈理论、网络空间安全治理与策略、网络空间安全标准与评测等。二是密码学及应用，包括对称密码设计与分析、公钥密码设计与分析、安全协议设计与分析、侧信道分析与防护、量子密码与新型密码等。三是系统安全，包括芯片安全、系统软件安全、虚拟化计算平台安全、恶意代码分析与防护等。四是网络安全，包括通信基础设施及物理环境安全、互联网基础设施安全、网络安全管理、网络安全防护与主动防御（攻防与对抗）、端到端的安全通信等。五是应用安全，包括关键应用系统安全、社会网络安全（包括内容安全）、隐私保护、工控系统与物联网安全、先进计算安全等。

中国密码学会教育与科普工作委员会与电子工业出版社合作，共同筹划了这套"网络空间安全系列规划教材"，主要包括《密码学——基础理论与应用》《密码学实验教程》《应用密码学》《密码学数学基础》《密码基础算法》《典型密码算法 FPGA 实现》《典型密码算法 Java 实现》《商用密码算法原理与 C 语言实现》《密码分析学》《网络空间安全导论》《信息安全管理》《信息系统安全》《网络空间安全技术》《网络空间安全实验教程》《网络攻防技术》《同态密码学》《对称密码学》等。希望为信息安全、网络空间安全、网络安全与执法、信息对抗技术等本科专业提供教材；也为密码学、信息安全、网络空间安全等专业的研究生和博士生，以及从事该领域工作的科研人员提供教材和参考书；为我国网络空间安全教材建设、普及密码知识和网络空间安全人才培养贡献绵薄之力。

教授、长江学者、杰青
北京邮电大学信息安全中心主任

前　言

密码是使用特定变换对数据等信息进行加密保护或安全认证的物项和技术。其中，加密保护是指，使用特定变换，将原来可读的信息变成不能识别的符号序列；安全认证是指，使用特定变换，确认信息是否被篡改、是否来自可靠信息源及确认行为是否真实等。密码的加密保护功能用于保证信息的机密性，密码的安全认证功能用于实现信息的真实性、数据的完整性和行为的不可否认性。

国家密码管理局高度重视密码算法管理工作，近年来，发布了祖冲之序列密码算法、SM2公钥密码算法、SM3密码杂凑算法、SM4分组密码算法、SM9标识密码算法等商用密码算法，构成了包括对称、非对称、杂凑、标识和序列等密码算法，形成了完整、自主的国产商用密码算法体系，为促进密码发展、保障我国信息安全发挥了巨大作用。

密码学是一门研究密码与密码活动本质和规律，以及指导密码实践的学科，主要探索密码编码（Cryptology）和密码分析（Cryptanalysis）的一般规律。密码学课程是信息安全专业、网络空间安全专业本科生的必修课程，也是网络空间安全专业、计算机科学与技术专业或其他相关专业研究生的必修课程。

本书系统介绍了密码学的基本概念、基本理论和国内外主要的密码算法。全书共15章。第1章概论，主要介绍密码学的发展历史、密码学的基本概念、密码学的基本属性、密码体制分类、密码分析和密码的未来。第2章古典密码，主要介绍置换密码、代换密码、转轮密码、古典密码的分类和古典密码的统计分析。第3章分组密码，主要介绍分组密码概述、DES、AES、分组密码的工作模式和分组密码分析。第4章SM4分组密码算法，主要介绍SM4分组密码算法概述、SM4分组密码算法设计原理和SM4分组密码算法安全性分析。第5章序列密码，主要介绍序列密码的组成、LFSR、欧洲eSTREAM序列密码、序列密码的安全性及分析技术和序列密码算法的未来发展趋势。第6章祖冲之序列密码算法，介绍其算法结构、算法原理、算法参数和算法描述。第7章公钥密码，详细描述公钥密码体制的原理和基本概念，介绍RSA、ElGamal公钥密码体制的原理。第8章SM2公钥密码算法，介绍椭圆曲线原理，ECC公钥密码体制，详细描述SM2加密解密算法的原理，并对SM2算法的安全性进行分析。第9章SM9标识密码算法，介绍标识密码算法的概念，对SM9加密解密算法流程进行描述，以及对其安全性进行分析。第10章格理论密码，介绍格密码基本概念及格上的计算困难问题，介绍NTRU密码体制。第11章密码杂凑函数，介绍杂凑函数和消息认证码，包括MD5杂凑算法和SHA-3杂凑算法的原理，基于Hash函数的HMAC算法。第12章SM3密码杂凑算法，介绍算法的设计原理、算法特点和安全性分析。第13章数字签名，介绍数字签名方案的基本概念、DSS数字签名标准，重点介绍SM2、SM9数字签名算法。第14章身份认证，介绍基于口令、对称密码体制、公钥密码体制及零知识证明的身份认证技术。第15章密钥管理，介绍密钥管理的基本概念和技术，重点介绍 SM2 和 SM9 密钥交换协议。

　　本书是在作者多年来一直从事本科和研究生密码学的教学工作、结合多年密码学科研实践和总结国内外密码学相关教材及文献的基础上编写而成的。本书得到国家自然科学基金（61370188）和北京印刷学院数字版权保护学术创新团队项目的资助。北京电子科技学院张卷美、杨亚涛老师，河南理工大学汤永利、彭维平、闫玺玺、宋成、叶青老师，北京印刷学院李桢桢老师，南阳理工学院朱慧君老师参与了本书有关章节的编写和校对工作；北京电子科技学院后量子密码科研团队的研究生、北京印刷学院数字版权保护学术创新团队的教师和研究生参加了本书有关材料的收集、整理工作；在本书的编写过程中，也得到国家密码管理局、中国密码学会领导的关心和支持，在此一并致以最诚挚的谢意。电子工业出版社在本书的出版过程中给予了极大的帮助和支持，也表示衷心的感谢。

　　由于作者知识水平有限，教材中难免有不足和疏漏之处，敬请广大读者批评指正。

作　　者

目　　录

第 1 章 概　论

密码学是一门研究密码与密码活动本质和规律，以及指导密码实践的学科，主要探索密码编码和密码分析的一般规律，它是一门结合了数学、计算机科学与技术、信息与通信工程等多门学科的综合性学科。它不仅具有信息通信加密和解密功能，还具有身份认证、消息认证、数字签名等功能，是网络空间安全的核心技术。

本章主要讲述密码学的发展历史、密码学的基本概念、密码学的基本属性、密码体制分类、密码分析和密码的未来。

🔓 1.1　密码学的发展历史

密码学是一门既年轻又古老的学科，它有着悠久而奇妙的历史。其实，在人类文明发展到使用语言和文字后，就产生了保密通信和身份认证问题，于是密码学应运而生。

在几千年前，密码主要用于军事及外交领域的保密通信。这段时期的密码叫作古代密码，加密方法没有上升到理论学科的水平，研究内容也只是文字内容变换技术，但它反映了古人的高超智慧和绝妙想象力，并且蕴含着现代密码学思想，又被称为密码术或隐藏术。

1949 年香农（Shannon）发表了《保密系统的通信理论》，将信息论引入密码学，不仅为密码学的发展奠定了坚实的理论基础，而且把发展了数千年的密码术推向了科学的轨道，正式开启了密码学的大门，形成密码学这一学科。因此，在此之后出现的密码技术才能真正称为密码学。1976 年，Diffie 和 Hellman 发表的《密码学的新方向》更是密码发展的里程碑，开启了现代密码算法研究的新征程。

因此，根据时间顺序、加密原理和加密方式，可以将密码学的发展历史大致分为如下四个时期。

第一时期：古代密码时代

从远古到第一次世界大战，这期间的密码称为古代密码。这一时期可视为科学密码学的前夜时期，这一时期的密码技术可以说是一种艺术。密码学专家进行密码设计和分析通常凭借的是直觉和信念，而不是推理和证明，使用的密码体制为古典密码体制，应用的主要技巧是文字内容的代替、移位和隐藏等。现在看来，古典密码体制大多数比较简单而且容易破译。这一时期的密码主要应用于军事、政治和外交领域，信息是由信使来传递的，加密的手段是使用手工。

据史料记载，早在公元前 1046 年，为了传递保密信息，奴隶主剃光奴隶的头发，然后将信息写在奴隶的头上，等到头发重新长出来后，再让他去盟友军队传递信息。待他成功到达盟友军队后，只需要再次剃光他的头发，就可以轻松读出信息了。典型的例子还包括古希腊的密码棒（Scytale）、凯撒密码（Caesar Cipher），我国的隐写术等。

大约在公元前 700 年，古希腊军队用一种叫作密码棒的圆木棍来进行保密通信，其使用方法是：把长带子状羊皮纸缠绕在圆木棍上，然后在上面写字；解下羊皮纸后，上面只有杂乱无章的字符，只有再次将羊皮纸以同样的方式缠绕到同样粗细的棍子上，才能看出所写的内容。

大约在公元前 100 年，古罗马的执政官和军队统帅凯撒发明了一种把所有的字母按字母表顺序循环移位的文字加密方法。例如，如果规定按字母表顺移 3 位，那么 a 就写成 D，b 写成 E，c 写成 F，……，x 写成 A，y 写成 B，z 写成 C，如 cryptography，就写成 FUBSWRJUDSKB。如果不知道加密方法，谁也不会知道这个词的意思。解密时，只需要把所有字母逆移 3 位，就能读到正确的文本了。

藏头诗是我国古代隐写术的一种具体表现形式，把要表达的真正意思或者暗语隐藏在诗句或者画卷中的固定位置，以诗句为载体，对信息进行传递。对一般读者而言，只注重诗或画的表面意境或者诗人的情感因素等内容，而较少关注隐藏在其中的"话外音"。隐写术是将信息隐藏在公开信息中，并通过公开渠道进行信息传递的一种方法，如暗语、隐形墨水等。隐写术中的信息没有经过任何处理而直接隐藏在公开信息中，一旦隐写规则被破译，那么所有的保密信息都将暴露，因此隐写术是一种简单的保护秘密的方法。

中国古代军事著作《六韬》，又称《太公六韬》或《太公兵法》，由西周的开国功臣姜望（又称吕望，俗称姜子牙）所著，其中《龙韬·阴符》篇和《龙韬·阴书》篇，讲述了君主如何在战争中与在外的将领进行保密通信。阴符共有 8 种，根据长度的不同，分别表示前线不同的军情，如长一尺，表示大获全胜，长三寸，表示战事失利、全军伤亡惨重等。阴书（书信）是将信拆分成三部分，并分派三人发出，每人拿一部分，只有将这三部分合在一起才能读懂信的内容。

第二时期：机械密码时代

两次世界大战期间加密所使用的是机械密码机，因此这一时期的密码也称为机械密码。

在第一次世界大战中，传统密码的应用达到了顶峰。1837 年，美国人莫尔斯（Morse）发明了电报。1896 年前后，意大利发明家马可尼（Marconi）和俄国物理学家波波夫（Popov）发明了无线电报，人类从此进入电子通信的时代。无线电报能快速、方便地进行远距离收发信息，很快成为军事上的主要通信手段。但是，无线电报是一种广播式通信，任何人包括敌人都能够接收发射在天空中的电报信号。为了防止机密信息的泄露，电报文件的加密变得至关重要。战争让各国充分认识到保护自己密码的安全和破译对手密码的重要性。加密主要原理是字母的替换和移位，加密和解密的手段采用了机械和手工操作，破译则使用简单的词频分析，以及基于经验与想象的试探方法。

随着科学和工业的飞速发展，在第二次世界大战中，密码学的发展远远超过了之前的任何时期。参战各国已经认识到密码是决定战争胜负的关键，纷纷研制和采用先进的密码设备，建立最严密的密码安全体系。越来越多的数学家不断加入密码研究队伍，大量的数学和统计学知识被应用于密码分析，加密原理从传统的单表替换发展到复杂度大大提高的多表替换，基于机械和电气原理的加密和解密装置全面取代以往的手工密码，人类从此进入机械密码时代。例如，德国军队全面使用恩尼格玛（Engima）"隐迷"密码机，英国在第二次世界大战期间发明并使用Typex 打字密码机，法国军队广泛使用哈格林（Hagelin）密码机，日本使用红色（Red）和紫色（Purple）密码机。第二次世界大战的密码斗争是敌我双方最优秀的科学大脑和最先进的科技之间的较量，其所依据的加密原理仍然是字母的替换和移位，只是更加复杂，加密和解密的手段采用了先进的机械和电气设备，传递的方法采用了莫尔斯电报，破解原理基于字母和单词的频率分析。对于复杂的多表古典密码加密方法，利用密文的重合指数方法与密文中字母统计规律相结合，同样可以破译。

第三时期：信息密码时代

第二次世界大战时期的密码学经历了一场前所未有革命，这场革命几乎颠覆了古典密码中所有的理论和方法，从而迎来了机械密码时代。然而曾经如此辉煌的机械密码时代，在第二次世界大战结束后不久就终结了。因为从 1946 年世界上第一台电子计算机诞生后，计算机技术突飞猛进，在具有超强计算能力的计算机面前，所有的机械密码都显得不堪一击。

1948 年，美国数学家香农发表了具有深远影响的论文——《通讯的数学原理》（*The Mathematical Theory of Communication*），创立了信息论。众所周知，所有的文本、图像、音频、视频信息都能够转换成数字形式，从而可以用功能强大的计算机来处理。电子通信技术也在计算机的支持下迅猛发展，继电话和电报后，又出现了计算机通信网络，这种通信网络很快就遍布世界，从而把整个世界连在一起，人类开始进入信息时代。信息时代要保证计算机通信网络和数据传递的安全，这是密码学的新任务。1949 年，香农发表的《保密系统的通信理论》（*Communication Theory of Secrecy System*）为密码系统建立了理论基础，是密码发展史上的第一次飞跃，使密码技术由艺术变成了科学，人类从此进入信息密码时代。

20 世纪 70 年代中期之前的密码研究工作基本都是由军队、外交部门、保密部门等秘密进行的。20 世纪 70 年代中期，伴随着计算机网络的普及和发展，密码开始向人类几乎所有的社会活动领域渗透，甚至开始进入普通民众的日常生活。

1973 年，美国国家标准局（National Bureau of Standards，NBS）开始征集联邦数据加密标准，很多公司积极参与并提交建议，最终 IBM 公司的 Lucifer 加密算法获得胜利。随后，经过长达两年之久的公开讨论，NBS 于 1977 年 1 月 15 日决定正式采用该算法，并将其更名为数据加密标准（Data Encryption Standard，DES）。然而，随着计算机硬件的发展及计算能力的提高，DES 已经显得不再安全。1997 年 7 月 22 日，电子前沿基金会（Electronic Frontier Foundation，EFF）使用一台价值 25 万美元的计算机在 56 小时内破译了 56 位 DES。

1997 年，美国国家标准学会（American National Standards Institute，ANSI）发起征集高级加密标准（Advanced Encryption Standard，AES）活动。经过 3 年多的遴选和讨论，比利时密码学专家 Joan Daemen 和 Vincent Rijmen 提交的 Rijndael 算法脱颖而出。2000 年，美国国家标准与技术研究院（NIST）宣布将 Rijndael 作为新的 AES。

由于计算机的出现、信息论的产生和计算机通信网络的发展，密码学经历了一场比第二次世界大战时期的机械密码更彻底的革命，人类从此进入了信息密码时代，加密的对象既不是几千年的书写的文字，也不是有 100 多年历史的电报字码，而是电子形式的文件。人们可以将电子形式的文件转换成数字或数值符号，施以复杂的数学运算，达到数字符号的混淆、扩散和置换效果，实现信息加密、解密等各种目的。大量的信息论、概率论、数理统计等数学理论被运用到密码技术中，使得密码学成为数学的一个新分支，并使其具有坚实的理论基础。传递信息的方法有无线通信、计算机网络等多种信息时代的传递方式。

第四时期：现代密码时代

1976 年，美国斯坦福大学的密码专家 Diffie 和 Hellman 发表划时代的论文——《密码学的新方向》（*New Directions in Cryptography*），提出了密码学新的思想。该思想中不仅加密算法本身可以公开，同时用于加密消息的密钥也可以公开，这就是公钥加密。公钥密码的思想是密码发展的里程碑，实现了密码学发展史上的第二次飞跃。

1978 年，美国麻省理工学院的 Rivest、Shamir 和 Adleman 在 Diffie 和 Hellman 思想的基础上，提出第一个实用的公钥密码体制 RSA。RSA 密码算法的安全性基于数论中的大整数因子分解问题。该问题在数论中属于困难问题，至今没有有效的解决方法，因此保证了 RSA 密码体制的安全性。

1985 年，美国华盛顿大学的数学家 Koblitz 和国防分析研究所的数学家 Miller 各自独立地提出了一个椭圆曲线密码体制（Elliptic Curve Cryptosystem，ECC）。ECC 基于椭圆曲线上离散对数求解问题，至今没有有效的求解方法，因此 ECC 是安全的。

现代公钥密码的安全性基于数学上的困难问题，有坚实理论基础，包括信息论、计算复杂性理论、数论、概率论等，已经成为一门学科。现代密码学的任务已经不局限于传统密码的保密通信，而是含义更广的信息安全，其中包括保密通信、数据加密、身份认证、数字签名、密钥协商、秘密分享等重要的功能。

21 世纪初，我国研究并推出了系列商用密码算法，包括祖冲之序列密码算法、SM2 公钥密码算法、SM3 密码杂凑算法、SM4 分组密码算法、SM9 标识密码算法，其逐渐成为国际密码标准。如今，密码学的应用已经深入人们生活的各个方面，如数字证书、网上银行、身份证、社保卡和税务管理等，密码技术在其中发挥了关键作用。

近年来，其他相关学科的快速发展，促使密码学中出现了新的密码技术，如 DNA 密码、混沌密码和量子密码等。

整个密码学的发展是由简单到复杂的逐步完善过程，这也符合历史发展规律和人类对客观事物的认识规律。同时，密码学的发展也促进了数学、计算机科学、信息通信等学科的发展。反之，其他学科的发展也促进密码学的发展。正是不同学科发展过程中的相互推动、联系、渗透，使得人类对事物有了更深的认识。

1.2　密码学的基本概念

在一般的通信系统中，从信源发出的信号经过编码器的编码调制处理之后，经公开的信道传至解码器进行译码或解码操作，最终传至信宿。通信系统模型如图 1.1 所示。

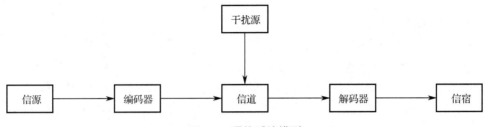

图 1.1　通信系统模型

在公开的信道中，信息的存储、传递与处理都是以明文形式进行的，很容易受到窃听、截取、篡改、伪造、假冒、重放等手段的攻击。因此，信息在传递或广播时，需要做到不受黑客等的干扰，除合法的被授权者以外，不让任何人知道，这就引出了保密通信的概念。

保密通信系统是在一般通信系统中加入加密器与解密器，保证信息在传输过程中无法被其他人解读，从而有效解决信息传输过程中存在的安全问题。保密通信系统模型如图 1.2 所示。

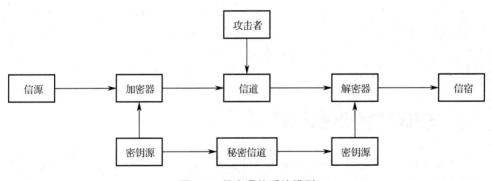

图 1.2　保密通信系统模型

加密、解密属于密码学范畴，在保密通信系统中，用户之间的交互涉及明文、密文、加密、解密、加密算法及解密算法等概念，具体含义如下。

明文（Plaintext/Message）：未加密的数据或解密还原后的数据。

密文（Ciphertext）：加密后的数据。

加密（Encryption）：对数据进行密码变换以产生密文的过程。

解密（Decryption）：加密过程对应的逆过程。

加密算法（Encryption Algorithm）：对明文进行加密时所采用的一组规则。

解密算法（Decryption Algorithm）：对密文进行解密时所采用的一组规则。

加密和解密算法的操作通常是在一组密钥控制下进行的，分别称为加密密钥和解密密钥。

一个密码体制可以描述为一个五元组 (M, C, K, E, D)，它必须满足下述条件。

（1）M 是可能明文的有限集。

（2）C 是可能密文的有限集。

（3）K 是可能密钥的有限集。

（4）E 是加密有限空间集合。

（5）D 是解密有限空间集合。

下面通过一个具体的实例说明保密通信系统。密钥为 $k(k \in K)$，此时密钥需要经过安全的秘密信道由发送方传给接收方。

加密变换 $E_k: M \rightarrow C$，由加密器完成。解密变换 $D_k: C \rightarrow M$，由解密器完成。

对于明文 $m \in M$，发送方加密 $c = E_k(m)$，$m \in M$，$k \in K$。接收方解密 $m = D_k(c)$，$c \in C$，$k \in K$。

对攻击者或密码分析者而言，由于不知道密钥 k，无法对截获的密文 c 进行解密。攻击者设计一个函数 H，对密文 c 进行解密，即 $m' = H(c)$。一般情况下 $m' \neq m$，若 $m' = m$，则攻击成功。

为了保证信息的保密性，对抗密码分析，保密系统应当满足下述要求。

（1）系统即使达不到理论上是不可破的，即 $\Pr\{m' = m\} = 0$，也应当在实际中不可破。就是说，从截获的密文或某些已知的明文密文对中，要决定密钥或任意明文在计算上是不可行的。

（2）系统的保密性不依赖于对加密体制或算法的保密，而依赖于密钥，这是著名的柯克霍夫（Kerckhoff）原则。

（3）加密和解密算法适用于所有密钥空间中的元素。

（4）系统便于实现和使用。

🔓 1.3　密码学的基本属性

应用密码技术是保障网络与信息安全最有效、最可靠、最经济的手段，可以实现信息的机密性、信息的真实性、数据的完整性和行为的不可否认性。

1．信息的机密性

信息的机密性是指保证信息不被泄露给非授权者等实体的性质。采用密码技术中的加密保护技术，可以方便地实现信息的机密性。利用加密技术对文件进行加密，可产生形如乱码的密文。即使攻击者截取到密文，但加密算法具有足够的强度，使得攻击者不能从密文中获取有用信息。而拥有密钥的人可以对密文解密，从这串乱码中恢复出原来的文件。

2．信息的真实性

信息的真实性是指保证信息来源可靠、没有被伪造和篡改的性质。密码中的安全认证技术可以保证信息的真实性。这些技术包括数字签名、消息认证码、身份认证协议等。这些技术的基本思想是合法的被授权者都有各自的"秘密信息"，用这个"秘密信息"对公开信息进行处理即可得到相应的"印章"，用它来证明公开信息的真实性，而没有掌握相应"秘密信息"的非法用户无法伪造"印章"。

3．数据的完整性

数据的完整性是指数据没有受到非授权者的篡改或破坏的性质。密码杂凑算法可以方便地实现数据的完整性。密码杂凑算法通过数学原理过程，从文件中计算出唯一标识这个文件的特征信息，称为摘要。文件内容的细微变化都会产生不同的摘要，只要在电子文件后面附上一个简短的摘要，就可以鉴别文件的完整性。不同的文件拥有不同的摘要，一旦文件被篡改，摘要也就不同了。因此，对文件的保护而言，采用密码杂凑算法是一种非常便捷、可靠的安全手段。

4．行为的不可否认性

行为的不可否认性也称抗抵赖性，是指一个已经发生的操作行为无法否认的性质。基于公钥密码算法的数字签名技术，可以有效解决行为的不可否认性问题。用户一旦签署了数字签名，就不能抵赖、不可否认。对解决网络上的纠纷、电子商务的纠纷等问题，数字签名是必不可少的工具。虽然计算机、网络和信息系统的日志能在一定程度上证明用户的操作行为，但日志容易被伪造和篡改，因此无法实现该行为的不可否认性。

1.4　密码体制分类

密码体制主要分为对称密码体制和非对称密码体制。本节主要讲述对称密码体制和非对称密码体制的模型。

1.4.1　对称密码体制

对称密码体制又称单钥体制，是加密和解密使用相同密钥的密码算法。采用单钥体制的系统的保密性主要取决于密钥的保密性，与算法的保密性无关，即由密文和加密解密算法不可能得到明文。换句话说，算法不需要保密，需要保密的仅是密钥。对称密码体制加密和解密过程如图 1.3 所示。

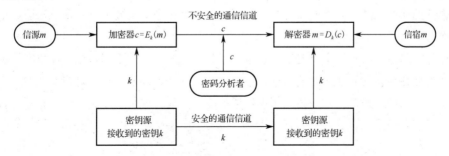

图 1.3　对称密码体制加密和解密过程

密钥可由发送方产生，然后经过一个安全可靠的途径（如信使递送）送至接收方，或由第三方产生后安全、可靠地分配给通信双方。

如何产生满足保密要求的密钥及如何将密钥安全、可靠地分配给通信双方是这类体制设计和实现的主要课题。密钥的产生、分配、存储、销毁等问题，统称为密钥管理，这是影响系统安全的关键因素。即使密码算法再好，密钥管理问题处理不好，也很难保证系统的安全保密。

对称密码体制对明文消息的加密有两种方式：一种是对明文消息按字符（如二元数字）逐位地加密，这种密码体制称为序列密码或流密码；另一种是将明文消息分组（含有多个字符），逐组地对其进行加密，这种密码体制称为分组密码。

1.4.2　非对称密码体制

非对称密码体制也称公钥密码体制，在加密和解密过程中使用两个不同的密钥。其中，一个密钥可以公开，称为公钥；另一个密钥必须保密，称为私钥，由公钥求解私钥的计算是不可行的。非对称密码体制加密和解密过程如图 1.4 所示。

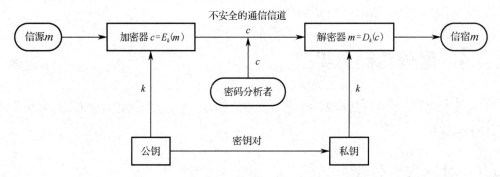

图 1.4　非对称密码体制加密和解密过程

非对称密码体制的主要特点是，加密和解密是分开的，因而可以实现多个用户加密的消息只能由一个用户解读，或一个用户加密的消息可由多个用户解读。前者可用于公共网络中实现保密通信，而后者可用于实现对用户的认证。非对称密码体制是为了解决对称密码体制中存在的问题而提出的，一方面是为了解决对称密码体制中密钥分发和管理问题；另一方面是为了解决不可否认的问题。基于以上两点可知，公钥密码体制在密钥的分配、管理、认证、不可否认性等方面有着重要的意义。

非对称密码体制的另一个重要用途是数字签名，与加密过程不同的是，在数字签名中，消息的发送者要使用自己的私钥对消息进行签名，所有人都可以使用与其对应的公钥进行签名的有效性验证。因此，非对称密码体制不仅可以保障信息的机密性，还具有认证和不可否认性等功能。

🔓 1.5　密码分析

密码分析学是研究如何破解或攻击受保护的信息的科学，是指在没有加密密钥的情况下，攻击密文的过程，其目标就是从密文得到明文或者由已知的条件得到密钥。密码分析是建立在攻击者已知加密算法的基础之上的。

在信息传输和处理系统中，除了有预定的接收者，还有非授权者或截获者，他们通过各种办法，如搭线窃听、电磁窃听、声音窃听等来窃取机密信息。对一个保密通信系统采取截获密文进行分析的方法称为被动攻击。非法入侵者、攻击者或黑客主动向系统窜扰，采用删除、增添、重放、伪造等手段向系统注入假消息以达到非法目的的行为称为主动攻击。

1.5.1　密码分析的分类

根据密码分析者可能取得的分析资料的不同，密码分析可分为如下 4 类。

（1）唯密文攻击（Ciphertext-Only Attack）：密码分析者只用密文进行密码分析的方法。

（2）已知明文攻击（Known-Plaintext Attack）：利用大量互相对应的明文和密文进行密码分析的方法。

（3）选择明文攻击（Chosen-Plaintext Attack，CPA）：选择特定明文和对应密文进行密码分析的方法。

（4）选择密文攻击（Chosen-Ciphertext Attack，CCA）：选择特定密文和对应明文进行密码分析的方法。

其中，最难的攻击类型是唯密文攻击，这种攻击的手段一般是穷举搜索法，即对截获的密文依次使用所有可能的密钥试译，直到得出有意义的明文。只要有足够多的计算时间和存储容量，原则上穷举搜索法总是可以成功的。但任何一种能达到安全要求的实用密码的设计都会使这一方法在实际中是不可行的。

已知明文攻击中典型的分析为可能字攻击。例如，对一篇散文加密，攻击者可能对消息含义知之甚少。然而，如果对非常特别的信息加密，攻击者也许能知道消息中的某一部分。又如，发送一个加密的账目文件，攻击者可能知道某些关键字在文件报头的位置。再如，在一个公司开发的程序的源代码中，可能在某个标准位置上有该公司的版权声明。

另外还有如下两种攻击情况。

（1）自适应选择明文攻击（Adaptive Chosen Plaintext Attack）：是 CPA 的一种特殊情况，是指密码分析者不仅能够选择要加密的明文，还能够根据加密的结果对以前的选择进行修正。

（2）选择密钥攻击（Chosen Key Attack）：这种攻击情况在实际中比较少见，它仅表示密码分析者知道不同密钥之间的关系，并不表示密码分析者能够选择密钥。

在评价一个密码体制时还需要注意如下两个概念。

（1）一个加密算法是无条件安全的，如果算法产生的密文不能给出唯一决定相应明文的足够信息，此时无论密码分析者截获多少密文、花费多少时间，都不能解密密文。

（2）香农指出，仅当密钥至少和明文一样长时，才能达到无条件安全。也就是说除了一次一密方案，再无其他加密方案是无条件安全的。

加密算法只需要满足以下两条准则之一：一是破译密文的代价超过被加密信息的价值；二是破译密文所花费的时间超过信息的有用期。

满足以上两个准则的加密算法称为计算安全（Computational Security）。此外，密文没有泄露足够多的明文信息，无论计算能力有多强，都无法由密文唯一确定明文，满足此条件的加密算法称为无条件安全（Unconditional Security）。

1.5.2　穷密钥搜索

穷密钥搜索理论上很简单，就是对每个密钥进行测试，直至找到解为止。该方法是最基本的攻击方法，其复杂度由密钥量的大小决定，并且该方法能成功实现的条件是可以对正确的明文进行识别。

不同密钥长度下完成穷密钥搜索所需要的时间如表 1.1 所示。

表 1.1　不同密钥长度下完成穷密钥搜索所需要的时间

密钥长度/bit	可选密钥数	以 10^6 次/微秒的速率运算所需要的时间
32	$2^{32}=4.3\times10^9$	2.15 毫秒
56	$2^{56}=7.2\times10^{16}$	550 毫秒
64	$2^{64}=1.8\times10^{19}$	99 天
128	$2^{128}=3.4\times10^{38}$	5.4×10^{18} 年
168	$2^{168}=3.7\times10^{50}$	5.9×10^{30} 年

由表 1.1 可知，当密钥长度较小时，可以通过穷密钥搜索的方法进行破解，但当密钥长度较长时，该方法不再适用。当今密钥长度普遍较长，因此穷密钥搜索方法的使用机会很少。

🔓 1.6　密码的未来

随着电子商务、大数据、云计算、人工智能等技术的应用，密码学迎来了新的发展机遇与挑战，国内外众多学者都在追求更加安全、高效的密码算法，以实现对数据的信息安全保障。下面简单论述密码学的一些新方向。

Rivest 等在 20 世纪 70 年代首先提出"隐私同态"。同态密码算法的发展历经单同态、部分同态及全同态。2009 年，IBM 的研究员 Gentry 发表了一篇基于理想格设计出第一个全同态加密体制，使得加密消息能够被深入和无限地分析，而不会影响其机密性的文章，这是同态加密的一项历史性突破。自此以后，密码学家开始重视全同态加密的研究，并将全同态加密称为"密码学界的圣杯"。全同态加密的理论研究进一步促进了密码研究者对格理论等相关数学理论的研究，拓宽了寻找新型密码学数学理论基础的视野。

后量子密码学是针对量子计算机提出的，随着量子计算机及量子密码的发展，未来的密码发展趋势集中于抗量子密码算法，如基于杂凑函数的密码算法、基于编码理论的密码算法、基于格理论的密码算法及基于多变量的密码算法。其中，基于格理论的密码算法由于其本身的良好性质而得到广泛的研究，目前我国学者就基于格理论的密码算法进行了如下几方面的研究：基于格理论的加密和解密算法、基于格理论的数字签名算法、基于格理论的密钥协商机制、基于格理论的全同态密码算法及基于格理论的数字证书方案，形成了基于格理论的后量子体系。

混沌密码学是混沌理论的一个重要的应用，主要依据混沌的基本特性，即随机性、遍历性、确定性和对初始条件的敏感性。混沌密码体系在结构上与传统密码学理论中的混淆和扩散概念联系起来，混沌理论和纯粹密码学之间的必然联系形成了混沌密码学。目前混沌密码学主要分为两个研究方向：一个是以混沌同步技术为核心的混沌保密通信系统，主要基于模拟混沌电路系统；另一个是利用混沌系统构造新的流密码和分组密码，主要基于计算机有限精度下实现的数字化混沌系统。

DNA 密码是新生密码，以传统密码学为基础，其特点是以 DNA 为信息载体，以现代生物学技术为实现工具，利用 DNA 分子存储能力强大、低能耗、高度并行性等特点，通过分子处理技术制作 DNA 分子，并将该 DNA 分子作为计算工具来构造和完成密码算法。DNA 密码不仅基于数学问题，还依靠生物技术，使得其比传统密码学更加安全。但 DNA 密码主要以生物学技术的局限性为安全依据，与计算能力无关，这种安全性有多高，能够保持多久，还有待研究。

量子密码学的研究最早出现在 1970 年，当时 Wiesner 写了一篇关于共轭编码的文章，直到 1983 年才得以发表，这奠定了量子密码学的基础。量子密码学与传统的密码系统不同，它将物理学作为安全模式的关键方面，而不是数学。实质上，量子密码学是基于单个光子的应用和它们固有的量子属性开发的不可破解的密码系统，因为在不干扰系统的情况下无法测定该系统的量子状态。随着人们对量子密码的进一步研究，密码学一定会进入量子时代。

总之，时代在进步，密码在发展，新技术的出现不代表现有技术的消失，量子计算机的到来也不是现代密码学的末日，安全传输只是传统密码学诸多应用中的一个，因此量子密码不可能完全取代传统密码算法。目前，针对不同密码算法提出了不同的攻击方法，也提出了相应的防御方法，相应的标准化工作也在稳步推进当中，相信在未来的信息时代，密码学可以更加安全、有效地保护人们的信息安全。

1.7　本章小结

本章首先介绍密码学的起源，讲述各个时期密码的发展状况；其次，通过对普通通信系统与保密通信系统的模型比较，对密码学的基本名词概念进行简要描述；再次，从密码编码学与密码分析学的角度对密码系统进行大致的分析；最后，根据国内外的研究进展，介绍密码学的未来发展趋势。

1.8 本章习题

1. 试述密码学发展的四个时期及其主要特征。

2. 什么是密码学？什么是密码编码学？什么是密码分析学？

3. 密码学的五元组是什么？它们分别有什么含义？

4. 密码分析主要有哪些方式？各有何特点？

5. 密码学的基本属性包含哪几方面？

6. 什么是对称密码体制和非对称密码体制？各有何优缺点？

第 2 章　古典密码

有文字就有密码，人类使用密码的历史与使用文字和语言的历史几乎一样悠久。从远古到 1949 年香农发表《保密系统的通信理论》，这期间，人类所使用的密码都称为古典密码，包括古代密码和两次世界大战期间使用的机械密码或转轮密码。本章主要介绍置换密码（Permutation Cipher）、代换密码、转轮密码、古典密码的分类和古典密码的统计分析。

2.1　置换密码

置换密码又称换位密码（Transposition Cipher），是指将明文中各字符的位置次序重新排列得到密文的一种密码体制（根据一定的规则重新排列明文，以便打破明文的结构特性）。置换密码的特点是保持明文的所有字符不变，只是利用置换打乱了明文字符的位置和次序。

实际上，古希腊斯巴达人所使用的密码棒就采用了置换密码算法。密码棒加密时沿着木棒写上明文字母，展开的羊皮条上的"THESNEIPCSSOICASPYTIHAAIRLNO"是加密后的密文，如图 2.1 所示，明文内容为"the scytale is a transposition cipher"。

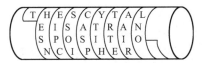

图 2.1　密码棒密码

定义 2.1（置换）　有限集 X 上的运算 σ: $X \to X$，σ 是一个双射函数，也就是说，σ 既是单射又是满射，并且定义域和值域相同，那么称 σ 为一个置换。

若 σ 是一个置换，$\forall x \in X$，存在唯一的 $x' \in X$ 使得 $\sigma(x) = x'$。同理可以定义逆置换 σ^{-1}: $X \to X$，σ^{-1} 也是双射函数，并且 σ^{-1} 的定义域和值域相同，即 $\forall x' \in X$，存在唯一的 $x \in X$ 使得 $\sigma^{-1}(x') = x$。

从置换 σ 和逆置换 σ^{-1} 的定义可以看出，若 $\sigma^{-1}(x') = x$，当且仅当 $\sigma(x) = x'$，并且满足 $\sigma\sigma' = I$。

例 2.1　设有限集 $X = \{1, 2, 3, 4, 5, 6, 7, 8\}$，$\sigma$ 为 X 上的一个置换，并且满足 $\sigma(1) = 2$，$\sigma(2) = 5$，$\sigma(3) = 3$，$\sigma(4) = 6$，$\sigma(5) = 1$，$\sigma(6) = 8$，$\sigma(7) = 4$，$\sigma(8) = 7$。因为置换可以简单用对换表示，所以上述置换 σ 可以形式化表示为对换的乘积，即

$$\sigma = \begin{pmatrix} 1 & 2 & 3 & 4 & 5 & 6 & 7 & 8 \\ 2 & 5 & 3 & 6 & 1 & 8 & 4 & 7 \end{pmatrix} = (125)(3)(4687) = (125)(4687) \tag{2.1}$$

则其逆置换 σ^{-1} 可以表示为

$$\sigma^{-1}=\begin{pmatrix}1&2&3&4&5&6&7&8\\2&5&3&6&1&8&4&7\end{pmatrix}^{-1}=\begin{pmatrix}1&2&3&4&5&6&7&8\\5&1&3&7&2&4&8&6\end{pmatrix} \tag{2.2}$$

$$=(152)(3)(4786)=(152)(4786)$$

置换用对换表示不仅形式上简单，同时也提供了一种快速求逆置换的方法。若置换为

$$\sigma=(x_{11}x_{12}x_{13}\cdots x_{1(l-1)}x_{1l})\cdots(x_{m1}x_{m2}x_{m3}\cdots x_{m(n-1)}x_{mn}) \tag{2.3}$$

则相应的逆置换为

$$\sigma^{-1}=(x_{11}x_{1l}x_{1(l-1)}\cdots x_{13}x_{12})\cdots(x_{m1}x_{mn}x_{m(n-1)}\cdots x_{m3}x_{m2}) \tag{2.4}$$

定义 2.2（置换密码） 设 n 为正整数，M、C 和 K 分别为明文空间、密文空间和密钥空间。明文、密文都是长度为 n 的字符序列，分别记为 $X=(x_1,\ x_2,\ \cdots,\ x_n)\in M$ 和 $Y=(y_1,\ y_2,\ \cdots,\ y_n)\in C$，$K$ 是定义在 $\{1,\ 2,\ \cdots,\ n\}$ 的所有置换组成的集合。对任何一个密钥 $\sigma\in K$，即任何一个置换，定义置换密码为

$$e_\sigma(x_1,\ x_2,\ \cdots,\ x_n)=(x_{\sigma(1)},\ x_{\sigma(2)},\ \cdots,\ x_{\sigma(2)}) \tag{2.5}$$

$$d_{\sigma^{-1}}(y_1,\ y_2,\ \cdots,\ y_n)=(y_{\sigma^{-1}(1)},\ y_{\sigma^{-1}(2)},\ \cdots,\ y_{\sigma^{-1}(n)}) \tag{2.6}$$

其中，σ^{-1} 是 σ 的逆置换，密钥空间 K 的大小为 $n!$。

2.1.1 列置换密码

列置换密码就是按列换位，并且按列读出明文序列得到密文。具体加密过程如下。

（1）将明文 p 以设定的固定分组宽度 m 按行写出，即每行有 m 个字符。若明文长度不是 m 的整数倍，则不足部分用双方约定的方式填充，如双方约定用空格方式填充。不妨设最后得到的字符矩阵为 $[M_p]_{n\times m}$。

（2）按（$1,\ 2,\ \cdots,\ m$）的置换 σ 交换列的位置得到字符矩阵 $[M_p']_{n\times m}$。

（3）把矩阵 $[M_p']_{n\times m}$ 按 $1,\ 2,\ \cdots,\ m$ 列的顺序依次读出，得到密文 c。

解密过程与加密过程相类似，列置换 σ^{-1} 是加密列置换 σ 的逆，具体解密过程如下。

（1）将密文 c 以分组宽度 n 按列写出得到字符矩阵 $[M_c]_{n\times m}$。

（2）按逆置换 σ^{-1} 交换列的位置，得字符矩阵 $[M_c']_{n\times m}$。

（3）把矩阵 $[M_c']_{n\times m}$ 按 $1,\ 2,\ \cdots,\ n$ 行的顺序依次读出，得到明文 p。

例 2.2 设明文 p 为"Beijing 2022 Olympic Winter Games"，密钥 $\sigma=(143)(56)$，则加密过程为

$$[M]_{n\times6}=\begin{pmatrix}B&e&i&j&i&n\\g&2&0&2&2&O\\l&y&m&p&i&c\\W&i&n&t&e&r\\G&a&m&e&s\end{pmatrix}\stackrel{\sigma}{\Rightarrow}[M_p']_{n\times6}=\begin{pmatrix}i&e&j&B&n&i\\0&2&2&g&O&2\\m&y&p&l&c&i\\n&i&t&W&r&e\\m&a&e&G&&s\end{pmatrix} \tag{2.7}$$

由矩阵 $[M_p]_{n\times 6}$ 得到密文为 "i0mnme2yiaj2pteBglWGnOcr i2ies"。

下面通过密文 c 求明文 p，由加密密钥 $\sigma=(143)(56)$ 易得解密密钥（逆置换）$\sigma^{-1}=(134)(56)$，则解密过程为

$$[M_c]_{5\times 6} = \begin{pmatrix} i & e & j & B & n & i \\ 0 & 2 & 2 & g & O & 2 \\ m & y & p & l & c & i \\ n & i & t & W & r & e \\ m & a & e & G & & s \end{pmatrix} \overset{\sigma^{-1}}{\Longrightarrow} [M'_c]_{5\times 6} = \begin{pmatrix} B & e & i & j & i & n \\ g & 2 & 0 & 2 & 2 & O \\ l & y & m & p & i & c \\ W & i & n & t & e & r \\ G & a & m & e & s & \end{pmatrix} \qquad (2.8)$$

由矩阵 $[M'_c]_{5\times 6}$ 按行读出可得明文 "Beijing 2022 Olympic Winter Games"。

为了增强列置换密码的复杂性，可采用多重列换位加密方法以增加密和解密的难度。其过程是首先用置换 σ_1 对明文加密得到密文 c_1，然后对密文 c_1 用另一置换 σ_2 加密得到新的密文 c_2，其中 σ_1 和 σ_2 可以相同，也可以不同，以此类推最终得到密文 c。

2.1.2 周期置换密码

周期置换密码是将明文 P 按固定长度 m 分组，然后对每组的字符串按（1，2，…，m）的置换 σ 重新排列位置从而得到密文。解密时同样对密文 c 按长度 m 分组，并按 σ 的逆置换 σ^{-1} 把每组重新排列，从而得到明文 P。

例 2.3 不妨设明文 P 为 "Digital Copyright Protection Laboratory, Beijing University of Printing"，$\sigma=(1\ 5\ 6\ 2\ 3)$。

首先把明文 P 分成 6 个字母一组为

(Digita) (lCopyr) (ightPr) (otecti) (onLabo) (ratory)(Beijin)(gUnive)(rsityo)(fPrint)(ing)

然后分别对每组中的 6 个字母使用加密变换 σ 为

(gaiiDt) (orCply) (hrgtiP) (eitcot) (Lonaob) (tyaorr)(inejBi)(neUigv)(iostry)(rtPifn)(g n i)

从而得到最终的密文 c = (gaiiDtorCplyhrgtiPeitcotLonaobtyaorr inejBineUigviostryrtPifng n i)。

同理，解密与加密类似，由加密置换 $\sigma=(1\ 5\ 6\ 2\ 3)$，得到解密置换 $\sigma^{-1}=(1\ 3\ 2\ 6\ 5)$。将密文序列分成 6 个字母一组为

(gaiiDt) (orCply) (hrgtiP) (eitcot) (Lonaob) (tyaorr) (inejBi)(neUigv)(iostry)(rtPifn)(g n i)

接着对上述序列中的每个子串使用解密密钥置换位置为

(Digita) (lCopyr) (ightPr) (otecti) (onLabo) (ratory) (Beijin)(gUnive)(rsityo)(fPrint)(ing)

从而得到明文序列 P 为 "Digital Copyright Protection Laboratory，Beijing University of Printing"。

🔓2.2 代换密码

代换密码也称代替密码，就是将明文中每个字符替换成密文中的另外一个字符，代替后的各字母保持原来的位置，再对密文进行逆替换就可以恢复出明文。

2.2.1 单表代换密码

单表代换密码是指明文的一个字符用相应的一个密文字符代替。加密过程是从明文字母表到密文字母表的一一映射。以英文字母为例，每个字母可以用其他任何一个字母替换，不能重复。

例如，26 个小写英文字母用大写字母来代替，如表 2.1 所示。

表 2.1 26 个小写英文字母用大写字母代替表

明文字母	a	b	c	d	e	f	g	h	i	j	k	l	m	n	o	p	q	r	s	t	u	v	w	x	y	z
密文字母	D	K	V	Q	F	I	B	J	W	P	E	S	C	X	H	T	M	Y	A	U	O	L	R	G	Z	N

通过上述代换，就得到一个单表代换密码。

明文：if we wish to replace letters。

密文：WIRFRWAJUHYFTSDVFSFUUFYA。

例 2.4 给定密钥字"STARWARS"，去掉重复字母得到"STARW"，按照字母顺序填写剩余字母，则可得到一个方阵表，如表 2.2 所示。

表 2.2 方阵表

S	T	A	R	W
B	C	D	E	F
G	H	I	J	K
L	M	N	O	P
Q	U	V	X	Y
Z				

按列读取字母分别作为 26 个小写英文字母对应的密文，得到代换密码，则代换密码表如表 2.3 所示。

表 2.3 代换密码表

明文字母	a	b	c	d	e	f	g	h	i	j	k	l	m	n	o	p	q	r	s	t	u	v	w	x	y	z
密文字母	S	B	G	L	Q	Z	T	C	H	M	U	A	D	I	N	V	R	E	J	O	X	W	F	K	P	Y

例如，

明文：i know only that i know nothing。

密文：HUINFNIAPOCSOHUINFINOCHIT。

1. 凯撒密码

古罗马人凯撒发明了一种密码体制，是使用最早的密码体制之一，他依据表 2.4 对信息中的 26 个英文字母进行替换。

表 2.4 凯撒密码代换表

明文字母	a	b	c	d	e	f	g	h	i	j	k	l	m	n	o	p	q	r	s	t	u	v	w	x	y	z
密文字母	D	E	F	G	H	I	J	K	L	M	N	O	P	Q	R	S	T	U	V	W	X	Y	Z	A	B	C

若明文为 substitution cryptosystem，则密文为 VXEVWLWXWLRQFUBSWRVBVWHP。

在上述凯撒密码体制中，可以看作英文字母表循环左移 3 位得到，因此凯撒密码也称为移位密码。

若将英文字母表循环左移 $k(0 \leqslant k < 26)$ 位得到替换表，则得到推广的凯撒密码体制。将 26 个小写英文字母分别对应（0，1，2，…，25）。可以写出凯撒密码体制的一般形式为

明文空间 $M = C = Z_{26}$；

密钥空间 $K_1 = K_2 = Z_{26}$；

加密函数 $E = \{E_k \mid k \in K_1\}$，其中 $E_k(m) = m + k \pmod{26}$，$\forall m \in M$；

解密函数 $D = \{D_k \mid k \in K_2\}$，其中 $D_k(c) = c - k \pmod{26}$，$\forall c \in C$。

可见，凯撒密码是一种加法密码，也是一种代换密码，但从整个明密文空间的角度来看，凯撒密码相当于对明文字母后移 3 个字母而得到，因此也可以把它看作置换密码，所以凯撒密码是一种广义置换密码。

单表代换密码相同的明文，密文也一定相同，明文不同，密文也不同，这种特性称为明密异同性。

2．仿射密码

$$\text{加密变换：} \quad c = E_{a, b}(m) \equiv am + b \pmod{26}$$

$$\text{解密变换：} \quad m = D_{a, b}(c) \equiv a^{-1}(c - b) \pmod{26}$$

其中，a、b 是密钥，为满足 $0 \leqslant a$，$b \leqslant 25$ 和 $\gcd(a, 26) = 1$ 的整数，$\gcd(a, 26)$ 表示 a 和 26 的最大公因子，$\gcd(a, 26) = 1$ 表示 a 和 26 是互素的；a^{-1} 表示 a 的逆元，即 $a^{-1} \cdot a \equiv 1 \bmod 26$。

若仿射密码的加密和解密分别是

$$c = E_{7, 21}(m) \equiv 7m + 21 \pmod{26}$$

$$m = D_{7, 21}(c) \equiv 7^{-1}(c - 21) \pmod{26}$$

则分别对明文 security 加密和密文 vlxijh 解密。

解：

$$s = 18，\quad 7 \cdot 18 + 21 \pmod{26} = 17，\quad s \Rightarrow r$$

$$e = 4，\quad 7 \cdot 4 + 21 \pmod{26} = 23，\quad e \Rightarrow x$$

$$c = 2，\quad 7 \cdot 2 + 21 \pmod{26} = 9，\quad c \Rightarrow j$$

$$u = 18，\quad 7 \cdot 20 + 21 \pmod{26} = 5，\quad u \Rightarrow f$$

$$r = 17，\quad 7 \cdot 17 + 21 \pmod{26} = 10，\quad r \Rightarrow k$$

$$i = 8，\quad 7 \cdot 8 + 21 \pmod{26} = 25，\quad i \Rightarrow z$$

$$t = 19，\quad 7 \cdot 19 + 21 \pmod{26} = 24，\quad t \Rightarrow y$$

$$y = 18，\quad 7 \cdot 24 + 21 \pmod{26} = 7，\quad y \Rightarrow h$$

因此，security 对应的密文是 rxjfkzyh。

$$v = 21, \quad 7^{-1} \cdot (21-21)(\mathrm{mod}\,26) = 0, \quad v \Rightarrow a$$

$$l = 11, \quad 7^{-1} \cdot (11-21)(\mathrm{mod}\,26) = 6, \quad l \Rightarrow g$$

$$x = 23, \quad 7^{-1} \cdot (23-21)(\mathrm{mod}\,26) = 4, \quad x \Rightarrow e$$

$$i = 8, \quad 7^{-1} \cdot (8-21)(\mathrm{mod}\,26) = 13, \quad i \Rightarrow n$$

$$j = 9, \quad 7^{-1} \cdot (9-21)(\mathrm{mod}\,26) = 2, \quad j \Rightarrow c$$

$$h = 7, \quad 7^{-1} \cdot (7-21)(\mathrm{mod}\,26) = 24, \quad h \Rightarrow y$$

因此，vlxijh 对应的明文是 agency。

2.2.2　多表代换密码

多表代换密码是指依次对明文的各组信息使用无限多的或有限个周期性重复的固定代换表进行替换来得到密文。若使用无限多的固定代换表（相对于明文变化是随机的），则称其为一次一密代换密码；若使用有限个周期性重复的固定代换表，则称其为周期多表代换密码。

一次一密代换密码是在理论上唯一不可破解的密码，这种密码对于明文的特点可实现完全隐藏，但由于需要的密钥量与明文所含信息单元的个数一样，故其难以实用。

而周期多表代换密码的实际情形如下：在密钥给定（ d 个代换表排列 $T_1 T_2 \cdots T_d$ ）的情况下，加密明文 $m = m_1 m_2 m_3 \cdots$ 的结果是 $c = T_1(m_1) \cdots T_d(m_d) T_1(m_{d+1}) \cdots T_d(m_{2d}) \cdots$ ， d 称为该多表代换密码的周期。

1．维吉尼亚（Vigenere）密码

维吉尼亚密码通过使用多个字母代换表，达到同一个字母在不同位置会被代换为不同密文的效果，使破译难度加大。维吉尼亚密码所使用的方法是用一个密钥选择使用哪个字母代换表，依次使用多个字母表，当密钥的字母使用结束后，再从头开始排列。

例 2.5　设密钥为"iscbupt"，则对应的数字化密钥 k=(8，18，2，1，20，15，19)，待加密的明文是"cyber great wall corporation"，首先把明文字母转换为数字，然后把明文字母每 7 个分为一组，使用密钥字进行模 26 下的加密操作，具体加密过程如表 2.5 所示。

表 2.5　加密过程

c	y	b	e	r	g	r	e	a	t	w	a	l	l	c	o	r	p	o	r	a	t	i	o	n
2	24	1	4	17	6	17	4	0	19	22	0	11	11	2	14	17	15	14	17	0	19	8	14	13
8	18	2	1	20	15	19	8	18	2	1	20	15	19	8	18	2	1	20	15	19	8	18	2	1
10	16	3	5	11	21	10	12	18	21	23	20	0	4	10	6	19	16	8	6	19	1	0	16	14
K	Q	D	F	L	V	K	M	S	V	X	U	A	E	K	G	T	Q	I	G	T	B	A	Q	O

加密表中第 1 行是分组明文字母，每组之间用空格隔开；第 2 行是与明文字母对应的数字；第 3 行是加密密钥；第 4 行是加密后的密文对应的数字，即第 2 行数字与第 3 行数字模 26 的和的结果；最后一行是得到的密文"KQDFLVKMSVXUAEKGTQIGTBAQO"。同样把密文按每组 7 个进行分组，然后进行解密，解密过程如表 2.6 所示。

表 2.6　解密过程

K	Q	D	F	L	V	K	M	S	V	X	U	A	E	K	G	T	Q	I	G	T	B	A	Q	O
10	16	3	5	11	21	10	12	18	21	23	20	0	4	10	6	19	16	8	6	19	1	0	16	14
8	18	2	1	20	15	19	8	18	2	1	20	15	19	8	18	2	1	20	15	19	8	18	2	1
2	24	1	4	17	6	17	4	0	19	22	0	11	11	2	14	17	15	14	17	0	19	8	14	13
c	y	b	e	r	g	r	e	a	t	w	a	l	l	c	o	r	p	o	r	a	t	i	o	n

解密表与加密表的第 4 行操作不同,解密表中第 4 行是由第 2 行数字与第 3 行数字模 26 的差得到的,其他行的操作与加密表相同。

2. 普莱费尔（Playfair）密码

普莱费尔密码将明文字母按两个字母一组分成若干单元,然后将这些单元替换为密文字母组合,替换时基于一个 5×5 字母矩阵,该矩阵使用一个选定的关键词来构造,其构造方法如下。

从左到右、从上到下依次填入关键词的字母,若关键词中有重复字母,则第 2 次出现时略过,然后将字母表中剩下的字母按字母顺序依次填入矩阵中,其中字母 i 和 j 看作同一个字符。同时约定如下规则:矩阵表中的第 1 列看作第 5 列的右边一列,第 1 行是第 5 行的下一行。

对每对明文字母 p_1、p_2,加密时根据它们在 5 行 5 列字母矩阵中的位置分别进行如下处理。

（1）若 p_1、p_2 在同一行,则对应的密文分别是紧靠 p_1、p_2 右端的字母。

（2）若 p_1、p_2 在同一列,则对应的密文分别是紧靠 p_1、p_2 下端的字母。

（3）若 p_1、p_2 不在同一行,也不在同一列,则对应的密文以 p_1、p_2 为对角顶点确定的矩阵的另外两个顶点字母,按同行的原则对应。

（4）若 p_1、p_2 相同,则插入一个事先约定好的字母,并用上述方法处理。

（5）若明文字母数为奇数,则在明文的末端添加一个事先约定好的字母进行填充。

解密时,同样将明文分为两个字母一组,然后根据密钥产生的字母矩阵进行解密。解密过程与加密过程基本相似,只是把其中的右边改成左边,下面改为上面即可。

例 2.6　设密钥为“LZCJM”,则根据前述的普莱费尔密码构造规则创建的字母矩阵如表 2.7 所示。

表 2.7　字母矩阵

L	Z	C	I/J	M
A	B	D	E	F
G	H	K	L	N
O	P	Q	R	S
T	U	V	X	Y

若明文为“steganographia”,则首先把明文分成两个字母一组,然后对两个一组的明文分别加密,加密代换如表 2.8 所示。

表 2.8　加密代换

st	eg	an	og	ra	ph	ia
OY	AL	FG	TO	OE	UP	LE

由此得到加密后的密文为"OYALFG TOOEUPLE",同样把密文分为两个字母一组,相应的解密过程如表 2.9 所示。

表 2.9　解密过程

OY	AL	FG	TO	OE	UP	LE
st	eg	an	og	Ra	ph	ia

周期多表代换密码在一定程度上打破了明密异同规律,但是它具有明密等差规律。当周期 d 较小时,可将其确定,并通过对密文重排,使其破译问题转化为对单表代换密码的破译。对于周期 d 较大且密钥序列是伪随机的情况,可达到实际保密。对于周期 d 较大且密钥序列是随机的情况,可达到理论保密。

2.3　转轮密码

古典密码体制可以分为人工加密和机械加密两种。从 19 世纪 20 年代开始,人们逐渐发明了各种机械加密和解密设备用来处理数据的加密和解密运算,最典型的设备就是转轮密码机(Rotor Cipher Machine)。Enigma 是由德国人阿瑟·谢尔比乌斯(Arthur Sherbius)于 20 世纪初发明的一种能够进行加密和解密操作的机械转轮密码机。起初,Enigma 被用在了商业领域,后来德国国防军采用了 Enigma,并将其改良后用于军事领域。

Enigma 是一种由键盘、齿轮、电池和灯泡组成的机器,通过这台机器就可以完成加密和解密两种操作。发送者和接收者各自拥有一台 Enigma。发送者用 Enigma 对明文加密,将生成的密文通过无线电发给接收者,接收者将接收的密文用自己的 Enigma 解密,从而得到明文。

发送者和接收者必须使用相同的密钥才能完成加密通信,因此发送者和接收者会事先收到一份称为密码本的册子。密码本中记载了发送者和接收者所使用的每日密码,发送者和接收者需要分别按照册子的指示来设置 Enigma。下面分别从 Enigma 的构造、加密、解密方面讲解转轮密码机的原理。

2.3.1　Enigma 的构造

Enigma 的构造如图 2.2 所示。Enigma 能够对字母表中的 26 个字母进行加密和解密操作,但由于图示复杂,这里将字母的数量简化为 4 个。

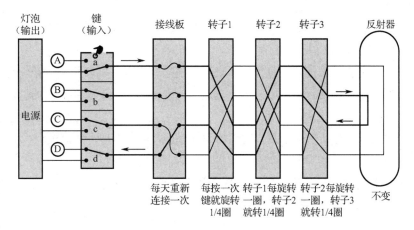

图 2.2　Enigma 的构造（只有 4 个字母的情况）

按下输入键盘上的一个键后，电信号就会通过复杂的电路点亮输出灯泡，图 2.2 中描绘了按下 a 键点亮 D 灯泡的情形。

每按下 Enigma 上的一个键，就会点亮一个灯泡，操作者可以在按键的同时读出灯泡所对应的字母，然后将这个字母写在纸上。这个操作在发送者一侧是加密，在接收者一侧是解密。读者只要将键和灯泡的读法互换，在 Enigma 上就可以用完全相同的方法来完成加密和解密两种操作了。

接线板是一种通过改变接线方式来改变字母对应关系的部件，接线板上的接线方式是根据密码本的每日密码来决定的，在一天之中不会改变。

在图 2.2 中，还看到 3 个称为转子的部件。转子是一个圆盘状的装置，其两侧的接触点之间通过电线连接。尽管每个转子内部的接线方式无法改变，但转子可以在每输入一个字母时自动旋转。当输入一个字母时，转子 1 就旋转 1/4 圈（当字母表中只有 4 个字母时）。转子 1 每旋转 1 圈，转子 2 就旋转 1/4 圈，而转子 2 每旋转一圈，转子 3 就旋转 1/4 圈。3 个转子都可以拆卸，在对 Enigma 进行设置时可以选择转子的初始位置。

2.3.2　Enigma 的加密

下面详细讲解 Enigma 的加密步骤。图 2.3 展示了发送者将一个包含 5 个字母的英语单词 night（夜晚）进行加密并发送的过程。

在进行通信之前，发送者和接收者双方都需要持有密码本，密码本中记载了发送者和接收者需要使用的"每日密码"。

（1）设置 Enigma。发送者查阅密码本，找到当天的"每日密码"，并按照该密码来设置 Enigma。具体来说，就是在接线板上接线，并将 3 个转子进行排列。

（2）加密通信密码。发送者需要想出 3 个字母，并将其加密，这 3 个字母称为通信密码，通信密码的加密也是通过 Enigma 完成的。假设发送者选择的通信密码为 psw，则发送者需要在 Enigma 的键盘上输入两次该通信密码，也就是需要输入 pswpsw 这 6 个字母。发送者每输入一个字母，转子就会旋转，同时灯泡亮起，发送者记下亮起的灯泡所对应的字母。输入 6 个字母之后，发送者就记下了它们所对应的密文，在这里假设密文是 BIGCID。

（3）重新设置 Enigma。发送者根据通信密码重新设置 Enigma。通信密码中的 3 个字母实际上代表了 3 个转子的初始位置，每个转子的上面都印有字母，可以根据字母来设置转子的初始位置。通信密码 psw 就表示需要将转子 1、2、3 分别转到 p、s、w 所对应的位置。

（4）加密消息。发送者对消息进行加密。发送者将消息（明文）逐字从键盘输入，然后从灯泡中读取所对应的字母并记录下来。这里输入 night 这 5 个字母，并记录所对应的 5 个字母（如 LZCJM）。

（5）拼接。发送者将通信密码的密文与加密后的消息进行拼接，即 BIGCIDLZCJM，并将 BIGCIDLZCJM 作为电文通过无线电发送出去。

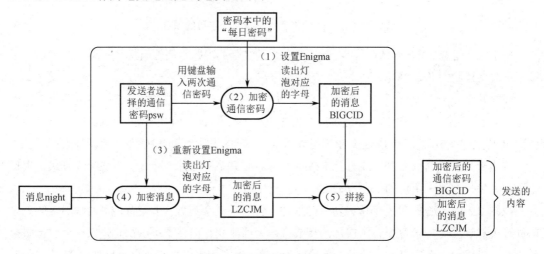

图 2.3　用 Enigma 加密 night

在 Enigma 中出现了"每日密码"和"通信密码"两种不同的密码。"每日密码"不是用来加密消息的，而是用来加密通信密码的。也就是说，"每日密码"是一种用来加密密钥的密钥。之所以要采用两重加密，即用通信密码来加密消息，用"每日密码"来加密通信密码，是因为用同一个密钥所加密的密文越多，破译的线索也会越多，被破译的危险性也会相应增加。

在通信密码的加密中，需要将通信密码 psw 连续输入两次，即 pswpsw。这是因为在使用 Enigma 的时代，无线电的质量很差，可能会发生通信错误，如果通信密码没有被正确传送，接收者也就无法解密通信内容。而通过连续输入两次通信密码，接收者就可以对通信密码进行校验，也就是检查解密后得到的通信密码是否为 3 个字母重复两次这种形式。

2.3.3　Enigma 的解密

下面介绍 Enigma 是如何解密的，Enigma 解密的原理如图 2.4 所示。

解密的具体步骤如下。

（1）分解。接收者将接收的电文分解成两部分，即开头的 6 个字母 BIGCID 和剩下的字母

LZCJM。

（2）设置 Enigma。接收者查阅密码本中的"每日密码"，并按照该密码设置 Enigma，这一步和发送者进行的操作是相同的。

（3）解密通信密码。接收者将加密后的通信密码 BIGCID 进行解密，接收者在 Enigma 的键盘上输入 BIGCID 这 6 个字母，然后将亮起的灯泡对应的字母 pswpsw 记下来。因为 pswpsw 是 psw 重复两次的形式，所以接收者可以判断在通信过程中没有发生错误。

（4）重新设置 Enigma。接收者根据通信密码 psw 重新设置 Enigma。

（5）解密消息。接收者将电文的剩余部分 LZCJM 逐一用键盘输入，然后从灯泡读取结果并记下来，这样接收者就得到了 night 这 5 个字母，也就完成了对发送者发送的消息进行解密的过程。

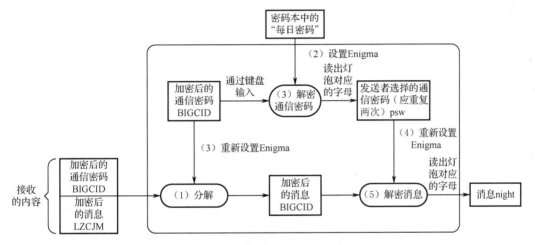

图 2.4　Enigma 解密的原理

2.4　古典密码的分类

古典密码的分类大致有两种情况，根据使用的密钥数量是单一密钥还是多个密钥可以将古典密码分为单表古典密码和多表古典密码。根据明文空间与密文空间是否一致可以将古典密码分为置换密码和代换密码。这两种分类方法本身并不矛盾，古典密码的分类如图 2.5 所示，本章按照第 2 种分类方式介绍几种典型的置换密码和代换密码。

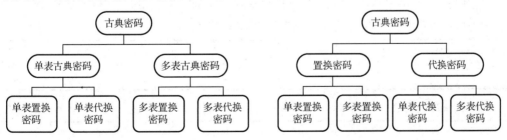

图 2.5　古典密码的分类

🔓2.5 古典密码的统计分析

2.5.1 单表古典密码的统计分析

单表古典密码体制的密文字母表实际上是明文字母表的一个排列，因此明文字母的统计特性在密文中能够反映出来。当截获的密文足够多时，可以通过统计密文字母的出现频率来确定明文字母和密文字母之间的对应关系。

表 2.10 给出了 26 个英文字母的出现频率。当然，由于统计的明文的长度不同，以及明文反映的内容不同，不同文献给出的 26 个英文字母出现的频率可能略有差别。

表 2.10 26 个英文字母的出现频率

字　母	频　率	字　母	频　率
a	0.082	n	0.067
b	0.015	o	0.075
c	0.028	p	0.019
d	0.043	q	0.001
e	0.127	r	0.060
f	0.022	s	0.063
g	0.020	t	0.090
h	0.061	u	0.028
i	0.070	v	0.010
j	0.002	w	0.023
k	0.008	x	0.001
l	0.040	y	0.020
m	0.024	z	0.001

26 个英文字母按出现频率的大小可以分为以下 5 类。

（1）e 出现频率为 0.127。

（2）t, a, o, i, n, s, h, r 出现频率为 0.060～0.090。

（3）d, l 出现频率为 0.040。

（4）c, u, m, w, f, g, y, p, b 出现频率为 0.015～0.028。

（5）v, k, j, x, q, z 出现频率小于等于 0.010。

在密码分析中，除了单字母的统计特性，知道双字母和三字母的统计特性也是非常有用的。出现频率最高的 30 个双字母（按频率从大到小排列）为

th	he	in	er	an	re	ed	on	es	st
en	at	to	nt	ha	nd	ou	ea	ng	as
or	ti	is	et	it	ar	te	se	hi	of

出现频率最高的 20 个三字母（按频率从大到小排列）为

the	ing	and	her	ere	ent	tha	nth	was	eth
for	dth	hat	she	ion	int	his	sth	ers	ver

下面举例说明单表古典密码的统计分析方法。

例 2.7　设某一段明文经单表古典密码加密后的密文为

YIFQFMZRWQFYVECFMDZPCVMRZWNMDZVEJBTXCDDUMJ
NDIFEFMDZCDMQZKCEYFCJMYRNCWJCSZREXCHZUNMXZ
NZUCDRJXYYSMRTMEYIFZWDYVZVYFZUMRZCRWNZDZJJ
XZWGCHSMRNMDHNCMFQCHZJMXJZWIEJYUCFWDJNZDIR

设加密变换为 E_k，解密变换为 D_k。密文中共有 168 个字母，例 2.7 中各个密文字母的出现次数和出现频率如表 2.11 所示。

表 2.11　例 2.7 中各个密文字母的出现次数和出现频率

密文字母	出现次数	出现频率	密文字母	出现次数	出现频率
A	0	0.000	N	9	0.054
B	1	0.006	O	0	0.000
C	15	0.089	P	1	0.006
D	13	0.077	Q	4	0.024
E	7	0.042	R	10	0.060
F	11	0.065	S	3	0.018
G	1	0.006	T	2	0.012
H	4	0.024	U	5	0.030
I	5	0.030	V	5	0.030
J	11	0.065	W	8	0.048
K	1	0.006	X	6	0.036
L	0	0.000	Y	10	0.060
M	16	0.095	Z	20	0.119

密文字母 Z 的出现次数明显比其他密文字母的出现次数多，出现频率约为 0.12。因此，可以猜测 $D_k(Z)=$ e。例 2.7 的密文中包含字母 Z 的双字母的出现次数如表 2.12 所示。

表 2.12　例 2.7 的密文中包含字母 Z 的双字母的出现次数

—Z	出现次数	Z—	出现次数
DZ	4	ZW	4
NZ	3	ZU	3
RZ	2	ZR	2
HZ	2	ZV	2
XZ	2	ZC	2
FZ	2	ZD	2
		ZJ	2

除 Z 外，出现至少 10 次的密文字母为 C，D，F，J，M，R，Y，它们的出现频率为 0.060～0.095。因此，可以猜测

$$\{D_k(C),\ D_k(D),\ D_k(F),\ D_k(J),\ D_k(M),\ D_k(R),\ D_k(Y)\}\subseteq\{t,\ a,\ o,\ i,\ n,\ s,\ h,\ r\}$$

现在考虑密文中形如（—Z）和（Z—）的双字母的出现情况。在密文中没有同时出现形如（—Z）和（Z—）的双字母。

因为 ZW 出现 4 次，WZ 没有出现，$D_k(\text{W}) \in \{\text{a, d, n}\}$，W 的出现频率为 0.048，d 的出现频率为 0.043，所以可以猜测 $D_k(\text{W}) = \text{d}$。注意到 DZ 出现 4 次，ZD 出现 2 次，可以猜测 $D_k(\text{D}) \in \{\text{r, s, t}\}$。

在 $D_k(\text{Z}) = \text{e}$ 和 $D_k(\text{W}) = \text{d}$ 的假设前提下，继续观察密文。可以注意到在密文的开始部分出现了 ZRW 和 RZW，并且在后面还出现了 RW。因为 R 在密文中经常出现，并且 nd 为明文中时常出现的双字母，所以很有可能

$$D_k(\text{R}) = \text{n}$$

明文与密文的部分对应关系如下。

```
- - - - - - e n d - - - - - - - - e - - - - - n e d - - - e - - - - - - - - -
Y I F Q F M Z R W Q F Y V E C F M D Z P C V M R Z W N M D Z V E J B T X C D D U M J
- - - - - - e - - - e - - - - - - - - - - - n - d - - - e n - - - - - e - - - e
N D I F E F M D Z C D M Q Z K C E Y F C J M Y R N C W J C S Z R E X C H Z U N M X Z
- e - - - - - - - - - n - - - - - - e d - - - e - - e - - n e - n d - e - - -
N Z U C D R J X Y Y S M R T M E Y I F Z W D Y V Z V Y F Z U M R Z C R W N Z D Z J J
- e d - - - - - - - - - - - - - - - - - e - - - - e d - - - - - - d - - e - n -
X Z W G C H S M R N M D H N C M F Q C H Z J M X J Z W I E J Y U C F W D J N Z D I R
```

因为 NZ 是密文中时常出现的双字母，而 ZN 不出现，所以可以试着猜测 $D_k(\text{N}) = \text{h}$。如果这个猜测正确，那么由明文片段 ne-ndhe 可以猜测 $D_k(\text{C}) = \text{a}$。于是，可得

```
- - - - - - e n d - - - - - a - - e - a - n e d h - - e - - - - - a - - - -
Y I F Q F M Z R W Q F Y V E C F M D Z P C V M R Z W N M D Z V E J B T X C D D U M J
h - - - - - e - a - - - - e - a - - - a - - n h a d - a - e n - - a - e - h - e
N D I F E F M D Z C D M Q Z K C E Y F C J M Y R N C W J C S Z R E X C H Z U N M X Z
h e - a - - n - - - - - n - - - - - - e d - - - e - - e - - n e a n d h e - e -
N Z U C D R J X Y Y S M R T M E Y I F Z W D Y V Z V Y F Z U M R Z C R W N Z D Z J J
- e d - a - - i n h - - - h a - - - a e - i - - e d - - - - - - a d - - h e - n -
X Z W G C H S M R N M D H N C M F Q C H Z J M X J Z W I E J Y U C F W D J N Z D I R
```

在密文中，M 是第 2 个最常出现的字母。对于密文片段 RNM，已经猜测它对应明文 nh—。由此可知，h 可能是某一明文单词的首字母。因此，M 可能代表明文中的一个元音字母。因为 $D_k(\text{C}) = \text{a}$，$D_k(\text{Z}) = \text{e}$，所以可以猜测 $D_k(\text{M}) \in \{\text{i, o}\}$。

又因为明文双字母 ai 比 ao 更常出现，所以由密文双字母 CM，先猜测 $D_k(\text{M}) = \text{i}$。于是有

```
- - - - - i e n d - - - - - a - i - e - a - i n e d h i - e - - - - - a - - i -
Y I F Q F M Z R W Q F Y V E C F M D Z P C V M R Z W N M D Z V E J B T X C D D U M J
h - - - i - i e a - i e - a - - - a - - I - n h a d - a - e n - - a - e - h i - e
N D I F E F M D Z C D M Q Z K C E Y F C J M Y R N C W J C S Z R E X C H Z U N M X Z
h e - a - - n - - - - - i n - i - - - e d - - - e - - e - i n e a n d h e - e -
N Z U C D R J X Y Y S M R T M E Y I F Z W D Y V Z V Y F Z U M R Z C R W N Z D Z J J
- e d - a - - i n h i - - h a i - - a - e - i - - e d - - - - - - a d - - h e - n -
X Z W G C H S M R N M D H N C M F Q C H Z J M X J Z W I E J Y U C F W D J N Z D I R
```

现在来确定哪个密文字母对应明文字母 o。因为 o 是一个常见的明文字母，所以可以猜测

$$E_k(\text{o}) \in \{\text{D, F, J, Y}\}$$

由此，最可能的是 $E_k(\text{o})=\text{Y}$。否则，由密文片段 CFM 或 CJM 将得到明文中的一长串元音 aoi，这是不太可能的。因此，猜测 $D_k(\text{Y})=\text{o}$。

对另外 3 个最常出现的密文字母 D、F、J 进行猜测。在密文片段中 NMD 出现了两次，所以可以猜测 $D_k(\text{D})=\text{s}$，于是密文片段 NMD 对应明文 his。这与前面的猜测 $D_k(\text{D})\in\{\text{r，s，t}\}$ 是一致的。对于密文片段 HNCMF，猜测它可能对应明文 chair，由此可知 $D_k(\text{F})=\text{r}$，$D_k(\text{H})=\text{c}$，于是 $D_k(\text{J})=\text{t}$。

现在，有

```
o - r - r i e n d - r o - - a r i s e - a - i n e d h i s e - - t - - - a s s - i t
Y I F Q F M Z R W Q F Y V E C F M D Z P C V M R Z W N M D Z V E J B T X C D D U M J
h s - r - r i s e a s i - e - a - o r a t i o n h a d t a - e n - - a c e - h i - e
N D I F E F M D Z C D M Q Z K C E Y F C J M Y R N C W J C S Z R E X C H Z U N M X Z
h e - a s n t - o o - i n - i - o - r e d s o - e - o r e - i n e a n d h e s e t t
N Z U C D R J X Y Y S M R T M E Y I F Z W D V Z V Y F Z U M R Z C R W N Z D Z J J
- e d - a c - i n h i s c h a i r - a c e t i t - t e d - - t o - a r d s t h e s - n
X Z W G C H S M R N M D H N C M F Q C H Z J M X J Z W I E J Y U C F W D J N Z D I R
```

利用与上述类似的分析方法，容易确定其余密文字母和明文字母的对应关系。最后，将得到的明文加上标点符号，即

Our friend from Paris examined his empty glass with surprise, as if evaporation had taken place while he wasn't looking. I poured some more wine and he settled back in his chair, face tilted up towards the sun.

上面讨论的单表古典密码的统计分析方法针对一般的单表置换密码。如果已知所用的密码体制，那么相应的分析工作可能会更简单一些。对于加法密码 $E(m)=m+b\bmod 26$ 和乘法密码 $E(m)=am\bmod 26$，只需要得到一个密文字母所对应的明文字母就可求得密钥。对于一般的放射密码 $E(m)=am+b\bmod 26$，只需要得到两个密文字母所对应的明文字母就可求得密钥。

另外，对于加法密码和乘法密码，由于密钥量比较小，也可以通过穷举攻击求得密钥。

统计分析法是指某种语言中各个字符出现的频率不同而表现出一定的统计规律，这些统计规律可能在密文中重现，从而使攻击者利用这些统计规律，通过一些推测和验证过程来实现密码分析的方法。

单表代换密码的密钥量很小，同时它没有将字母出现的统计概率隐藏起来，因此密码分析者就容易利用该语言的规律性进行分析。

例 2.8 设由仿射密码加密而截获的密文为

ksvnvnaunnsfuhwdvnaihwjehsrdwlmevswrylyvryryvkwlwsqxywwmsrsmwlyy
rvmwlyxwxyrylsrryylrsrskwlwyrvrsvyqwyryq q wvrysqqyywvryvkwlwqywylsvury
qxywwmyvryvwwyqwvyvvyrvswr v rywluxvwslyxrusqyswvqwryvswrvwvryxlw
xrymwvryvkwlwsvyrvsvuyyvryrvswyvswr

虽然只有 222 个字母，但这对仿射密码的分析来说已经足够了，通过统计得到 26 个英文字

母在密文中出现的次数如表 2.13 所示。

表 2.13　26 个英文字母在密文中出现的次数

a	b	c	d	e	f	g	h	i	j	k	l	m	n	o	p	q	r	s	t	u	v	w	x	y	z
2	0	0	2	2	1	0	3	1	1	5	14	6	5	0	0	0	31	22	0	7	33	38	8	41	0

密文统计出的 26 个字母中频率最高的为 y，有 41 次。根据 26 个英文字母的概率分布，首先假定密文字母 y 是明文字母 e 加密的结果。依次代入，设密文字母 r 是明文字母 n 的加密结果，不妨设加密函数为 $e(x) \equiv ax + b (\bmod 26)$，联立方程组得

$$\left.\begin{cases} e('\mathrm{e}') = 'y' \Rightarrow e(4) \equiv 24(\bmod 26) \Rightarrow 4a + b \equiv 24(\bmod 26) \\ e('\mathrm{n}') = 'r' \Rightarrow e(13) \equiv 17(\bmod 26) \Rightarrow 13a + b \equiv 17(\bmod 26) \end{cases}\right\} \Rightarrow \begin{cases} a = 5 \\ b = 4 \end{cases}$$

因此，加密函数为 $e(x) \equiv 5x + 4 (\bmod 26)$，由放射密码的解密函数表达式得到对应的解密函数为 $x \equiv d(e(x)) \equiv 5^{-1}(e(x) - 1) \equiv 21(e(x) - 1)(\bmod 26) \equiv x + b \bmod 26$，所以明文字母和密文字母的对应关系如表 2.14 所示。

表 2.14　明文字母和密文字母的对应关系

a	b	c	d	e	f	g	h	i	j	k	l	m	n	o	p	q	r	s	t	u	v	w	x	y	z
u	p	k	f	a	v	q	l	g	b	w	r	m	h	c	x	s	n	l	d	y	t	o	j	e	z

最后得到解密的明文为"the state key laboratory of networking and switching technology belongs to Beijing university and telecommunications the laboratory was opened in nineteen ninety two in nineteen ninety five the laboratory passed acceptance inspection by government"。

2.5.2　多表古典密码的统计分析

多表古典密码的统计分析不能像单表古典密码那样简单通过字母出现的频率进行分析，因为在多表古典密码中，相同的明文密文可能不相同。在多表古典密码的统计分析中，首先要确定密钥字的长度，也就是要确定所使用的加密表的个数，然后再分析确定具体的密钥。

下面以维吉尼亚密码为例来说明多表古典密码的分析方法。

确定密钥字的长度 m 的常用方法有卡西斯基测试法（Kasiski Test）和重合指数法（Index of Coincidence）。

在明文中，如果两个相同的明文片段之间的距离 d 是密钥字长度 m 的倍数，那么这两个明文片段所对应的密文片段一定是相同的。反过来，如果密文中出现两个相同的密文片段（长度至少为 3），那么它们对应的明文片段极有可能是相同的，当然也可能不同。

寻找密文中长度至少为 3 的相同的密文片段，计算每对相同密文片段中的两个密文片段之间的距离，这样就得到了一些距离值 d_1, d_2, …, d_i。可以猜测密钥字的长度 m 可能是 d_1, d_2, …, d_i 的最大公因子，这就是 Kasiski 测试法。它是由 Friedrich Kasiski 于 1863 年首先提出来的。

利用重合指数法可以进一步确定密钥字的长度是否为 m。重合指数的概念是 Wolfe Friedman 在 1920 年给出的。

定义 2.3　设 $x = x_1 x_2 \cdots x_n$ 是一个长度为 n 的英文字母串。x 的重合指数定义为 x 中的两个随机元素相同的概率，记为 $I_c(x)$。假设英文字母 a，b，c，$\cdots$，z 在 x 中的出现次数分别为 f_0，f_1，f_2，$\cdots$，f_{25}。显然，从 x 中选取两个元素共有 $\binom{n}{2}$ 种方法，选取的两个元素同时为第 i 个英文字母的情形共有 $\binom{f_i}{2}$ 种，$0 \leqslant i \leqslant 25$。因此，有

$$I_c(x) = \frac{\sum_{i=0}^{25} f_i(f_i - 1)}{n(n-1)} \tag{2.9}$$

将表 2.14 中的英文字母 a，b，c，$\cdots$，z 的期望概率分别记为 p_0，p_1，p_2，$\cdots$，p_{25}。假设 x 为英文明文，因为 x 中的两个随机元素同时为第 i 个英文字母的概率为 p_i^2，$0 \leqslant i \leqslant 25$，所以有

$$I_c(x) \approx \sum_{i=0}^{25} p_i^2 = 0.065$$

若 x 是由单表古典密码得到的密文，则各个密文字母的期望概率是各个明文字母的期望概率的一个重新排列。因此，仍然有

$$I_c(x) \approx \sum_{i=0}^{25} p_i^2 = 0.065$$

假设 $y = y_1 y_2 \cdots y_n$ 是由维吉尼亚密码得到的长度为 n 的密文，将 y 按列排成一个 $m \times \lceil n/m \rceil$ 的矩形阵列，其中 $\lceil\ \rceil$ 为向上取整。各行分别记为 y_1，y_2，$\cdots$，y_m，若 m 确实是密钥字的长度，则 y_i 中的各个密文字母都是由同一个加法密码得到的。因此，有

$$I_c(y_i) \approx 0.065，\quad 1 \leqslant i \leqslant m$$

另外，若 m 不是密钥的长度，则 y_i 中的各个密文字母将由不同的加法密码得到，y_i 中的各个密文字母看起来更随机一些。对于一个随机的英文字母串有

$$I_c \approx 26 \times (1/26)^2 = 1/26 = 0.038$$

因为 0.065 和 0.038 相差较远，所以一般能够确定密钥字的长度，或者说能够确定由 Kasiski 测试法得到的密钥字的长度是否正确。

下面来讨论如何确定密钥字。首先给出交互重合指数（Mutual Index of Coincidence）的概念，它可以用于确定密钥字。

定义 2.4　设 $x = x_1 x_2 \cdots x_n$ 和 $y = y_1 y_2 \cdots y_{n'}$ 是两个长度分别为 n 和 n' 的字母串。x 和 y 的交互重合指数定义为 x 中的一个随机元素与 y 中的一个随机元素相同的概率，记为 $\mathrm{MI}_c(x, y)$。假设英文字母 a，b，c，$\cdots$，z 在 x 和 y 中出现的次数分别为 f_0，f_1，f_2，$\cdots$，f_{25} 和 f_0'，f_1'，f_2'，$\cdots$，f_{25}'，则容易看出

$$\mathrm{MI}_c(x, y) = \frac{\sum_{i=0}^{25} f_i f_i'}{nn'} \tag{2.10}$$

假设已经确定了密钥字的长度 m，密文子串 y_i 中的各个密文字母都是由同一个加法密码得到的。设密钥为 $k = (k_1, k_2, \cdots, k_m)$，现在来估计 $\mathrm{MI_c}(y_i, y_j)$ 的值。显然，y_i 中的一个随机元素与 y_j 中的一个随机元素同时为第 h 个英文字母的概率为 $p_{h-k_i} p_{h-k_j}$，$0 \leqslant h \leqslant 25$，这里下标中的运算为模 26 运算。因此，有

$$\mathrm{MI_c}(y_i, y_j) \approx \sum_{h=0}^{25} p_{h-k_i} p_{h-k_j} = \sum_{h=0}^{25} p_h p_{h+k_i-k_j} \tag{2.11}$$

注意到这个估计值仅依赖于 $(k_i - k_j) \bmod 26$，称 $(k_i - k_j) \bmod 26$ 为 y_i 与 y_j 的相对位移（Relative Shift）。另外，因为

$$\sum_{h=0}^{25} p_h p_{h+l} = \sum_{h=0}^{25} p_h p_{h-l} \tag{2.12}$$

所以相对位移 l 和 $26-l$ 产生相同的 $\mathrm{MI_c}$ 的估计值。

交互重合指数 $\mathrm{MI_c}$ 的估计值如表 2.15 所示，可以看出，当相对位移不等于 0 时，交互重合指数的估计值为 $0.032 \sim 0.045$；而当相对位移等于 0 时，交互重合指数的估计值为 0.065。注意到 0.045 与 0.065 相差较远，可以利用这个事实来推测 y_i 与 y_j 相对位移 $l = k_i - k_j$。设 $e_0 = 0$，$e_1 = 1$，$e_2 = 2$，$\cdots$，$e_{25} = 25$。用 e_g 作为密钥按加法密码对 y_i 加密，设密文为 y_j^g，$0 \leqslant g \leqslant 25$。利用公式

$$\mathrm{MI_c}(x, y^g) = \frac{\sum_{i=0}^{25} f_i f_{i-g}'}{nn'} \tag{2.13}$$

容易计算交互重合指数 $\mathrm{MI_c}(y_i, y_j^g)$，$0 \leqslant g \leqslant 25$。因为 y_i 与 y_j' 的相对位移为 0，所以当 $g = l$ 时，$\mathrm{MI_c}(y_i, y_j^g)$ 应该接近 0.065。而当 $g \neq l$ 时，$\mathrm{MI_c}(y_i, y_j^g)$ 应该在 $0.032 \sim 0.045$ 变化。通过这种方法，可以获得任意两个密文子串 y_i 和 y_j 的相对位移。对于加法密码，因为只有 26 个可能的密钥，所以可以很容易地通过穷举搜索法得到密钥。

表 2.15　交互重合指数 $\mathrm{MI_c}$ 的估计值

相对位移	$\mathrm{MI_c}$ 的估计值	相对位移	$\mathrm{MI_c}$ 的估计值
0	0.065	7（19）	0.039
1（25）	0.039	8（18）	0.034
2（24）	0.032	9（17）	0.034
3（23）	0.034	10（16）	0.038
4（22）	0.044	11（15）	0.045
5（21）	0.033	12（14）	0.039
6（20）	0.036	13	0.043

下面的例子说明了维吉尼亚密码的分析方法。

例 2.9　设某一段明文经维吉尼亚密码加密后的密文为

CHREEVOAHMAERATBIAXXWTNXBEEOPHBSBQMQEQERBW

RVXUOAKXAOSXXWEAHBWGJMMQMNKGRFVGXWTRZXWIAK

LXFPSKAUTEMNDCMGTSXMXBTUIADNGMGPSRELXNJELX
VRVPRTULHDNQWTWDTYGBPHXTFALJHASVBFXNGLLCHR
ZBWELEKMSJIKNBHWRJGNMGJSGLXFEYPHAGNRBIEQJT
AMRVLCRREMNDGLXRRIMGNSNRWCHRQHAEYEVTAQEBBI
PEEWEVKAKOEWADREMXMTBHHCHRTKDNVRZCHRCLQOHP
WQAIIWXNRMGWOIIFKEE

可以看出，密文片段 CHR 在密文中出现了 5 次，每次出现的开始位置分别为 1，166，236，276，286。第 1 次出现到其他各次出现的距离分别为 165，235，275，285。容易计算

$$\gcd(165,\ 235,\ 275,\ 285)=5$$

因此，密钥字的长度很可能是 5。

下面来计算交互重合指数，看是否也能得出同样的结论。根据定义 2.1 中的公式，密文子串 y_i 的交互重合指数是容易计算的，$1 \leqslant i \leqslant m$，$m$ 为密钥字的长度。若 $m=1$，则交互重合指数为 0.045。若 $m=2$，则两个交互重合指数分别为 0.046，0.041。若 $m=3$，则 3 个交互重合指数分别为 0.043，0.050，0.047。若 $m=4$，则 4 个交互重合指数分别为 0.042，0.039，0.046，0.040。若 $m=5$，则 5 个交互重合指数分别为 0.063，0.068，0.069，0.061，0.072。显然，$m=5$ 时的各个交互重合指数最接近 0.065。因此，通过计算密文子串 y_i 的交互重合指数，进一步证实了密钥字的长度是 5。

现在来讨论确定密钥字。通过编制一个简单的计算机程序，容易得到 260 个交互重合指数 $\mathrm{MI_c}\left(y_i,\ y_j^g\right)$ 的值，$1 \leqslant i < j \leqslant 5$，$0 \leqslant g \leqslant 25$。密文子串的交互重合指数 $\mathrm{MI_c}$ 的估计值如表 2.16 所示。

表 2.16　密文子串的交互重合指数 $\mathrm{MI_c}$ 的估计值

i	j	$\mathrm{MI_c}\left(y_i,\ y_j^g\right)$ 的值，$0 \leqslant g \leqslant 25$								
1	2	0.028	0.027	0.028	0.034	0.039	0.037	0.026	0.025	0.052
		0.068	0.044	0.026	0.037	0.043	0.037	0.043	0.037	0.028
		0.041	0.041	0.034	0.037	0.051	0.045	0.042	0.036	
1	3	0.039	0.033	0.040	0.034	0.028	0.053	0.048	0.033	0.029
		0.056	0.050	0.045	0.039	0.040	0.036	0.037	0.032	0.027
		0.037	0.036	0.031	0.037	0.055	0.029	0.024	0.037	
1	4	0.034	0.043	0.025	0.027	0.038	0.049	0.040	0.032	0.029
		0.034	0.039	0.044	0.044	0.034	0.039	0.045	0.044	0.037
		0.055	0.047	0.032	0.027	0.039	0.037	0.039	0.035	
1	5	0.043	0.033	0.028	0.046	0.043	0.044	0.039	0.031	0.026
		0.030	0.036	0.040	0.041	0.024	0.019	0.048	0.070	0.044
		0.028	0.038	0.044	0.043	0.047	0.033	0.026	0.046	
2	3	0.046	0.048	0.041	0.032	0.036	0.035	0.036	0.030	0.024
		0.039	0.034	0.029	0.040	0.067	0.041	0.033	0.037	0.045
		0.033	0.033	0.027	0.033	0.045	0.052	0.042	0.030	

续表

i	j	$\mathrm{MI_c}\left(y_i,\ y_j^g\right)$ 的值，$0 \leqslant g \leqslant 25$								
2	4	0.046	0.034	0.043	0.044	0.034	0.031	0.040	0.045	0.040
		0.048	0.044	0.033	0.024	0.028	0.042	0.039	0.026	0.034
		0.050	0.035	0.032	0.040	0.056	0.043	0.028	0.028	
2	5	0.033	0.033	0.036	0.046	0.026	0.018	0.043	0.080	0.050
		0.029	0.031	0.045	0.039	0.037	0.027	0.026	0.031	0.039
		0.040	0.037	0.041	0.046	0.045	0.043	0.035	0.030	
3	4	0.038	0.036	0.040	0.033	0.036	0.060	0.035	0.041	0.029
		0.058	0.035	0.035	0.034	0.053	0.030	0.032	0.035	0.036
		0.036	0.028	0.046	0.032	0.051	0.032	0.034	0.030	
3	5	0.035	0.034	0.034	0.036	0.030	0.043	0.043	0.050	0.025
		0.041	0.051	0.050	0.035	0.032	0.033	0.033	0.052	0.031
		0.027	0.030	0.072	0.035	0.034	0.032	0.043	0.027	
4	5	0.052	0.038	0.033	0.038	0.041	0.043	0.037	0.048	0.028
		0.028	0.036	0.061	0.033	0.033	0.032	0.052	0.034	0.027
		0.039	0.043	0.033	0.027	0.030	0.039	0.048	0.035	

对于每对 $(i,\ j)$，找出接近 0.065 的 $\mathrm{MI_c}\left(y_i,\ y_j^g\right)$ 的值。对于给定的 $(i,\ j)$，若存在唯一的 $\mathrm{MI_c}\left(y_i,\ y_j^g\right)$ 的值接近 0.065，则可以将相应的 g 视为 y_i 和 y_j 的相对位移的值。密文子串的交互重合指数 $\mathrm{MI_c}$ 的估计值如表 2.16 所示，用方框划出了 6 个接近 0.065 的交互重合指数的值。因此，可以猜测 y_1 和 y_2 的相对位移是 9，y_1 和 y_5 的相对位移是 16，y_2 和 y_3 的相对位移是 13，y_2 和 y_5 的相对位移是 7，y_3 和 y_5 的相对位移是 20，y_4 和 y_5 的相对位移是 11。假设 $k = \left(k_1,\ k_2,\ k_3,\ k_4,\ k_5\right)$ 是维吉尼亚密码的密钥，则有

$$k_1 - k_2 = 9 \bmod 26$$
$$k_1 - k_5 = 16 \bmod 26$$
$$k_2 - k_3 = 13 \bmod 26$$
$$k_2 - k_5 = 7 \bmod 26$$
$$k_3 - k_5 = 20 \bmod 26$$
$$k_4 - k_5 = 11 \bmod 26$$

将 k_2、k_3、k_4、k_5 用 k_1 表示，有

$$k_2 = k_1 + 17 \bmod 26$$
$$k_3 = k_1 + 4 \bmod 26$$
$$k_4 = k_1 + 21 \bmod 26$$
$$k_5 = k_1 + 10 \bmod 26$$

因此，密钥 $k = \left(k_1,\ k_1 + 17,\ k_1 + 4,\ k_1 + 21,\ k_1 + 10\right)$，$k_1 \in Z_{26}$。通过尝试 k_1 的每个可能的取值，不难确定密钥字为 JANET，$k = (9,\ 0,\ 13,\ 4,\ 19)$。因此，得到与密文相对应的明文（添加适当的标点符号）为

The almond tree was in tentative blossom. The days were longer, often ending with magnificent evenings of corrugated pink skies. The hunting season was over, with hounds and guns put away for six months. The vineyards were busy again as the well-organized farmers treated their vines and the more lackadaisical neighbors hurried to do the pruning they should have done in November.

密码编码学和密码分析学是密码学的两大组成部分，二者的对立统一关系促进了密码学的发展，一个密码系统的安全性只有通过当前各类供给系统的检验分析后才能做出结论。密码体制的安全性分析是一个相当复杂的系统工程，各类密码体制的分析方法也各不相同。单表代换密码具有明密异同规律，多表代换密码具有明密等差规律，置换密码具有一阶频次不变规律，利用这些规律是进行古典密码分析的关键。

2.6　本章小结

本章介绍了置换密码，列举了列置换密码、周期置换密码两种典型的古典密码，简要概括了古典密码的特征和分类；介绍了代换密码，包括单表代换密码和多表代换密码；以 Enigma 为例，介绍了转轮密码；介绍了古典密码的分类；最后介绍了古典密码的统计分析。

2.7　本章习题

1．运用凯撒密码算法，解密"RPQLD JDOOLD HVW GLYLVD LQ SDUWHV WUHV"。

2．利用列置换密码算法，密钥用对换表示为 $\sigma=(153)$ ，加密 xiandaimimaxue。

3．用维吉尼亚算法加密明文"We are discovered save yourself"，密钥是 deceptive。

4．根据置换 σ_1 与 σ_2，按 $d=2$ 的周期置换密码体制加密明文 transpositionisare 和 arrangementofthesy。其中 σ_1=（7 3 4 1 6 8 9 5 2），σ_2=（4 1 2 7 9 8 5 6 3）。

5．设 $d=4$，$n=9$ 的周期置换密码的 4 个置换和密文如下，求明文。

σ_1 =（6 9 4 8 3 7 1 2 5）　　　　σ_2 =（1 3 5 4 7 2 6 8 9）

σ_3 =（5 9 6 4 7 8 2 1 3）　　　　σ_4 =（2 5 1 6 3 9 4 7 8）

密文：pinsaotrs toinaisre negaemrar ttnhoyfes omlaofmbs esgaxsexx。

6．密文 CRWWZ 是用模 26 的某仿射密码加密的，明文开头是 ha，试对该密文解密。

7．求模 27 的仿射密码可能的密钥有多少？用模 29 呢？

8．设英文字母 A，B，…，Z 分别编码为 0，1，…，25。已知单表仿射加密变换为 $c = (5m+7) \bmod 26$ ，其中 m 表示明文，c 表示密文，试对明文 HELPME 加密。

9．设英文字母 A，B，…，Z 分别编码为 0，1，…，25。已知 m 表示明文，c 表示密文，单表仿射加密变换为 $c = (11m+2) \bmod 26$ ，试对密文 VMWZ 解密。

10．已知密码体制为维吉尼亚体制，明文为 nankaiuniversity，密文为 nrgkrbuebvvkszmy，求该密码体制的密钥。

第 3 章　分组密码

分组密码算法（Block Cipher Algorithm）是将输入数据划分成固定长度的组进行加密和解密的一类对称密码算法。分组密码的安全性主要依赖于密钥，而不依赖于对加密算法和解密算法的保密。因此，分组密码的加密算法和解密算法可以公开。分组密码具有速度快、易于标准化和便于软硬件实现等特点，它在计算机通信和信息系统安全领域中有着广泛的应用。

本章主要介绍分组密码概述、DES、AES，以及分组密码的工作模式和分组密码分析。

3.1　分组密码概述

3.1.1　分组密码简介

现代分组密码的研究始于 20 世纪 70 年代中期，至今已有几十年的历史，这期间人们在这个研究领域取得了丰硕的研究成果，包括 DES、Blowfish、IDEA、LOKI、RC5、Rijndael（AES）在内的分组密码陆续被研究应用。分组密码是一种单钥或对称密码算法，通信实体双方使用相同的密钥加密和解密。

利用分组密码对明文加密时，首先需要对明文进行分组，每组的长度都相同，然后对每组明文分别加密得到密文。设 n 是一个分组密码的分组长度，k 是密钥，$x = x_0 x_1 \cdots x_{n-1}$ 为明文，其中 $0 \leqslant i \leqslant n-1$，$y = y_0 y_1 \cdots y_{m-1}$ 为相应的密文，其中 $0 \leqslant j \leqslant m-1$，则

$$y = E_k(x)$$
$$x = D_k(y)$$

其中，E_k 和 D_k 分别表示在密钥 k 控制下的加密变换和解密变换。分组密码模型如图 3.1 所示。

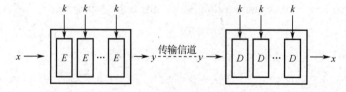

图 3.1　分组密码模型

分组密码与序列密码的不同之处在于输出的每位密文不仅与相应时刻输入的明文有关，而且与一组长为 n 的明文有关。在相同密钥下，分组密码对长为 n 的输入明文组所实施的变换是等同的，所以只需要研究对任一组明文数字的变换规则。这种密码实质上是字长为 n 的

数字序列的代换密码，通常取 $m=n$，若 $m>n$，则为有数据扩展的分组密码；若 $m<n$，则为有数据压缩的分组密码。

3.1.2　分组密码的基本原理

1. 代换

如果明文和密文的分组长度都为 $n$bit，明文和密文取值都在 GF(2)中，那么明文和密文的每个分组都有 2^n 个可能的取值。为使加密运算可逆（使解密运算可行），明文的每个分组都应产生唯一一个密文分组，这样的变换是可逆的，称明文分组到密文分组的可逆变换为代换。不同可逆变换的个数为 $2^n!$，但考虑密钥管理问题和实现效率，现实中的分组密码的密钥长度 k 往往与分组长度 n 差不多，共有 2^k 个代换，而不是理想分组的 $2^n!$ 个代换。

另外，这种代换结构在实用中还有一些问题需要考虑。如果分组长度太小，如 $n=4$，那么系统等价于古典的代换密码，容易通过对明文的统计分析而被攻破。如果分组长度 n 足够大，而且从明文到密文有任意可逆的代换，那么明文的统计特性将被隐藏而使以上的攻击不能成功。然而，从能否实现的角度来看，分组长度很大的可逆代换结构是不实际的，实际中通常将 n 分成较小的段。例如，可选 $n = r \cdot n_0$，其中 r 和 n_0 都是正整数，将设计 n 个变量的代换变为设计 r 个较小的子代换，而每个子代换只有 n_0 个输入变量。一般 n_0 都不太大，称每个子代换为代换盒，简称 S 盒。例如，DES 将输入为 48bit、输出为 32bit 的代换用 8 个 S 盒来实现，每个 S 盒的输入端数仅为 6bit，输出端数仅为 4bit。

2. 扩散

扩散（Diffusion）和混淆（Confusion）是由 Shannon 提出的设计密码系统的两种基本方法，目的是抗击攻击者对密码系统的统计分析。如果攻击者知道明文的某些统计特性，如消息中不同字母出现的频率、可能出现的特定单词或短语，而且这些统计特性以某种方式在密文中反映出来，那么攻击者就有可能得出加密密钥或其中一部分，或者得出包含加密密钥的一个可能的密钥集合。在被 Shannon 称为理想密码的密码系统中，密文的所有统计特性都与所使用的密钥独立。

扩散是将明文的统计特性散布到密文中去，使明文的每位影响密文中多位的值，等价于密文中每位均受明文中多位的影响，即从密文中不能获得明文的统计特性。当然，理想的情况是让明文中的每位影响密文中的所有位，或者说让密文的每位受明文中的所有位的影响。

例如，对明文消息 $m = m_1 m_2 m_3 \cdots$ 的加密操作 $y_n = \mathrm{chr}\left[\sum_{i=1}^{k} \mathrm{ord}(m_{n+i})(\mathrm{mod}\,26)\right]$，其中 $\mathrm{ord}(m_i)$ 是求字母 m_i 对应的序号，$\mathrm{chr}(i)$ 是求序号 i 对应的字母。这时明文的统计特性将被散布到密文中，因而每个字母在密文中出现的频率比在明文中出现的频率更接近于相等，双字母及多字母出现的频率也更接近于相等。在二元分组密码中，可对数据重复执行某个置换，再对这一置换作用于一个函数，可获得扩散。扩散的目的是使明文和密文之间的统计关系变得尽可能复杂，以使攻击者无法得到密钥。

3. 混淆

混淆是使密文和密钥之间的统计关系变得尽可能复杂，以使攻击者无法得到密钥。因此，即使攻击者能得到密文的一些统计关系，由于密钥和密文之间的统计关系较复杂，攻击者也无法得到密钥。使用复杂的代换算法可以得到预期的混淆效果，而简单的线性代换函数得到的混淆效果则不太理想。

扩散和混淆成功地实现了分组密码的本质属性，因而成为设计现代分组密码的基础。

3.1.3 分组密码的结构

现代密码学中的分组密码体制基本上都是基于乘积和迭代来构造的。乘积通常由一系列的置换和代换构成。两种常见的分组密码结构有 Feistel 网络（Feistel Net）和 SP 网络（Substitution Permutation Net）。DES 和 AES 分别是 Feistel 网络和 SP 网络的典型例子。

1. Feistel 网络

1）平衡的 Feistel 网络

设 x 是待加密的明文，长度为 $2m$bit。平衡的 Feistel 型分组密码的加密过程为：将明文 x 一分为二，设 $x = L_0R_0$，L_0 是左边的 $m$bit，R_0 是右边的 $m$bit，对于 $1 \leqslant i \leqslant r$ 有

$$\begin{cases} L_i = R_{i-1} \\ R_i = L_{i-1} \oplus F(R_{i-1},\ K_i) \end{cases} \tag{3.1}$$

其中，L_i 和 R_i 的长度都是 $m$bit；F 是一个加密函数，称为圈函数（Round Function）；K_i 是由密钥 k 产生的长度为 $t$bit 的子密钥；$\oplus$ 是按位模 2 加运算。密文为 $y = R_rL_r$，r 是圈变换的迭代次数。平衡的 Feistel 型分组密码的解密过程是加密过程的逆过程。式（3.1）称为圈变换，平衡的 Feistel 型分组密码的圈变换如图 3.2 所示。

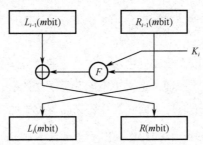

图 3.2 平衡的 Feistel 型分组密码的圈变换

2）非平衡的 Feistel 网络

设 x 是待加密的明文，长度为 $2m$bit。非平衡的 Feistel 型分组密码的加密过程为：将明文 x 分成两部分，设 $x = L_0R_0$，L_0 是左边的 $n_1$bit，R_0 是右边的 $n_2$bit，$n_1 + n_2 = 2m$，对于 $1 \leqslant i \leqslant r$ 有

$$\begin{cases} X_i^L = R_{i-1} \\ X_i^R = L_{i-1} \oplus F\left(R_{i-1},\ K_i\right) \\ X_i = X_i^L X_i^R \end{cases} \tag{3.2}$$

将 X_i 分为两部分，$X_i = L_i R_i$，其中，L_i 是 X_i 左边的 $n_1$bit，R_i 是 X_i 右边的 $n_2$bit；K_i 是由密钥 k 产生的长度为 $t$bit 的子密钥；F 为圈变换，是一个从 $\mathrm{GF}(2)^{n_2} \times \mathrm{GF}(2)^t$ 到 $\mathrm{GF}(2)^{n_1}$ 的函数。密文为 $y = X_r^R X_r^L$，r 是圈变换的迭代次数。非平衡的 Feistel 型分组密码的圈变换如图 3.3 所示。

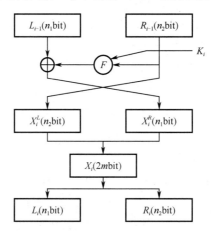

图 3.3　非平衡的 Feistel 型分组密码的圈变换

Feistel 型分组密码的优点是加密过程与解密过程相似。在 Feistel 型分组密码的加密过程的最后一轮没有进行"左右交换"，目的就是可以利用同一个算法来实现加密和解密。

2．SP 网络

SP 型分组密码的加密思想为：设 x 是待加密的明文，长度为 $n$bit，令 $X_0 = x$，对于 $1 \leqslant i \leqslant r$，在子密钥 K_i 的控制下，对 X_{i-1} 做代换 S，然后做置换或可逆的线性变换 P，密文为 $y = X_r$，r 是圈变换的迭代次数。SP 型分组密码的圈变换如图 3.4 所示。在 SP 型分组密码中，代换 S 一般被称为混淆层，主要起混淆作用；置换或可逆的线性变换 P 一般被称为扩散层，主要起扩散作用。

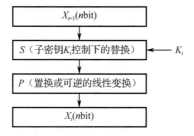

图 3.4　SP 型分组密码的圈变换

SP 网络可以看作 Feistel 网络的推广，但 SP 型分组密码的加密过程与解密过程一般不相似，即不能用同一个算法来实现加密和解密。

3.1.4 分组密码的设计

在实际应用中对分组密码可能会提出多方面的要求，除了安全性，还有运行速度、存储量（程序的长度、数据分组长度、高速缓存大小）、实现平台（硬件、软件、芯片）、运行模式等限制条件，这些都需要与安全性要求结合并进行适当的折中。分组密码的设计在于找到一种算法，能在密钥控制下从一个足够大且足够好的置换子集中，简单而迅速地选出一个置换，用来对当前输入的明文组进行加密变换。

分组密码算法的设计要求如下。

（1）分组长度 n 要足够大，使分组代换字母表中的元素个数 2^n 足够大，防止明文穷举攻击奏效。DES、IDEA、FEAL 和 LOKI 等分组密码都采用 $n=64$，在生日攻击下用 2^{32} 组密文成功概率为 1/2，同时要求 $2^{32} \times 64\text{bit}=2^{15}\text{MB}$ 存储，故采用穷举攻击是不现实的。

（2）密钥量要足够大（置换子集中的元素足够多），尽可能消除弱密钥并使所有密钥同等好，以防止密钥穷举攻击奏效，但密钥又不能过长，以便于密钥的管理。DES 采用 56bit 密钥，IDEA 采用 128bit 密钥，据估计在今后三四十年内采用 1024bit 密钥是足够安全的。

（3）由密钥确定置换的算法要足够复杂。充分实现明文与密钥的扩散和混淆，没有简单的关系可循，能抗击各种已知的攻击，如差分攻击和线性攻击；有高的非线性阶数，实现复杂的密码变换，使对手破译时除了用穷举攻击，无其他捷径可循。

（4）加密和解密运算简单，易于软件和硬件高速实现。例如，将分组长度 n 划分为子段，每段长为 8、16 或者 32。在使用软件实现时，应选用简单的运算，使作用于子段上的密码运算易于用标准处理器的基本运算，如加、乘、移位等实现，避免使用软件难于实现的逐比特置换。

为了便于硬件实现，加密和解密过程之间的差别应仅在于由秘密密钥所生成的密钥表不同，这样加密和解密就可以使用同一器件实现。设计的算法采用规则的模块结构，如多轮迭代，以便于软件和超大规模集成电路快速实现。

（5）数据扩展。一般无数据扩展，在采用同态置换和随机化加密技术时可引入数据扩展。

（6）差错传播尽可能小。

在设计分组密码时，（1）、（2）、（3）的安全性都是必要条件，是算法设计必须考虑的问题。同时，在设计时还需要考虑（4）、（5）、（6）。归纳起来，一个分组密码在实际设计中需要在安全性和实用性之间寻求一种平衡，使得算法在足够安全、能够抵抗所有已知的可能攻击的同时，具有尽可能短的密钥、尽可能小的存储空间及尽可能快的运算速度，这使得分组密码的设计工作极具挑战性。

🔓 3.2　DES

1977 年 1 月 15 日，美国正式公布实施的 DES 是一个众所周知的分组密码，其分组长度为 64bit，密钥长度为 56bit。目前尽管 DES 已被 AES 所取代，但其设计思想仍然值得借鉴。下面将对 DES 的产生、DES 算法描述进行具体的阐述。

3.2.1　DES 的产生

NBS 从 1973 年开始研究除国防部外的其他部门计算机系统的数据加密标准，于 1973 年 5 月 15 日和 1974 年 8 月 27 日先后两次向公众发出了征求加密算法的公告。IBM 将自己研发的 Tuchman-Meyer 方案提交给 NIST，经过 5 年的测试评定，NIST 最终将该方案采纳为 DES。DES 是密码学史上第一个被广泛应用的商用数据加密算法，同时开创了公开密码算法的先例，它的出现成为现代密码发展史上一件非常有影响力的事件，在一定程度上促进了现代密码学的发展。

1997 年，DESCHALL 小组经过近 4 个月的努力，通过 Internet 搜索了 3×10^{16} 个密钥，找出了 DES 的密钥，恢复出了明文。美国保密局于 1994 年 1 月做出评估，决定 1998 年 12 月以后将不再使用 DES。从现在的角度来看，DES 算法的密钥长度较短，安全性无法保障，但是它曾成功地抵抗了多年的密码分析，其衍生出来的三重 DES 算法在今天仍为一个相对安全的密码算法，而且它的基本原理和核心思想对今天的密码算法和密码工程设计者而言，仍有很好的研究和参考价值。

3.2.2　DES 算法描述

1. DES 的加密过程

DES 加密算法如图 3.5 所示。DES 算法使用 56bit 的密钥及附加的 8bit 奇偶校验位。DES 输入 64bit 的明文，在 64bit 密钥的控制下产生 64bit 的密文。设 $X = X_1 X_2 \cdots X_{64}$ 是待加密的 64bit 明文，其中 $X_i \in \{0, 1\}$，$1 \leqslant i \leqslant 64$。DES 首先利用初始置换 IP 对 X 进行换位处理，打乱原来的次序，得到一个乱

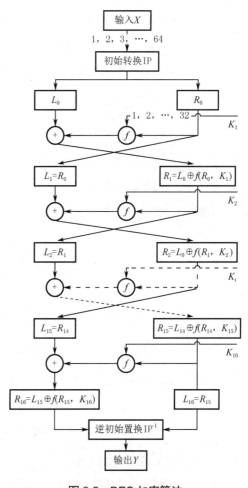

图 3.5　DES 加密算法

序的 64bit 明文组。其次进行图 3.5 所示的与密钥有关的 16 轮迭代变换，将初始置换 IP 后的数据分成左右两部分，左边记为 L_0，右边记为 R_0，对 R_0 进行在子密钥控制下的 f 变换，其结果记为 $f(R_0, K_1)$，得到的 32bit 输出再与 L_0 做逐位异或（XOR）运算，其结果成为下一轮的 R_1，R_0 则成为下一轮的 L_1。对 L_1、R_1 的运算过程与 L_0、R_0 相同，结果为 L_2、R_2，如此循环 16 次，得到 L_{16}、R_{16}。最后经过逆初始置换 IP^{-1} 的处理得到密文 $Y = Y_1 Y_2 \cdots Y_{64}$，其中 $Y_i \in \{0, 1\}$，$1 \le i \le 64$。

初始置换 IP 如表 3.1 所示，逆初始置换 IP^{-1} 如表 3.2 所示，不难看出 IP^{-1} 是 IP 的逆。其实 IP 和 IP^{-1} 在密码方面作用不大，它们的意义在于打乱原来输入 X 的 ASCII 码字划分的关系。初始置换 IP 用于对明文中的各位进行换位，目的在于打乱各位的次序。例如，经过初始置换 IP 后，明文 X 变为

$$X' = X_1' X_2' \cdots X_{64}' = X_{58} X_{50} \cdots X_7$$

即明文 X 中的第 58 位变为 X' 中的第 1 位，X 中的第 50 位变为 X' 中的第 2 位，以此类推，最后将 X 中的第 7 位变为 X' 中的第 64 位。同理，逆初始置换 IP^{-1} 将 16 轮迭代后给出的 64bit 组进行置换，得到输出的密文组，输出为矩阵中元素按行读得的结果。

表 3.1 初始置换 IP

58	50	42	34	26	18	10	2
60	52	44	36	28	20	12	4
62	54	46	38	30	22	14	6
64	56	48	40	32	24	16	8
57	49	41	33	25	17	9	1
59	51	43	35	27	19	11	3
61	53	45	37	29	21	13	5
63	55	47	39	31	23	15	7

表 3.2 逆初始置换 IP^{-1}

40	8	48	16	56	24	64	32
39	7	47	15	55	23	63	31
38	6	46	14	54	22	62	30
37	5	45	13	53	21	61	29
36	4	44	12	52	20	60	28
35	3	43	11	51	19	59	27
34	2	42	10	50	18	58	26
33	1	41	9	49	17	57	25

DES 一轮加密过程如图 3.6 所示。

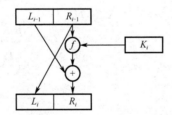

图 3.6 DES 一轮加密过程

DES 一轮加密可由下列公式表示，即

$$\begin{cases} L_i = R_{i-1} \\ R_i = L_{i-1} \oplus f(R_{i-1}, K_i) \end{cases} \tag{3.3}$$

其中，L_i 和 R_i 的长度都是 32bit，$i = 1, 2, \cdots, 16$；f 是一个加密函数；K_i 是由密钥 K 产生的一个 48bit 的子密钥。DES 轮密钥 K_i 生成过程如图 3.7 所示。

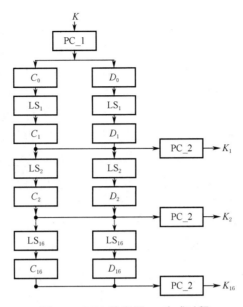

图 3.7　DES 轮密钥 K_i 生成过程

（1）设输入的带奇偶校验的 64bit 密钥 $K = k_1 k_2 \cdots k_{64}$，$k_i \in \{0, 1\}$，$1 \leqslant i \leqslant 64$，密钥 K 中有 8 位是奇偶校验位，分别位于第 8，16，24，32，40，48，56，64 位。奇偶校验位用于检查密钥 K 在产生、分配及存储过程中可能发生的错误。输入算法的 64bit 密钥 K 首先经过一个置换运算 PC_1，选择置换 PC_1 如表 3.3 所示，用于去掉密钥 K 中的 8 个奇偶校验位，并对其余的 56 位打乱重新排列。PC_1(K)=$C_0 D_0$，其中 C_0 由 PC_1(K) 的前 28 位组成，D_0 由后 28 位组成。

（2）对于 $1 \leqslant i \leqslant 16$，$C_i$=LS$_i$($C_{i-1}$)，$D_i$=LS$_i$($D_{i-1}$)。在第 i 轮分别对 C_{i-1} 和 D_{i-1} 进行循环左移，所移位数为 i 位。移位后的结果作为求下一轮子密钥的输入，同时也作为置换选择 PC_2 的输入。LS$_i$ 表示循环左移 2 个或 1 个位置，取决于 i 的值。i=1，2，9 和 16 时移 1 个位置，否则移 2 个位置。

（3）$K_i = $ PC_2$(C_i D_i)$，PC_2 为固定置换，选择置换 PC_2 如表 3.4 所示，用于从 $C_i D_i$ 中选取 48 位作为子密钥 K_i，$C_i D_i$ 表示从左到右将 D_i 排在 C_i 的后面，$C_i D_i$ 的长度为 56bit 密钥。子密钥 K_i 中的各位从左到右依次为 $C_i D_i$ 中的第 14，17，…，29，32 位，共 48 位。

表 3.3　选择置换 PC_1

57	49	41	33	25	17	9
1	58	50	42	34	26	18
10	2	59	51	43	35	27
19	11	3	60	52	44	36
63	55	47	39	31	23	15
7	62	54	46	38	30	22
14	6	61	53	45	37	29
21	13	5	28	20	12	4

表 3.4　选择置换 PC_2

14	17	11	24	1	5
3	28	15	6	21	10
23	19	12	4	26	8
16	7	27	20	13	2
41	52	31	37	47	55
30	40	51	45	33	48
44	49	39	56	34	53
46	42	50	36	29	32

注：一共 16 轮，每轮使用 K 中 48 位组成一个 48bit 密钥。可算出 16 个表，第 i 个表中的

元素可对应第 i 轮密钥使用 K 中那些比特。例如，第 7 轮的表 7：K_7 取 K 中的比特情况为

$$52 \quad 57 \quad 11 \quad 1 \quad 26 \quad 59 \quad 10 \quad 34 \quad 44 \quad 51 \quad 25 \quad 19$$
$$9 \quad 41 \quad 3 \quad 2 \quad 50 \quad 35 \quad 36 \quad 43 \quad 42 \quad 33 \quad 60 \quad 18$$
$$28 \quad 7 \quad 14 \quad 29 \quad 47 \quad 46 \quad 22 \quad 5 \quad 15 \quad 63 \quad 61 \quad 39$$
$$4 \quad 31 \quad 13 \quad 38 \quad 53 \quad 62 \quad 55 \quad 20 \quad 23 \quad 37 \quad 30 \quad 6$$

对 $i=1, 2, \cdots$，C_i、D_i 分别由 C_0、D_0 左循环移位若干比特得到，至 $i=16$，刚好左循环移位了 28 比特位而恢复当初，即 $C_{16}=C_0$，$D_{16}=D_0$。人们往往把主密钥 K 顺序地每 7 比特归为一组，共计 8 组，每组都按应含奇数个 1 而在后面补上一个校验比特：0 或 1。如此，K 被扩展为一个长为 64 的比特串 $K+$，可用十六进制数表示。$K+$ 由秘密信道传送，其带上 8 个校验位（分别在第 8，16，24，32，40，48，56，64 位）就是为了对传输过程中的可能出错进行检测和校对。

而加密函数 f 是整个 DES 算法的核心，是其中最重要的部分，函数 f 如图 3.8 所示。函数 f 以长度为 32 的比特串 $A=R(32\text{bit})$ 作为第 1 个输入，以长度为 48 的比特串变元 $J=K(48\text{bit})$ 作为第 2 个输入，产生的输出是长度为 32 的比特串，具体过程如下。

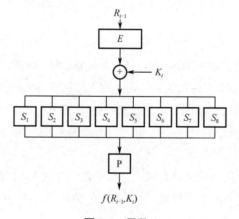

图 3.8 函数 f

对第 1 个变元 A，由给定的选择扩展函数 E 将其扩展成 48 比特串 $E(A)$，其中选择扩展函数 E 如表 3.5 所示。$E(A) \oplus J$ 按位模 2 加运算，并把结果写成连续的 8 个 6 比特串，$B=B_1B_2B_3B_4B_5B_6B_7B_8$；使用 8 个 S 盒，每个 S_j 是一个固定的 4×16 矩阵，它的元素取 0～15 的整数，经过 S 盒后 B_i 缩减为 4 位。P 为固定置换，置换运算 P 如表 3.6 所示。

表 3.5　位选择函数 E

32	1	2	3	4	5
4	5	6	7	8	9
8	9	10	11	12	13
12	13	14	15	16	17
16	17	18	19	20	21
20	21	22	23	24	25
24	25	26	27	28	29
28	29	30	31	32	1

表 3.6　置换运算 P

16	7	20	21
29	12	28	17
1	15	23	26
5	18	31	10
2	8	24	14
32	27	3	9
19	13	30	6
22	11	4	25

8 个 S 盒的输入/输出如表 3.7 所示。S 盒是 DES 算法中唯一的非线性部件，当然也是整个算法的安全性所在。每个 S 盒都是 6 位输入、4 位输出的变换，其变换规则如下。取 $\{0, 1, \cdots, 15\}$ 上的 4 个置换，即它的 4 个置换排列成 4 行，得到一个 4×16 的矩阵。若给定该 S 盒的输入 $b_0b_1b_2b_3b_4b_5$，其输出对应该矩阵第 l 行 n 列对应数的二进制数。l 为由 b_0b_5 形成的十进制数表示，n 为由 $b_1b_2b_3b_4$ 形成的十进制数表示，这样每个 S 盒可用一个 4×16 矩阵来表示。例如，S_1 的输入为 011001，行选为 01（第 1 行），列选为 1100（第 12 列），行列交叉位置的数为 9，其 4 位二进制数表示为 1001，所以 S_1 的输出为 1001。

表 3.7　8 个 S 盒的输入/输出

	0	1	2	3	4	5	6	7	8	9	10	11	12	13	14	15	
0	14	4	13	1	2	15	11	8	3	10	6	12	5	9	0	7	
1	0	15	7	4	14	2	13	1	10	6	12	11	9	5	3	8	
2	4	1	14	8	13	6	2	11	15	12	9	7	3	10	5	0	S_1
3	15	12	8	2	4	9	1	7	5	11	3	14	10	0	6	13	
0	15	1	8	14	6	11	3	4	9	7	2	13	12	0	5	10	
1	3	13	4	7	15	2	8	14	12	0	1	10	6	9	11	5	
2	0	14	7	11	10	4	13	1	5	8	12	6	9	3	2	15	S_2
3	13	8	10	1	3	15	4	2	11	6	7	12	0	5	14	9	
0	10	0	9	14	6	3	15	5	1	13	12	7	11	4	2	8	
1	13	7	0	9	3	4	6	10	2	8	5	14	12	11	15	1	
2	13	6	4	9	8	15	3	0	11	1	2	12	5	10	14	7	S_3
3	1	10	13	0	6	9	8	7	4	15	14	3	11	5	2	12	
0	7	13	14	3	0	6	9	10	1	2	8	5	11	12	4	15	
1	13	8	11	5	6	15	0	3	4	7	2	12	1	10	14	9	
2	10	6	9	0	12	11	7	13	15	1	3	14	5	2	8	4	S_4
3	3	15	0	6	10	1	13	8	9	4	5	11	12	7	2	14	
0	2	12	4	1	7	10	11	6	8	5	3	15	13	0	14	9	
1	14	11	2	12	4	7	13	1	5	0	15	10	3	9	8	6	
2	4	2	1	11	10	13	7	8	15	9	12	5	6	3	0	14	S_5
3	11	8	12	7	1	14	2	13	6	15	0	9	10	4	5	3	
0	12	1	10	15	9	2	6	8	0	13	3	4	14	7	5	11	
1	10	15	4	2	7	12	9	5	6	1	13	14	0	11	3	8	
2	9	14	15	5	2	8	12	3	7	0	4	10	1	13	11	6	S_6
3	4	3	2	12	9	5	15	10	11	14	1	7	6	0	8	13	
0	4	11	2	14	15	0	8	13	3	12	9	7	5	10	6	1	
1	13	0	11	7	4	9	1	10	14	3	5	12	2	15	8	6	
2	1	4	11	13	12	3	7	14	10	15	6	8	0	5	9	2	S_7
3	6	11	13	8	1	4	10	7	9	5	0	15	14	2	3	12	
0	13	2	8	4	6	15	11	1	10	9	3	14	5	0	12	7	
1	1	15	13	8	10	3	7	4	12	5	6	11	0	14	9	2	
2	7	11	4	1	9	12	14	2	0	6	10	13	15	3	5	8	S_8
3	2	1	14	7	4	10	8	13	15	12	9	0	3	5	6	11	

这里举 DES 加密的一个例子。取十六进制明文 X 为 0123456789ABCDEF，含奇偶校验位的密钥 K 为 133457799BBCDFF1，去掉奇偶校验位的二进制数为 00010010011010010101

10111100100110110111101101111111000。应用初始置换 IP，可以得到 L_0=11001100000000001 100110011111111，L_1=R_0=1111000010101010111000010101010，然后进行 16 轮加密，最后对 L_{16}、R_{16} 使用逆初始置换 IP^{-1} 得到密文为 85E813540F0AB405。

2．DES 的解密过程

DES 的解密过程与加密过程相同，只不过在 16 次迭代中使用子密钥的次序正好相反。解密时，第 1 次迭代使用子密钥 K_{16}，第 2 次迭代使用子密钥 K_{15}，以此类推，第 16 次迭代使用子密钥 K_1。具体过程可形式化地表示为 $Y = Y_1Y_2\cdots Y_{64} = R_{16}L_{16}$，$L_0' = R_{16}$，$R_0' = L_{16}$。

第 1 步为

$$L_1' = L_{16} = R_{15}, \quad R_1' = L_0' \oplus f\left(R_0', K_{16}\right) = R_{16} \oplus f\left(L_{16}, K_{16}\right) = \left(L_{15} \oplus f\left(R_{15}, K_{16}\right)\right) \oplus f\left(R_{15}, K_{16}\right) = L_{15}$$

第 2 步为

$$L_2' = R_1' = L_{15} = R_{14}, \quad R_2' = L_1' \oplus f\left(R_1', K_{15}\right) = R_{15} \oplus f\left(R_{14}, K_{15}\right) = \left(L_{14} \oplus f\left(R_{14}, K_{15}\right)\right) \oplus f\left(R_{14}, K_{15}\right) = L_{14}$$

依次类推，第 16 步为

$$L_{16}' = L_1 = R_0, \quad R_{16}' = L_{15}' \oplus f\left(R_{15}', K_1\right) = R_1 \oplus f\left(R_0, K_1\right) = \left(L_0 \oplus f\left(R_0, K_1\right)\right) \oplus f\left(R_0, K_1\right) = L_0$$

可得 $R_{16}'L_{16}' = L_0R_0$。经逆初始置换 IP^{-1} 后，得到明文。通过上述证明，可知解密过程的正确性。这是由于在 16 次加密后并未交换 L_{16} 和 R_{16}，而是直接将 R_{16} 和 L_{16} 作为逆初始置换 IP^{-1} 的输入。

用 $\mathrm{DES}_k(x)$ 表示当密钥为 k 时利用 DES 对明文 x 进行加密得到的密文，用 $\mathrm{DES}_k^{-1}(y)$ 表示当密钥为 k 时利用 DES 对密文 y 进行解密得到的明文，则对任意明文 x，$\mathrm{DES}_k^{-1}\left(\mathrm{DES}_k(x)\right) = x$，$\mathrm{DES}_k\left(\mathrm{DES}_k^{-1}(y)\right) = y$。

3．DES 的安全性

DES 的安全性完全依赖所用的密钥。自从其算法作为标准公开以来，人们对它的安全性就有激烈的争论。下面简要介绍几十年来人们就其安全方面的一些主要研究结果。

1）取反特性

对于明文组 M、密文组 C 和主密钥 K，若 C=$\mathrm{DES}_K(M)$，则 $\overline{C} = \mathrm{DES}_{\overline{K}}\left(\overline{M}\right)$，其中 $\overline{M}$、$\overline{C}$ 和 $\overline{K}$ 分别为 M、C 和 K 的逐位取反。

证明：（1）若将以 K 为主密钥扩展的 16 个加密子密钥记为 K_1，K_2，$\cdots$，K_{16}，则以 $\overline{K}$ 为主密钥扩展的 16 个加密子密钥为 $\overline{K_1}$，$\overline{K_2}$，$\cdots$，$\overline{K_{16}}$。

（2）注意到 $\overline{a} \oplus \overline{b} = (1 \oplus a) \oplus (1 \oplus b) = a \oplus b$，不难看出

$$f\left(\overline{R_{i-1}}, \overline{K_i}\right) = f\left(R_{i-1}, K_i\right), \quad i = 1, 2, \cdots, 16$$

（3）注意到 $\overline{a} \oplus b = (1 \oplus a) \oplus b = 1 \oplus (a \oplus b) = \overline{a \oplus b}$，不难看出

$$\overline{L_{i-1}R_{i-1}} \xrightarrow{\overline{K_i}} \overline{L_iR_i} = \overline{L_i}\,\overline{R_i}, \quad i = 1, 2, \cdots, 16$$

上述取反特性会使 DES 在 CPA 下的工作量减少一半。攻击者为破译所使用的密钥，选取两个明密文对 (M, C_1) 与 (M, C_2)，并对于可能密钥 $K \in F_2^{56}$，计算出 $\mathrm{DES}_K(M)$=C。若 C=C_1 或 $\overline{C} = C_2$，则分别说明 K 或 $\overline{K}$ 为实际密钥。

2）弱密钥与半弱密钥

大多数密码体制都有某些明显的"坏密钥"，DES 也不例外。对于 K，$K' \in F_2^{56}$，若由 K 扩

展出来的加密子密钥为 K_1, K_2, …, K_{15}, K_{16}, 而由 K' 扩展出来的加密子密钥却是 K_{16}, K_{15}, …, K_2, K_1, 即 $\text{DES}_K^{-1} = \text{DES}_K$, 则称 K 与 K' 互为对合。

下面分析 F_2^{56} 中的对合对。

在 DES 的主密钥扩展中, C_0 与 D_0 各自独立地循环移位来产生加(解)密子密钥。若 C_0 与 D_0 分别是 {00, 11, 10, 01} 中任意一项的 14 次重复,则这样的 C_0 与 D_0 都对循环移(无论左或右)偶数位具有自封闭性,故

(1)若 $\text{PC}\_1^{-1}(C_0, D_0) = K$, 则由 K 扩展出来的加密子密钥为

$$K_1, K_2, K_2, K_2, K_2, K_2, K_2, K_2, K_1, K_1, K_1, K_1, K_1, K_1, K_1, K_2$$

(2)把 C_0 与 D_0 各自左循环移一位得 C_1 与 D_1, 设 $\text{PC}\_1^{-1}(C_1, D_1) = K'$, 则由 K' 扩展出来的加密子密钥为

$$K_2, K_1, K_1, K_1, K_1, K_1, K_1, K_1, K_2, K_2, K_2, K_2, K_2, K_2, K_2, K_1$$

因此,由上述 C_0、D_0 导致的 K 与 K' 互为对合。实际上,除了这些,在 F_2^{56} 中似乎不再有其他的对合对了。

对于 $K \in F_2^{56}$, 若 K 是自己的对合,则称 K 为 DES 的一个弱密钥;若 K 存在异于自己的对合,则称 K 为 DES 的一个半弱密钥。显然,C_0 与 D_0 分别是 {00, 11, 10, 01} 中任意一项的 14 次重复的情况共有 4^2=16 种,其中 C_0 与 D_0 分别是 {00, 11} 中任意一项的 14 次重复的情况(计 2^2=4 种)对应的弱密钥,剩下的(16-4=12 种)对应半弱密钥。弱密钥与半弱密钥直接引起的"危险"是在多重使用 DES 加密中,第二次加密有可能使第一次加密复原。另外,弱密钥与半弱密钥使得扩展出来的各加密子密钥至多有两种差异,如此导致原本多轮迭代的复杂结构简化并容易分析。所幸在总数 2^{56} 个可选密钥中,弱密钥与半弱密钥所占的比例极小,如果是随机选择,(半)弱密钥出现的概率很小,因而其存在性并不会危及 DES 的安全。

3)密文与明文、密文与密钥的相关性

研究结果表明:DES 的编码过程可使每个密文比特都是所有明文比特和所有密钥比特的复杂混合函数,而要达到这一要求至少需要 DES 迭代 5 轮。χ^2-检验证明:DES 迭代 8 轮以后,就可认为输出和输入不相关了。

4)密钥的长度

在对 DES 安全性的批评意见中,较一致的看法是 DES 的密钥太短,其长度为 56bit,致使密钥量仅为 $2^{56} \approx 10^{17}$,不能抵抗穷举攻击,事实证明的确如此。

1997 年 1 月 28 日,美国 RSA 数据安全公司在 RSA 安全年会上发布了一项"秘密密钥挑战"竞赛,悬赏 10000 美金破译密钥长度为 56bit 的 DES。RSA 数据安全公司发起这场挑战赛是为了调查在 Internet 上分布式计算的能力,并测试密钥长度为 56bit 的 DES 算法的相对强度。结果是:美国科罗拉多州的程序员 Verser 从 1997 年 3 月 13 日起用了 96 天,在 Internet 上数万名志愿者的协同工作下,于 1997 年 6 月 17 日成功地找到了 DES 的密钥,获得了 RSA 数据安全公司颁发的 10000 美金的奖励。这一事件表明,依靠 Internet 的分布式计算能力,用穷举搜索法破译 DES 已成为可能。因此,随着计算机能力的增强与计算技术的提高,必须相应地增加密码算法的密钥长度。据新华社 1998 年 7 月 22 日消息,电子前沿基金会使用一台 25 万美金的计

算机在 56 小时内破译了 56 位密钥的 DES。1999 年 1 月"DES 破译者"在分布式网络的协同工作下，用 22 小时 15 分钟找到了 DES 的密钥。这意味着 DES 已经达到了它的信任终点。

上述说明，DES 看起来已经不足以保证敏感数据的安全，对于极端敏感的重要场合，建议使用密钥长度更长和设计良好的算法。随着 Rijndael 算法成为 AES，DES 的历史使命基本完成，开始逐步退出历史舞台。

4．三重 DES

DES 的密钥长度被证明已经不能满足当前安全的要求，但为了充分利用有关 DES 的已有软件和硬件资源，人们开始提出针对 DES 的各种改进方案，一种简单的方案是使用多重 DES。多重 DES 就是使用多个密钥利用 DES 对明文进行多次加密。使用多重 DES 可以增加密钥量，从而大大提高抵抗穷举攻击的能力，其中三重 DES 被广泛采用。

设 k_1，k_2，k_3 是三个长度为 56bit 的密钥。给定明文 x，则密文为

$$y = \text{DES}_{k_3}\left(\text{DES}_{k_2}^{-1}\left(\text{DES}_{k_1}(x)\right)\right) \tag{3.4}$$

给定密文 y，则明文为

$$x = \text{DES}_{k_1}^{-1}\left(\text{DES}_{k_2}\left(\text{DES}_{k_3}^{-1}(y)\right)\right) \tag{3.5}$$

在三重 DES 中，如果 $k_1 = k_2$ 或 $k_2 = k_3$，则三重 DES 就退化为使用一个 56bit 单钥的单重 DES。在 1999 年 10 月发布的 DES 标准报告 FIPS PUB 46-3 中推荐使用的三重 DES 是 $k_1 = k_3$ 的情形，这是一种比较受欢迎的 DES 的替代方案。k_1，k_2，k_3 互不相同的三重 DES 在实际应用中也经常被采用。

三重 DES 有如下优点。

（1）密钥长度增加到 112bit 或 168bit，可以有效克服 DES 面临的穷举攻击。

（2）相对于 DES，增强了抗差分分析和线性分析的能力。

（3）具备继续使用现有的 DES 实现的可能，对密码分析攻击有很强的免疫力。

（4）由于 DES 的软硬件产品已经在世界上大规模使用，升级到三重 DES 比更换新算法的成本小得多。

但由于是 DES 的改进版本，三重 DES 也具有许多先天不足：DES 最初设计是基于硬件实现的，软件运行本身就偏慢，而三重 DES 使用了三次 DES 运算，故实现速度更慢；虽然密钥长度增加了，但明文分组的长度没有变化，仍为 64bit，就效率和安全性而言，与密钥的增长不匹配。因此，三重 DES 只是在 DES 变得不安全的情况下的一种临时解决方案，根本的解决办法是开发能够适应当今计算能力的新算法。

🔓3.3　AES

DES 已经慢慢退出历史舞台，2001 年 11 月 26 日，NIST 正式公布 AES，并于 2002 年 5 月

26 日正式生效。事实上，AES 算法具有安全性、高效性、易实现性和灵活性等优点，是一种较 DES 更好的算法。作为新一代的数字加密标准，AES 由于其安全性和高效性，已成为商用密码领域的主要加密方法。下面对 AES 的产生及算法过程等进行具体的阐述。

3.3.1　AES 的产生

随着计算能力的突飞猛进，超期"服役"若干年的 DES 算法终于显得力不从心，已走到了生命的尽头。DES 的 56bit 密钥长度太小，虽然三重 DES 可以解决密钥长度的问题，但是正如 3.2 节指出的那样，三重 DES 存在一些根本缺陷，使得其不能成为长期使用的加密算法。鉴于此，1997 年 4 月 15 日 NIST 发起征集 AES 算法的活动，目的是确定一个非保密的、公开的、全球免费使用的加密算法，用于保护政府的敏感信息，也希望能够成为保密和非保密部门公用的数字加密标准。1997 年 9 月 12 日，美国联邦登记处公布了正式征集 AES 候选算法的通告，对 AES 的基本要求是：执行性能比三重 DES 快、至少与三重 DES 一样安全、数据分组长度为 128bit、密钥长度为 128/192/256bit。

由比利时的 Joan Daemen 和 Vincent Rijmen 设计的"Rijndael 数据加密算法"最终获胜，成为 NIST 选择的高级加密标准。Rijndael 算法的原型是 Square 算法，它的设计策略是针对差分分析和线性分析提出的宽轨迹策略（Wide Trail Strategy），它的最大优点是可以给出算法的最佳差分特征的概率及最佳线性逼近的偏差的界，由此可以分析算法抵抗差分密码分析及线性密码分析的能力。Rijndael 算法使用非线性结构的 S 盒，表现出足够的安全；Rijndael 算法在有无反馈模式的计算环境下的软硬件中都能显示出非常好的性能；它的密钥安装时间很好，也具有很高的灵活性；Rijndael 算法的非常低的内存需求也使它很适合用于受限的环境；Rijndael 算法操作简单，并且可以抵御时间和能量攻击，此外它还有许多未被特别强调的防御性能；Rijndael 算法在分组长度和密钥长度的设计上也很灵活，算法可根据分组长度和密钥长度的不同组合提供不同的迭代次数，虽然这些特征还需要更深入地研究，短期内不可能被利用，Rijndael 算法内在的迭代结构显示出良好的防御入侵行为的潜能。

总体来说，AES 的安全性能良好。经过多年的分析和测试，至今没有发现 AES 的明显缺点，也没有找到明显的安全漏洞，AES 现已应用于生活中的各个领域，并发挥着重要的作用。

3.3.2　AES 的数学基础

1. 有限域 GF(2^8)

AES 中的许多运算是按字节（Byte）定义的，一个字节为 8bit。AES 中还有一些运算是按 4 个字节的字定义的，一个 4 个字节的字为 32bit。将一个字节看成有限域 GF(2^8)中的一个元素，一个 4 字节的字看成系数在 GF(2^8)中并且次数小于 4 的多项式。

有限域中的元素可以用多种不同的方式表示，本算法采用传统的多项式表示法。GF(2^8)中的所有元素为所有系数在 GF(2)中并且次数小于 8 的多项式。将 $b_7b_6b_5b_4b_3b_2b_1b_0$ 构成的一个字节

看成多项式 $b_7x^7 + b_6x^6 + b_5x^5 + b_4x^4 + b_3x^3 + b_2x^2 + b_1x + b_0$，其中 $b_i \in \mathrm{GF}(2)$，$0 \leqslant i \leqslant 7$。例如，十六进制数 '57' 对应的二进制数为 01010111，看成一个字节，对应的多项式为 $x^6 + x^4 + x^2 + x + 1$。

本算法采用的基本运算有三种，分别为加法运算、乘法运算和 x 乘运算。

1）加法运算

有限域 $\mathrm{GF}(2^8)$ 中的两个元素相加，结果是一个次数不超过 7 的多项式，其系数等于两个元素对应系数的模 2 加（比特异或，符号定义为 $\oplus$）。显然，有限域 $\mathrm{GF}(2^8)$ 中的两个元素的加法与两个字节的按位模 2 加是一致的。

例如，十六进制数表示 '57'+'83'='D4'，多项式表示为 $(x^6 + x^4 + x^2 + x + 1) + (x^7 + x + 1) = x^7 + x^6 + x^4 + x^2$，二进制数表示为 $01010111 \oplus 10000011 = 11010100$，这三种表示方法是相互等价的。每个元素的加法逆元等于它本身，所以减法运算和加法运算相同。

2）乘法运算

要计算有限域 $\mathrm{GF}(2^8)$ 上的乘法，必须先确定一个 $\mathrm{GF}(2)$ 上的 8 次不可约多项式。$\mathrm{GF}(2^8)$ 上两个元素的乘积就是这两个多项式的模乘（以这个 8 次不可约多项式为模）。如果一个多项式除了 1 和其自身没有其他因子，那么它是不可约的。对于 AES，这个 8 次不可约多项式确定为 $m(x) = x^8 + x^4 + x^3 + x + 1$，它的十六进制数表示为 011b，二进制数表示为 0000000100011011。

例如，十六进制数表示 '57'·'83'='C1'，多项式表示为

$$(x^6 + x^4 + x^2 + x + 1)(x^7 + x + 1)$$
$$= x^{13} + x^{11} + x^9 + x^8 + x^7 + x^7 + x^5 + x^3 + x^2 + x + x^6 + x^4 + x^2 + x + 1$$
$$= x^{13} + x^{11} + x^9 + x^8 + x^6 + x^5 + x^4 + x^3 + 1$$
$$\left(x^{13} + x^{11} + x^9 + x^8 + x^6 + x^5 + x^4 + x^3 + 1\right) \bmod m(x) = x^7 + x^6 + 1$$

二进制数表示为 $01010111 \otimes 10000011 = 11000001$。以上的乘法满足结合律，且有单位元 01（十六进制数表示）。对任何系数在二元域 $\mathrm{GF}(2)$ 中并且次数小于 8 的多项式 $b(x)$，可用推广的欧几里得算法得

$$b(x) \cdot a(x) + m(x)c(x) = 1$$

即 $a(x) \cdot b(x) = 1 \bmod m(x)$，因此 $a(x)$ 是 $b(x)$ 的乘法逆元。

再者，乘法还满足分配律 $a(x) \cdot \big(b(x) + c(x)\big) = a(x) \cdot b(x) + a(x) \cdot c(x)$。

由以上的讨论可以看出，256 个字节值构成的集合，在以上定义的加法和乘法运算下，具有有限域 $\mathrm{GF}(2^8)$ 的结构。

3）x 乘运算

$$(b_7x^7 + b_6x^6 + b_5x^5 + b_4x^4 + b_3x^3 + b_2x^2 + b_1x + b_0) \otimes x$$
$$= b_7x^8 + b_6x^7 + b_5x^6 + b_4x^5 + b_3x^4 + b_2x^3 + b_1x^2 + b_0x$$

将上面的结果模 $m(x)$ 求余得到 $x \cdot b(x)$。若 $b_7 = 0$，则结果为 $x \cdot b(x)$；若 $b_7=1$，则必须先将乘积结果减去 $m(x)$，结果为 $x \cdot b(x)$。用 x 乘以一个多项式简称 x 乘。x（十六进制数表示为 02）乘可以用字节内左移一位和紧接着一个与 1b 的按位模 2 加来实现，该运算记为 xtime 运算。

注：x 的更高次的乘法可以重复应用 xtime() 来实现。对任意常数的乘法可以通过对中间结

果相加来实现。例如，57'·'13' 可按如下方式实现：

$$'57'·'02'=\text{xtime}(57)='AE'即 01010111_2 \otimes 00000010_2 = \text{xtime}(01010111_2) = 10101110_2$$

$$'57'·'04'=\text{xtime}(AE)='47'即 01010111_2 \otimes 00000100_2 = \text{xtime}(10101110_2) = 01000111_2$$

$$'57'·'08'=\text{xtime}(47)='8E'即 01010111_2 \otimes 00001000_2 = \text{xtime}(01000111_2) = 10001110_2$$

$$'57'·'10'=\text{xtime}(8E)='07'即 01010111_2 \otimes 00010000_2 = \text{xtime}(10001110_2) = 00000111_2$$

所以

$$'57'·'13'='57'·('01' \oplus '02' \oplus '10')='57' \oplus 'AE' \oplus '07'='FE'$$

2．系数在 GF(2⁸) 上的多项式

多项式的系数可以定义为 GF(2^8) 中的元素，通过这一方法，4 个字节构成的字可以表示为系数在 GF(2^8) 上的次数小于 4 的多项式，多项式的加法就是对应系数相加。GF(2^8) 中的加法为按位模 2 加，因此两个 4 字节字的加法就是按位模 2 加。

乘法运算比较复杂，规定多项式的乘法运算必须要取模 $M(x) = x^4 + 1$，这样使得次数小于 4 的多项式的乘积仍然是一个次数小于 4 的多项式，将多项式的模乘运算记为 $\otimes$。设 $a(x) = a_3 x^3 + a_2 x^2 + a_1 x + a_0$ 和 $b(x) = b_3 x^3 + b_2 x^2 + b_1 x + b_0$ 为 GF(2^8) 上的两个多项式，有

$$c(x) = a(x) \otimes b(x) = c_3 x^3 + c_2 x^2 + c_1 x + c_0$$

则

$$c_0 = a_0 \cdot b_0 \oplus a_3 \cdot b_1 \oplus a_2 \cdot b_2 \oplus a_1 \cdot b_3$$
$$c_1 = a_1 \cdot b_0 \oplus a_0 \cdot b_1 \oplus a_3 \cdot b_2 \oplus a_2 \cdot b_3$$
$$c_2 = a_2 \cdot b_0 \oplus a_1 \cdot b_1 \oplus a_0 \cdot b_2 \oplus a_3 \cdot b_3$$
$$c_3 = a_3 \cdot b_0 \oplus a_2 \cdot b_1 \oplus a_1 \cdot b_2 \oplus a_0 \cdot b_3$$

用一个固定多项式 $a(x)$ 与多项式 $b(x)$ 做 $\otimes$ 运算可以写成矩阵乘法，故可以将上述计算表示为

$$\begin{pmatrix} c_0 \\ c_1 \\ c_2 \\ c_3 \end{pmatrix} = \begin{pmatrix} a_0 & a_3 & a_2 & a_1 \\ a_1 & a_0 & a_3 & a_2 \\ a_2 & a_1 & a_0 & a_3 \\ a_3 & a_2 & a_1 & a_0 \end{pmatrix} \begin{pmatrix} b_0 \\ b_1 \\ b_2 \\ b_3 \end{pmatrix} \tag{3.6}$$

其中，矩阵是一个循环矩阵。注意到 $M(x)$ 不是 GF(2^8) 上的不可约多项式[甚至也不是 GF(2) 上的不可约多项式]，因此被一个固定多项式相乘不一定是可逆的。AES 选择了一个有逆元的固定多项式，即

$$a(x) = \{03\} x^3 + \{01\} x^2 + \{01\} x + \{02\}$$
$$a^{-1}(x) = \{0b\} x^3 + \{0d\} x^2 + \{09\} x + \{0e\}$$
$$a(x) \otimes a^{-1}(x) = a^{-1}(x) \otimes a(x) = \{01\}$$

假设 $c(x) = x \otimes b(x)$ 定义为 x 与 $b(x)$ 的模 $x^4 + 1$ 乘法，即 $c(x) = x \otimes b(x) = b_2 x^3 + b_1 x^2 + b_0 x + b_3$，则用矩阵表示为

$$\begin{pmatrix} c_0 \\ c_1 \\ c_2 \\ c_3 \end{pmatrix} = \begin{pmatrix} 00 & 00 & 00 & 01 \\ 01 & 00 & 00 & 00 \\ 00 & 01 & 00 & 00 \\ 00 & 00 & 01 & 00 \end{pmatrix} \begin{pmatrix} b_0 \\ b_1 \\ b_2 \\ b_3 \end{pmatrix} \tag{3.7}$$

因此，x（或 x 的幂）模乘 $GF(2^8)$ 上的多项式相当于对字节构成的向量进行字节循环移位。

定理 3.1 系数在 $GF(2^8)$ 上的多项式 $a_3x^3 + a_2x^2 + a_1x + a_0$ 是模 $x^4 + 1$ 可逆的，当且仅当矩阵

$$\begin{pmatrix} a_0 & a_3 & a_2 & a_1 \\ a_1 & a_0 & a_3 & a_2 \\ a_2 & a_1 & a_0 & a_3 \\ a_3 & a_2 & a_1 & a_0 \end{pmatrix} \tag{3.8}$$

在 $GF(2^8)$ 上可逆。

证明： $a_3x^3 + a_2x^2 + a_1x + a_0$ 是模 $x^4 + 1$ 可逆的，当且仅当存在多项式 $h_3x^3 + h_2x^2 + h_1x + h_0$ 使 $(a_3x^3 + a_2x^2 + a_1x + a_0)(h_3x^3 + h_2x^2 + h_1x + h_0) = 1 \bmod (x^4 + 1)$。

因此，有

$$(a_3x^3 + a_2x^2 + a_1x + a_0)(h_2x^3 + h_1x^2 + h_0x + h_3) = x \bmod (x^4 + 1)$$

$$(a_3x^3 + a_2x^2 + a_1x + a_0)(h_1x^3 + h_0x^2 + h_3x + h_2) = x^2 \bmod (x^4 + 1)$$

$$(a_3x^3 + a_2x^2 + a_1x + a_0)(h_0x^3 + h_3x^2 + h_2x + h_1) = x^3 \bmod (x^4 + 1)$$

将以上关系写成矩阵形式为

$$\begin{pmatrix} a_0 & a_3 & a_2 & a_1 \\ a_1 & a_0 & a_3 & a_2 \\ a_2 & a_1 & a_0 & a_3 \\ a_3 & a_2 & a_1 & a_0 \end{pmatrix} \begin{pmatrix} h_0 & h_3 & h_2 & h_1 \\ h_1 & h_0 & h_3 & h_2 \\ h_2 & h_1 & h_0 & h_3 \\ h_3 & h_2 & h_1 & h_0 \end{pmatrix} = \begin{pmatrix} 1 & 0 & 0 & 0 \\ 0 & 1 & 0 & 0 \\ 0 & 0 & 1 & 0 \\ 0 & 0 & 0 & 1 \end{pmatrix} \tag{3.9}$$

3.3.3 AES 算法描述

在原始的 Rijndael 算法中分组长度和密钥长度都可变，各自可以独立地指定为 128bit、192bit、256bit。在 AES 中，分组长度只能是 128bit，密钥长度可以为三者中的任意一种。密钥长度不同，则加密轮数不同，AES 参数如表 3.8 所示。本节中，假定密钥长度为 128bit，那么 AES 的迭代轮数为 10 轮，这也是目前使用最广泛的实现方式。

表 3.8 AES 参数

AES 算法	密钥长度（32bit）	分组长度（32bit）	加密和解密轮数/轮
AES-128	4	4	10
AES-192	6	4	12
AES-256	8	4	14

AES 的处理单位是字节，128bit 的输入明文分组 P 和输入密钥 K 都被分为 16 个字节。一般明文分组用以字节为单位的正方形矩阵描述，称为状态（State）矩阵。在算法的每一轮，状态矩阵的内容不断发生变化，最后的结果作为密文输出 C。该矩阵中字节的排列顺序为从上到

下、从左至右，输入矩阵和输出矩阵如图 3.9 所示。

P_0	P_4	P_8	P_{12}
P_1	P_5	P_9	P_{13}
P_2	P_6	P_{10}	P_{14}
P_3	P_7	P_{11}	P_{15}

C_0	C_4	C_8	C_{12}
C_1	C_5	C_9	C_{13}
C_2	C_6	C_{10}	C_{14}
C_3	C_7	C_{11}	C_{15}

图 3.9　输入矩阵和输出矩阵

类似地，128bit 密钥也是用以字节为单位的矩阵表示，矩阵的每一列被称为 1 个 32bit 的字。通过密钥编排程序，该密钥矩阵被扩展成一个由 44 个字组成的序列 $w[0]$, $w[1]$，…，$w[43]$，该序列的前 4 个元素是原始密钥，用于加密运算中的初始密钥加；后 40 个字分为 10 组，每组 4 个字（128bit）分别用于 10 轮运算中的轮密钥加。

AES 算法的加密与解密如图 3.10 所示，加密的第 1 轮至第 9 轮的轮函数一样，包括 4 个操作即字节代换、行移位、列混合和轮密钥加，最后一轮不执行列混合。另外，在第 1 轮迭代之前，先将明文和原始密钥进行一次轮密钥加操作。

与 DES 不同的是，AES 的解密过程与加密过程并不一致。因为 AES 并未使用 Feistel 结构，在每轮操作时，对整个分组进行处理。解密过程仍为 10 轮，每轮操作是加密操作的逆变换。解密操作的第 1 轮就是顺序执行逆行移位、逆字节变换、轮密钥加和逆列混合。与加密操作类似，最后一轮不执行逆列混合，在第 1 轮解密之前，要执行一次轮密钥加操作。因此 AES 解密是正确的。

加密和解密分别由轮密钥加开始和结束，是因为只有轮密钥加阶段使用了密钥。如果将其他操作用于算法的开始或者结束阶段，在不知道密钥的情况下就能计算其逆，这不能增加算法的安全性。

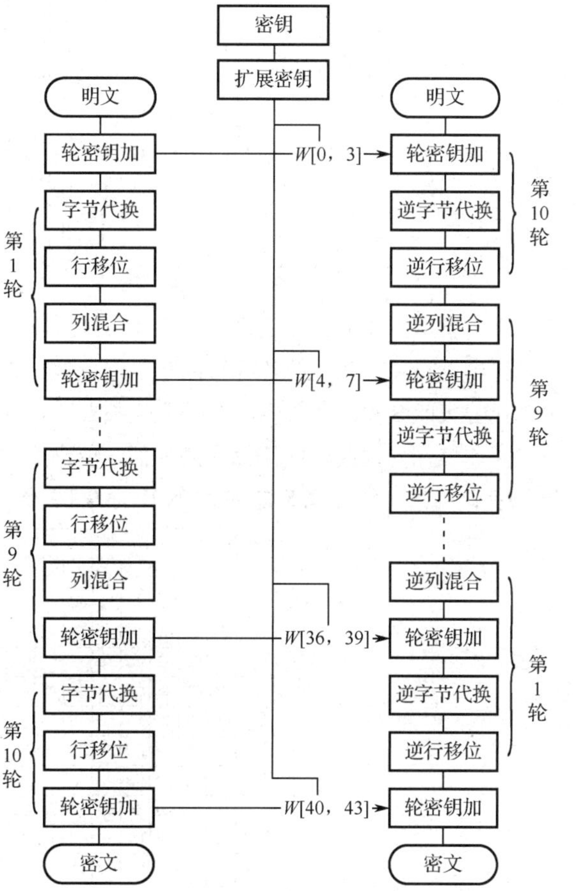

图 3.10　AES 算法的加密与解密

1．字节代换

字节代换是一个关于字节的非线性变换，独立地对状态的每个字节进行代换。字节代换是可逆的，由以下两个可逆变换复合得到。

首先，将一个字节变换成有限域 $GF(2^8)$ 中的乘法逆元素，规定 00 映射到自身 00；其次，对之前的结果进行如下（GF(2)上的，可逆的）仿射变换，可由以下矩阵变换表示。

$$
\begin{pmatrix} y_0 \\ y_1 \\ y_2 \\ y_3 \\ y_4 \\ y_5 \\ y_6 \\ y_7 \end{pmatrix} = \begin{pmatrix} 1 & 0 & 0 & 0 & 1 & 1 & 1 & 1 \\ 1 & 1 & 0 & 0 & 0 & 1 & 1 & 1 \\ 1 & 1 & 1 & 0 & 0 & 0 & 1 & 1 \\ 1 & 1 & 1 & 1 & 0 & 0 & 0 & 1 \\ 1 & 1 & 1 & 1 & 1 & 0 & 0 & 0 \\ 0 & 1 & 1 & 1 & 1 & 1 & 0 & 0 \\ 0 & 0 & 1 & 1 & 1 & 1 & 1 & 0 \\ 0 & 0 & 0 & 1 & 1 & 1 & 1 & 1 \end{pmatrix} \begin{pmatrix} x_0 \\ x_1 \\ x_2 \\ x_3 \\ x_4 \\ x_5 \\ x_6 \\ x_7 \end{pmatrix} + \begin{pmatrix} 1 \\ 1 \\ 0 \\ 0 \\ 0 \\ 1 \\ 1 \\ 0 \end{pmatrix} \tag{3.10}
$$

例如，对于（11101001），该矩阵的运算为

$$
\begin{pmatrix} 1 & 0 & 0 & 0 & 1 & 1 & 1 & 1 \\ 1 & 1 & 0 & 0 & 0 & 1 & 1 & 1 \\ 1 & 1 & 1 & 0 & 0 & 0 & 1 & 1 \\ 1 & 1 & 1 & 1 & 0 & 0 & 0 & 1 \\ 1 & 1 & 1 & 1 & 1 & 0 & 0 & 0 \\ 0 & 1 & 1 & 1 & 1 & 1 & 0 & 0 \\ 0 & 0 & 1 & 1 & 1 & 1 & 1 & 0 \\ 0 & 0 & 0 & 1 & 1 & 1 & 1 & 1 \end{pmatrix} \begin{pmatrix} 1 \\ 0 \\ 0 \\ 1 \\ 0 \\ 1 \\ 1 \\ 1 \end{pmatrix} + \begin{pmatrix} 1 \\ 1 \\ 0 \\ 0 \\ 0 \\ 1 \\ 1 \\ 0 \end{pmatrix} = \begin{pmatrix} 0 \\ 0 \\ 1 \\ 1 \\ 1 \\ 0 \\ 1 \\ 0 \end{pmatrix} + \begin{pmatrix} 1 \\ 1 \\ 0 \\ 0 \\ 0 \\ 1 \\ 1 \\ 0 \end{pmatrix} = \begin{pmatrix} 1 \\ 1 \\ 1 \\ 1 \\ 1 \\ 1 \\ 0 \\ 0 \end{pmatrix} \tag{3.11}
$$

将计算结果从下往上读，最终为（00101111），写成十六进制数为 0x2F。

也可以将字节代换的各种可能字节的变换结果排成一个表，如图 3.11 所示，它称为 AES 的字节代替表或 S 盒。状态矩阵中的元素按照下面的方式通过 S 盒映射为一个新的字节：把该字节的高 4 位作为行值，低 4 位作为列值，取出 S 盒对应列的元素作为输出。例如，加密时，输入字节 0x12，则查找 S 盒的第 0x01 行 0x02 列，得到值 0xC9。

		0	1	2	3	4	5	6	7	8	9	A	B	C	D	E	F
									y								
	0	63	7C	77	7B	F2	6B	6F	C5	30	01	67	2B	FE	D7	AB	76
	1	CA	82	C9	7D	FA	59	47	F0	AD	D4	A2	AE	9C	A4	72	C0
	2	B7	FD	93	26	36	3F	F7	CC	34	A5	E5	F1	71	D8	31	15
	3	04	C7	23	C3	18	96	05	9A	07	12	80	E2	EB	27	B2	75
	4	09	83	2C	1A	1B	6E	5A	A0	52	3B	D6	B3	29	E3	2F	84
	5	53	D1	00	ED	20	FC	B1	5B	6A	CB	BE	39	4A	4C	58	CF
	6	D0	EF	AA	FB	43	4D	33	85	45	F9	02	7F	50	3C	9F	A8
x	7	51	A3	40	8F	92	9D	38	F5	BC	B6	DA	21	10	FF	F3	D2
	8	CD	0C	13	EC	5F	97	44	17	C4	A7	7E	3D	64	5D	19	73
	9	60	81	4F	DC	22	2A	90	88	46	EE	B8	14	DE	5E	0B	DB
	A	E0	32	3A	0A	49	06	24	5C	C2	D3	AC	62	91	95	E4	79
	B	E7	C8	37	6D	8D	D5	4E	A9	6C	56	F4	EA	65	7A	AE	08
	C	BA	78	25	2E	1C	A6	B4	C6	E8	DD	74	1F	4B	BD	8B	8A
	D	70	3E	B5	66	48	03	F6	0E	61	35	57	B9	86	C1	1D	9E
	E	E1	F8	98	11	69	D9	8E	94	9B	1E	87	E9	CE	55	28	DF
	F	8C	A1	89	0D	BF	E6	42	68	41	99	2D	0F	B0	54	BB	16

图 3.11　S 盒

例如，

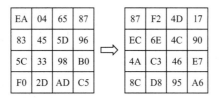

字节代换逆变换可以由以下矩阵变换表示为

$$\begin{pmatrix} y_0 \\ y_1 \\ y_2 \\ y_3 \\ y_4 \\ y_5 \\ y_6 \\ y_7 \end{pmatrix} = \begin{pmatrix} 0 & 0 & 1 & 0 & 0 & 1 & 0 & 1 \\ 1 & 0 & 0 & 1 & 0 & 0 & 1 & 0 \\ 0 & 1 & 0 & 0 & 1 & 0 & 0 & 1 \\ 1 & 0 & 1 & 0 & 0 & 1 & 0 & 0 \\ 0 & 1 & 0 & 1 & 0 & 0 & 1 & 0 \\ 0 & 0 & 1 & 0 & 1 & 0 & 0 & 1 \\ 1 & 0 & 0 & 1 & 0 & 1 & 0 & 0 \\ 0 & 1 & 0 & 0 & 1 & 0 & 1 & 0 \end{pmatrix} \begin{pmatrix} x_0 \\ x_1 \\ x_2 \\ x_3 \\ x_4 \\ x_5 \\ x_6 \\ x_7 \end{pmatrix} \oplus \begin{pmatrix} 1 \\ 1 \\ 0 \\ 0 \\ 0 \\ 1 \\ 1 \\ 0 \end{pmatrix}$$ 　　（3.12）

例如，对于（00101111），该矩阵的运算为

$$\begin{pmatrix} 0 & 0 & 1 & 0 & 0 & 1 & 0 & 1 \\ 1 & 0 & 0 & 1 & 0 & 0 & 1 & 0 \\ 0 & 1 & 0 & 0 & 1 & 0 & 0 & 1 \\ 1 & 0 & 1 & 0 & 0 & 1 & 0 & 0 \\ 0 & 1 & 0 & 1 & 0 & 0 & 1 & 0 \\ 0 & 0 & 1 & 0 & 1 & 0 & 0 & 1 \\ 1 & 0 & 0 & 1 & 0 & 1 & 0 & 0 \\ 0 & 1 & 0 & 0 & 1 & 0 & 1 & 0 \end{pmatrix} \begin{pmatrix} 1 \\ 1 \\ 1 \\ 1 \\ 0 \\ 1 \\ 0 \\ 0 \end{pmatrix} \oplus \begin{pmatrix} 1 \\ 1 \\ 0 \\ 0 \\ 0 \\ 1 \\ 1 \\ 0 \end{pmatrix} = \begin{pmatrix} 0 \\ 0 \\ 1 \\ 1 \\ 1 \\ 1 \\ 1 \\ 0 \end{pmatrix} \oplus \begin{pmatrix} 1 \\ 1 \\ 0 \\ 0 \\ 0 \\ 1 \\ 1 \\ 0 \end{pmatrix} = \begin{pmatrix} 1 \\ 0 \\ 1 \\ 1 \\ 1 \\ 0 \\ 0 \\ 0 \end{pmatrix}$$ 　　（3.13）

将计算结果从下往上读，最终为（11101001），写成十六进制数为 0xE9。

2．行移位

行移位是将状态矩阵的各行进行循环移位，不同状态行的位移量不同。第 0 行不移动，第 1 行循环左移 1 个字节，第 2 行循环左移 2 个字节，第 3 行循环左移 3 个字节，行移位示意图如图 3.12 所示。

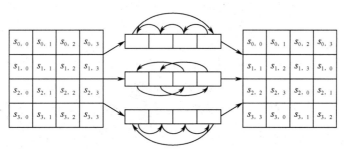

图 3.12　行移位示意图

行移位逆变换是将状态矩阵的每行执行相反的移位操作。例如，AES-128 中，状态矩阵的第 0 行右移 0 字节，第 1 行右移 1 字节，第 2 行右移 2 字节，第 3 行右移 3 字节。行移位虽然简单，但是相当有用。它将某个字节从其中一列移到另一列中，它的线性距离是 4 字节（1 个字）的倍数，同时这个变换确保了某列的 4 字节被扩展到了 4 个不同的列。

3. 列混合

列混合变换是一个替代操作，是 AES 算法中最具技巧性的部分。该步骤的设计中包含了多个方面，包括维数、线性、扩散性和在 8 位处理器上的运算性能，它只在 AES 的第 0, 1, …，$N_r - 1$ 轮中使用，在第 N_r 轮中不使用该变换，N_r 是轮数。列混合变换是通过矩阵相乘实现的，经行移位后的状态矩阵与固定的矩阵相乘，得到混淆后的状态矩阵。

令

$$s_j(x) = s_{3j}x^3 + s_{2j}x^2 + s_{1j}x + s_{0j}, \quad 0 \leqslant j \leqslant 3$$
$$s_j'(x) = s_{3j}'x^3 + s_{2j}'x^2 + s_{1j}'x + s_{0j}', \quad 0 \leqslant j \leqslant 3$$

(3.14)

则

$$s_j'(x) = a(x) \otimes s_j(x), \quad 0 \leqslant j \leqslant 3$$

其中，$a(x) = \{03\}x^3 + \{01\}x^2 + \{01\}x + \{02\}$；$\otimes$ 表示模 $x^4 + 1$ 乘法。可以将 $s_j'(x) = a(x) \otimes s_j(x)$，$0 \leqslant j \leqslant 3$ 表示为矩阵乘法，即

$$\begin{bmatrix} 02 & 03 & 01 & 01 \\ 01 & 02 & 03 & 01 \\ 01 & 01 & 02 & 03 \\ 03 & 01 & 01 & 02 \end{bmatrix} \begin{bmatrix} s_{0,0} & s_{0,1} & s_{0,2} & s_{0,3} \\ s_{1,0} & s_{1,1} & s_{1,2} & s_{1,3} \\ s_{2,0} & s_{2,1} & s_{2,2} & s_{2,3} \\ s_{3,0} & s_{3,1} & s_{3,2} & s_{3,3} \end{bmatrix} = \begin{bmatrix} s_{0,0}' & s_{0,1}' & s_{0,2}' & s_{0,3}' \\ s_{1,0}' & s_{1,1}' & s_{1,2}' & s_{1,3}' \\ s_{2,0}' & s_{2,1}' & s_{2,2}' & s_{2,3}' \\ s_{3,0}' & s_{3,1}' & s_{3,2}' & s_{3,3}' \end{bmatrix}$$

(3.15)

即

$$s_{0,j}' = (2 \cdot s_{0,j}) \oplus (3 \cdot s_{1,j}) \oplus s_{2,j} \oplus s_{3,j}$$
$$s_{1,j}' = s_{0,j} \oplus (2 \cdot s_{1,j}) \oplus (3 \cdot s_{2,j}) \oplus s_{3,j}$$
$$s_{2,j}' = s_{0,j} \oplus s_{1,j} \oplus (2 \cdot s_{2,j}) \oplus (3 \cdot s_{3,j})$$
$$s_{3,j}' = (3 \cdot s_{0,j}) \oplus s_{1,j} \oplus s_{2,j} \oplus (2 \cdot s_{3,j})$$

(3.16)

列混合过程用到有限域 $GF(2^8)$ 乘法，其中任何值乘 0x01 都等于其自身；用 0x02 做乘法时可以使用乘法运算 xtime() 来描述；用 0x03 做乘法时，可以采用 $b \cdot 0x03 = b \cdot (0x02 \oplus 0x01) = (b \cdot 0x02) \oplus (b \cdot 0x01)$，这里 $\cdot$ 表示 $GF(2^8)$ 乘法，$\oplus$ 表示异或操作。

列混合运算示意图如图 3.13 所示。

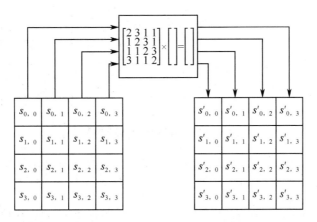

图 3.13　列混合运算示意图

例如，

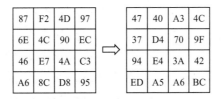

列混合运算的逆运算是类似的，即每列都用一个特定的多项式 $d(x)$ 相乘。

$d(x)$ 满足 $('03'x^3 + '01'x^2 + '01'x + '02')d(x) = '01'$ ，由此可得 $d(x) = '0B'x^3 + '0D'x^2 + '09'x + '0E'$ 。

可由图 3.14 所示的列混合逆运算来定义，并且可以验证逆变换矩阵同正变换矩阵的乘积恰好为单位矩阵。

$$\begin{bmatrix} s'_{0,0} & s'_{0,1} & s'_{0,2} & s'_{0,3} \\ s'_{1,0} & s'_{1,1} & s'_{1,2} & s'_{1,3} \\ s'_{2,0} & s'_{2,1} & s'_{2,2} & s'_{2,3} \\ s'_{3,0} & s'_{3,1} & s'_{3,2} & s'_{3,3} \end{bmatrix} = \begin{bmatrix} 0E & 0B & 0D & 09 \\ 09 & 0E & 0B & 0D \\ 0D & 09 & 0E & 0B \\ 0B & 0D & 09 & 0E \end{bmatrix} \begin{bmatrix} s_{0,0} & s_{0,1} & s_{0,2} & s_{0,3} \\ s_{1,0} & s_{1,1} & s_{1,2} & s_{1,3} \\ s_{2,0} & s_{2,1} & s_{2,2} & s_{2,3} \\ s_{3,0} & s_{3,1} & s_{3,2} & s_{3,3} \end{bmatrix}$$

图 3.14　列混合逆运算

4．轮密钥加

现在介绍轮密钥加的过程。128bit 的 State 按位与 128bit 的密钥逐位异或（XOR），10 轮轮密钥加变换虽然简单，却影响了状态 State 中的每一位。密钥扩展的复杂性和 AES 其他阶段运算的复杂性，确保了该算法的安全性。轮密钥加是将 128bit 密钥 K_i 同 State 中的数据进行逐位异或操作，该过程可以看作字逐位异或的结果，也可以看作字节级别的操作。其中，密钥 K_i 中每个字 $w[4i]$、$w[4i+1]$、$w[4i+2]$、$w[4i+3]$ 均为 32bit，包含 4 个字节。密钥 $K_i(i = 0, 1, \cdots, 9)$ 的生成过程为密钥扩展算法，轮密钥加运算示意图如图 3.15 所示。

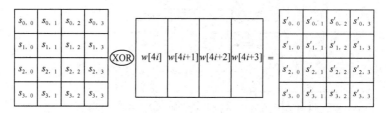

图 3.15　轮密钥加运算示意图

轮密钥加运算的逆运算同正向的轮密钥加运算完全一致，这是因为异或的逆操作是其本身。

5. 密钥扩展

AES 在加密和解密算法中使用了一个由种子密钥字节数组生成的密钥调度表，称为密钥扩展（Key Expansion）。密钥扩展即从一个原始密钥中生成多重密钥以代替使用单个密钥，大大增加了比特位的扩散。AES 密钥扩展算法的输入值是 4 字密钥，输出是一个 44 字的一维线性数组，为初始轮密钥扩展阶段和算法中的其他 10 轮中的每一轮提供 16 字节的轮密钥。AES 首先将初始 128bit 密钥输入一个 4×4 矩阵中。矩阵的每列被称为 1 个 32bit 的字，依次命名为 $w[0]$、$w[1]$、$w[3]$、$w[4]$，它们构成了一个以字为单位的数组 w。然后每次用 w 数组填充扩展密钥数组余下的部分，在扩展密钥数组中，$w[i]$ 的值依赖于 $w[i-1]$ 和 $w[i-4]$（$i \geqslant 4$）。递归方式如下。

对 w 数组中下标不为 4 的倍数的元素，只进行简单的异或，其逻辑关系为 $w[i]=w[i-1] \oplus w[i-4]$（$i$ 不为 4 的倍数）。对 w 数组中下标为 4 的倍数的元素，由等式 $w[i]=w[i-4] \oplus T(w[i-1])$ 确定，其中 $T(w[i-1]) = \text{ByteSub}\big(\text{RotByte}\big(w[i-1]\big)\big) \oplus \text{Rcon}[i]$ 是一个复杂函数，由 3 部分组成：字循环、字节代换和轮常量异或。具体作用如下。

（1）字循环 RotByte( )：将 1 个字的 4 个字节循环左移 1 个字节，即将字 B_0，B_1，B_2，B_3 变为 B_1，B_2，B_3，B_0。

（2）字节代换 ByteSub( )：基于 S 盒对输入字中的每个字节进行 S 代替。

（3）轮常量异或：将上述（1）和（2）的结果再与轮常量 Rcon[i] 相异或，其中 i 表示轮数。

为了抵抗已有的密码分析，AES 使用了与轮相关的轮常量来防止不同轮中产生的轮密钥的对称性或相似性，轮常量 Rcon[i] 是 1 个 32bit 的字，这个字的右边 3 个字节总为 0，Rcon[i] 数据表如表 3.9 所示。

表 3.9　Rcon[i]数据表

i	1	2	3	4	5
Rcon[i]	01000000	02000000	04000000	08000000	10000000
i	6	7	8	9	10
Rcon[i]	20000000	40000000	80000000	1b000000	36000000

Rijndael 算法的开发者希望密钥扩展算法可以抵抗已有的密码分析攻击，其设计标准如下。

（1）知道密钥或轮密钥的部分位不能计算出轮密钥的其他位。

（2）它是一个可逆的变换，即知道扩展密钥中任何连续的 N_k 个字能够重新产生整个扩展密钥（N_k 是构成密钥所需的字数）。

（3）能够在各种处理器上有效执行。

（4）使用轮常量来排除对称性。

（5）密钥的每一位能影响到轮密钥的一些位。

（6）足够的非线性以防止轮密钥的差完全由密钥的差所决定。

（7）易于描述。

3.4 分组密码的工作模式

分组密码在加密时，明文分组的长度是固定的，而在实际应用中待加密消息的数据量是不固定的，数据格式可能多种多样。为了能在各种应用场合使用 DES，1980 年 NIST 公布了 DES 的 4 种工作模式：电子密码本（Electronic Code Book，ECB）模式、密码分组链接（Cipher Block Chaining，CBC）模式、密码反馈（Cipher Feedback，CFB）模式和输出反馈（Output Feedback，OFB）模式。2000 年 3 月，NIST 为 AES 公开征集工作模式，并在 2001 年 12 月公布了 AES 的 5 种工作模式，即 ECB、CBC、CFB、OFB 和 CTR（计数器模式，Counter Mode）。

假设密钥为 k，明文为 $x = x_1 x_2 \cdots x_m$，密文为 $y = y_1 y_2 \cdots y_m$，这里 x 和 y 都是 $(0, 1)$ 序列，x_i 和 y_i 的长度都是 $n$bit，$1 \leqslant i \leqslant m$，$n$ 是分组密码的分组长度。设 E_k 是分组密码的加密变换，D_k 是分组密码的解密变换。下面将对分组密码的 5 种工作模式进行介绍。

3.4.1 ECB 模式

ECB 模式是最简单的工作模式，ECB 模式的加密操作和 ECB 模式的解密操作分别如图 3.16 和图 3.17 所示。它一次对一个 64bit 长的明文分组加密，而且每次的加密密钥都相同。当密钥取定时，对明文的每个分组都有唯一的密文与之对应。形象地说，可以认为有一个非常大的电子密码本，对任意一个可能的明文分组，电子密码本中都有一项对应于它的密文。

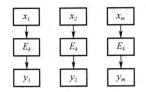

图 3.16　ECB 模式的加密操作

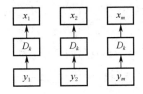

图 3.17　ECB 模式的解密操作

ECB 模式在用于短数据（如加密密钥）时非常理想，因此如果需要安全地传递 DES 密钥，ECB 模式是最合适的。若消息长于 64bit，则将其分为长为 64bit 的分组；若最后一个分组不足 64bit，则需要填充。

ECB 模式的最大缺陷是，若同一明文分组在消息中重复出现，则产生的密文分组也相同。因此，ECB 模式用于长消息时可能不够安全，若消息有固定结构，则密码分析者有可能找出这种关系。例如，如果已知消息总是以某个预定义字段开始，那么密码分析者就可能得到很多明文密文对。如果消息有重复的元素而且重复的周期是 64 的倍数，那么密码分析者就能够识别这些元素。以上这些特性有可能为密码分析者提供对分组的代换或重排的机会。

3.4.2　CBC 模式

为了解决 ECB 模式的安全缺陷，可以让重复的明文分组产生不同的密文分组，CBC 模式就可以满足这一要求。CBC 模式的加密操作和 CBC 模式的解密操作分别如图 3.18 和图 3.19 所示，它一次对一个明文分组加密，每次加密使用同一密钥，加密算法的输入是当前明文分组和前一次密文分组的异或，因此加密算法的输入不会显示与这次的明文分组之间的固定关系，且重复的明文分组不会在密文分组中暴露这种重复关系。解密时，每个密文分组被解密后，再与前一个密文分组异或，即

$$D_k[y_n]\oplus y_{n-1}=D_k\big[E_k[y_{n-1}\oplus x_n]\big]\oplus y_{n-1}=y_{n-1}\oplus x_n\oplus y_{n-1}=x_n \quad (\text{设 } y_n=E_k[y_{n-1}\oplus x_n])$$

因而产生明文分组。

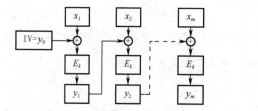

图 3.18　CBC 模式的加密操作

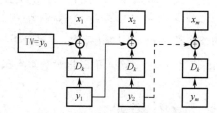

图 3.19　CBC 模式的解密操作

在产生第 1 个密文分组时，需要有一个初始变量 IV 与第 1 个明文分组异或。解密时，初始变量 IV 和解密算法对第 1 个密文分组的输出进行异或以恢复第 1 个明文分组。初始变量 IV 对于收发双方都应是已知的，为使安全性提高，初始变量 IV 应像密钥一样被保护，可使用 ECB 模式来发送初始变量 IV。保护初始变量 IV 的原因如下：$y_1=E_k[\text{IV}\oplus x_1]$，$x_1=\text{IV}\oplus D_k[y_1]$，如果攻击者能欺骗接收方使用不同的初始变量 IV，那么攻击者就能够在明文的第 1 个分组中插入自己选择的比特值。用 $x_1(i)$ 表示 64bit 分组 X 的第 i 个比特，那么 $x_1(i)=\text{IV}(i)\oplus D_k[y_1](i)$，由异或的性质得 $x_1(i)'=\text{IV}(i)'\oplus D_k[y_1](i)$，其中撇号（'）表示比特补。若攻击者篡改初始变量 IV 中的某些比特，则接收方收到的 x_1 中相应的比特也会发生变化。由于 CBC 模式的链接机制，CBC 模式非常适合加密长于 64bit 的消息。

CBC 模式除能够获得保密性，还能用于认证。

3.4.3　CFB 模式

DES 是分组长度为 64bit 的分组密码，但利用 CFB 模式或 OFB 模式可将 DES 转换为流密码。流密码不需要对消息进行填充，而且运行是实时的，因此如果传送字母流，可使用流密码

对每个字母直接加密并传送。流密码具有密文和明文一样的性质，因此如果需要发送的每个字符长度为 8bit，就应使用 8bit 密钥来加密每个字符。若密钥长度超过 8bit，则将造成浪费。

CFB 模式的加密操作和 CFB 模式的解密操作分别如图 3.20 和图 3.21 所示。设传送的每个单元（如一个字符）是 j bit 长，通常取 $j=8$，与 CBC 模式一样，明文单元被链接在一起，使得密文是前面所有明文的函数。

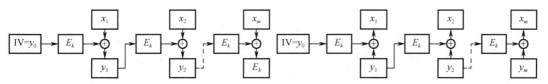

图 3.20　CFB 模式的加密操作　　　　　　图 3.21　CFB 模式的解密操作

加密时，加密算法的输入是 64bit 移位寄存器，其初值为某个初始变量 IV。加密算法输出的最左边的 j bit（最高有效位）与明文的第一个单元 x_1 进行异或，产生密文的第一个单元 y_1，并传送该单元，然后将移位寄存器的内容左移 j 位并将 y_1 送入移位寄存器最右边的 j 位，这一过程一直进行到明文的所有单元都被加密为止。解密时，将收到的密文单元与加密函数的输出进行异或。注意这时仍然使用加密算法而不是解密算法，原因为：设 $S_j(X)$ 是 X 的 j 个最高有效位，那么 $x_1 = y_1 \oplus S_j(E(\text{IV}))$。可证明以后各步也有类似的这种关系。

CFB 模式除能获得保密性，还能用于认证。CFB 模式的特点为适合数据以比特或字节为单位出现，存在有限的错误传播等。

3.4.4　OFB 模式

OFB 模式的结构类似于 CFB 模式，OFB 模式的加密操作和 OFB 模式的解密操作分别如图 3.22 和图 3.23 所示。不同之处在于 OFB 模式是将加密算法的输出反馈到移位寄存器，而 CFB 模式是将密文单元反馈到移位寄存器。

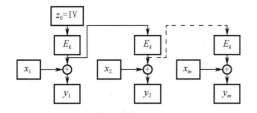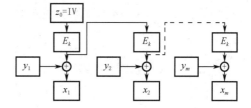

图 3.22　OFB 模式的加密操作　　　　　　图 3.23　OFB 模式的解密操作

OFB 模式的优点是传输过程中的比特错误不会被传播。例如，y_1 中出现 1bit 错误，在解密结果中只有 x_1 受到影响，以后各明文单元不受影响。而在 CFB 模式中，y_1 也作为移位寄存器的输入，因此它的 1bit 错误会影响解密结果中各明文单元的值。

OFB 模式的缺点是它比 CFB 模式更易受到消息流的篡改攻击。例如，在密文中取 1bit 的补，那么在恢复的明文中相应位置的比特也为原比特的补，这使得攻击者有可能通过对消息校验部分的篡改和对数据部分的篡改，而以纠错码不能检测的方式篡改密文。

OFB 模式的特点为消息作为比特流、分组加密的输出与被加密的消息相加、比特差错不易传播等。

3.4.5　CTR 模式

CTR 模式被广泛用于 ATM 网络安全和 IPSec 应用中，CTR 模式的加密操作和 CTR 模式的解密操作分别如图 3.24 和图 3.25 所示。其中 T_i 为计数器，$T_i=T_{i-1}+1$，$1 \leqslant i \leqslant m$。

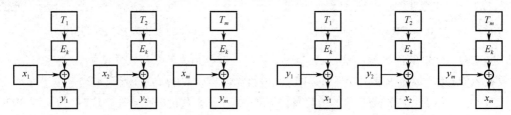

图 3.24　CTR 模式的加密操作　　　　图 3.25　CTR 模式的解密操作

相对于其他模式而言，CTR 模式具有如下特点。

（1）硬件效率：允许同时处理多块明文/密文。

（2）软件效率：允许并行计算，可以很好地利用 CPU 流水等并行技术。

（3）预处理：算法和加密盒的输出不依靠明文和密文的输入，因此如果有足够的保证安全的存储器，那么加密算法仅是一系列异或运算，这将极大地提高吞吐量。

（4）随机访问：第 i 块密文的解密不依赖于第 $i{-}1$ 块密文，提供很高的随机访问能力。

（5）可证明的安全性：能够证明 CTR 模式至少和其他模式（CBC，CFB，OFB，…）一样安全。

（6）简单性：与其他模式不同，CTR 模式仅要求实现加密算法，且不要求实现解密算法。对于 AES 等算法来说，这种简化是巨大的。

（7）无填充：可以高效地作为流式加密使用。

🔓 3.5　分组密码分析

密码算法的设计与分析相辅相成，相互促进，在不断地"攻"与"防"之间，推动着密码学的发展。对分组密码的安全性分析主要包括 3 个方面的内容：一是基于数学方法研究，如差分分析、线性分析及其变体不可能差分分析、截断差分分析、高阶差分分析、多重线性分析等，此外还存在积分攻击、相关密钥攻击、碰撞攻击、代数攻击等不同思想的分析方法；二是结合物理实现方式研究，如侧信道攻击；三是研究算法在使用不同模式下的安全性，如分析算法在CBC 模式下的安全性等。被人所熟知的穷举攻击假定攻击者的能力是无限的，任何现实中使用的密码算法都能够被穷举攻破，因此不能将穷举攻击看作一种真正的攻击，因为这是密码设计者能够预见的攻击手段。

在设计分组密码时，应该充分考虑这些攻击方法，尽可能地抵抗所有已知的可能攻击。目前，差分分析和线性分析是两种有效的分析方法，它们的出现促使分组密码算法的设计技术走上了一个新的高度，任何一个新的密码的提出首先得经过它们的考验。下面对这两种典型的分析方法进行简单介绍，其余分析方法不再赘述，有兴趣的读者可参阅相关文献。

3.5.1　差分分析

差分分析是迄今为止已知的攻击迭代密码中最有效的方法之一，是第一个公开的以小于 2^{55} 复杂度成功攻击 DES 的方法。随后，差分分析攻破了许多曾被认为安全的密码，从而引起了许多密码算法的修改和重新设计。差分分析是一种选择明文攻击 CPA，其基本思想是通过分析特定明文差分对相应的密文差分的影响，以获得可能性最大的密钥。简单来说，差分分析就是系统地研究明文中的一个细小变化是如何影响密文的。

对分组长度为 n 的 r 轮迭代密码，两个 n 比特串 Y_i 和 Y_i^* 的差分定义为 $\Delta Y_i = Y_i \otimes Y_i^{*-1}$，其中 $\otimes$ 表示 n 比特串集上的一个特定群运算，Y_i^{*-1} 表示 Y_i^* 在此群中的逆元。由加密可得差分序列：ΔY_0，ΔY_1，…，ΔY_r，其中 Y_0 和 Y_0^* 是明文对，Y_i 和 Y_i^* $(1 \leqslant i \leqslant r)$ 是第 i 轮的输出，它们同时也是第 $i+1$ 轮的输入。第 i 轮的子密钥记为 K_i，F 是轮函数，且 $Y_i = F(Y_{i-1}, K_i)$。

r-轮特征（r-Round Characteristic）Ω 是一个差分序列 α_0，α_1，…，α_r，其中 α_0 是明文对 Y_0 和 Y_0^* 的差分，$\alpha_i (1 \leqslant i \leqslant r)$ 是第 i 轮输出 Y_i 和 Y_i^* 的差分。r-轮特征 $\Omega = (\alpha_0, \alpha_1, \cdots, \alpha_r)$ 的概率是指在明文 Y_0 和子密钥 K_1，…，K_r 独立、均匀随机时，在明文对 Y_0 和 Y_0^* 的差分为 α_0 的条件下，第 $i (1 \leqslant i \leqslant r)$ 轮输出 Y_i 和 Y_i^* 的差分为 α_i 的概率。在 r-轮特征 $\Omega = (\alpha_0, \alpha_1, \cdots, \alpha_r)$ 中，$p_i^{\Omega} = P(\Delta F(Y) = \alpha_i \mid \Delta Y = \alpha_{i-1})$，即 p_i^{Ω} 表示在输入差分为 α_{i-1} 的条件下，轮函数 F 的输出差分为 α_i 的概率。r-轮特征 $\Omega = (\alpha_0, \alpha_1, \cdots, \alpha_r)$ 的概率可以近似看作 $\prod\limits_{i=1}^{r} p_i^{\Omega}$。

对 r-轮迭代密码的差分分析过程可综述为如下步骤。

（1）找出一个 $(r-1)$-轮特征 $\Omega(r-1) = (\alpha_0, \alpha_1, \cdots, \alpha_{r-1})$，使得它的概率达到最大或几乎最大。

（2）均匀随机地选择明文 Y_0 并计算 Y_0^*，使得 Y_0 和 Y_0^* 的差分为 α_0，找出 Y_0 和 Y_0^* 在实际密钥加密下所得的密文 Y_r 和 Y_r^*。若最后一轮的子密钥 K_r（或 K_r 的部分比特）有 2^m 个可能值 $K_r^j (1 \leqslant j \leqslant 2^m)$，设置相应的 2^m 个计数器 $\Lambda_j (1 \leqslant j \leqslant 2^m)$，用每个 K_r^j 解密密文 Y_r 和 Y_r^*，得到 Y_{r-1} 和 Y_{r-1}^*，若 Y_{r-1} 和 Y_{r-1}^* 的差分是 α_{r-1}，则给相应的计数器 Λ_j 加 1。

（3）重复（2），直到一个或几个计数器的值明显高于其他计数器的值，输出它们所对应的子密钥（或部分比特）。

一种攻击的复杂度可以分为数据复杂度和处理复杂度。数据复杂度是实施该攻击所需要输入的数据量；而处理复杂度是处理这些数据所需要的计算量。这两部分的主要部分通常被用来刻画该攻击的复杂度。差分分析的数据复杂度是成对加密所需要的选择明文对 (Y_0, Y_0^*) 个数的两倍。差分分析的处理复杂度是从 $(\Delta Y_{r-1}, Y_r, Y_r^*)$ 找出子密钥 K_r（或 K_r 的部分比特）的计算量，它实际上与 r 无关，而且因为轮函数是弱的，所以此计算量在大多数情况下相对较小。

因此，差分分析的复杂度取决于它的数据复杂度。

3.5.2 线性分析

线性分析是对迭代密码的一种已知明文攻击，这种方法的基本原理是寻找明文、密文和密钥间的有效线性逼近，当该逼近的线性偏差足够大时，就可以由一定量的明文密文对推测出部分密钥信息。线性分析的关键是确定有效线性方程的线性偏差和线性组合系数。

现有表达式 $A[i, j, \cdots, k] = A[i] \oplus A[j] \oplus \cdots \oplus A[k]$。设明文分组长度和密文分组长度都为 $n\mathrm{bit}$，密钥分组长度为 $m\mathrm{bit}$。记明文分组为 $P[1], P[2], \cdots, P[n]$，密文分组为 $C[1], C[2], \cdots, C[n]$，密钥分组为 $K[1], K[2], \cdots, K[m]$，那么线性分析的目标就是找出以下形式的有效线性方程，即

$$P[i_1, i_2, \cdots, i_a] \oplus C[j_1, j_2, \cdots, j_b] = K[k_1, k_2, \cdots, k_c], \quad 1 \leqslant a \leqslant n, 1 \leqslant b \leqslant n, 1 \leqslant c \leqslant m$$

该等式意味着，将明文的一些位和密文的一些位分别进行异或运算，然后将这两个结果异或，得到密钥的一个比特位信息，该比特位是密钥的一些位进行异或的结果。若方程成立的概率 $p \neq 1/2$，则称该方程是有偏向性的线性逼近，否则为无偏向性的线性逼近。若有一个方程的成立概率 p 满足 $|p - 1/2|$ 是最大的，则称该方程是最有效的线性逼近。

在找到了一些有效线性逼近之后，就可以用最大似然估计方法提高攻击效率。设 N 表示明文数，T 是使方程左边为 0 的明文数。若 $T > N/2$，则令

$$K[k_1, k_2, \cdots, k_c] = \begin{cases} 0, & p > \dfrac{1}{2} \\ 1, & p < \dfrac{1}{2} \end{cases} \tag{3.17}$$

若 $T < N/2$，则令

$$K[k_1, k_2, \cdots, k_c] = \begin{cases} 0, & p < \dfrac{1}{2} \\ 1, & p > \dfrac{1}{2} \end{cases} \tag{3.18}$$

从而可得关于密钥比特的一个线性方程。对不同的明文密文对重复以上过程，可得关于密钥的一组线性方程，从而确定密钥比特。研究表明，线性分析的有效性取决于两个因素：明文组数 N 和线性偏差 $|p - 1/2|$。明文组数 N 越大，攻击有效性越强；当线性偏差 $|p - 1/2|$ 充分小时，攻击成功的概率是 $\dfrac{1}{\sqrt{2\pi}} \int_{-2\sqrt{N}|p-1/2|}^{\infty} \mathrm{e}^{-\frac{x^2}{2}} \mathrm{d}x$，这一概率只依赖于 $|p - 1/2|$，并随着 N 或 $\sqrt{N}|p-1/2|$ 的增加而增加，即线性偏差越大，攻击越有效。

🔓 3.6 本章小结

本章对分组密码进行了总体的概述，并对具有代表性的两个分组密码体制 DES 及 AES 算法加以介绍，最后具体阐述了分组密码的各个工作模式及分组密码分析的相关知识。

🔓 3.7 本章习题

1. 简单画出一般分组密码算法的原理图，并解释其基本工作原理。

2. 简述分组密码的设计准则。

3. 什么是分组密码的操作模式？主要的分组密码操作模式有哪些？其工作原理是什么？各有何特点？

4. 在 8 位的 CFB 模式中，若传输中一个密文字符发生了一位错误，这个错误将会造成多大的影响？

5. 描述 DES 的加密思想和 F 函数。

6. 为什么要推行使用三重 DES？

7. AES 的主要优点是什么？基本变换有哪些？

8. AES 的解密算法和 AES 的解密算法之间有何不同？

9. 设 $S = \{0, 1, 2, 3, 4, 5, \dots, 2^n - 2, 2^n - 1\}$，设 g 是 S 上的一个置换，若存在一个元素 $x \in S$，使得 $g(x) = x$，则称 x 是 g 的一个不动点，计算 S 上具有不动点的置换个数。

10. 证明：在 DES 中，若 $y = \text{DES}_k(x)$，则 $\overline{y} = \text{DES}_{\overline{k}}(\overline{x})$，其中 $\overline{x}$, $\overline{y}$, $\overline{k}$ 表示 x, y, k 的逐位取反。

11. 在已知两个明文块及与之对应的密文的情况下，计算利用中途相遇攻击成功地找到双重的 DES 的正确密钥的概率。

12. DES 中某 S 盒定义如下，对于输入 $S = (b_1 b_2 b_3 b_4 b_5 b_6)$，$b_1 b_6$ 为行号，$b_2 b_3 b_4 b_5$ 为列号查找输出。请求出当输入分别是（101010）、（100010）时的输出。

	0	1	2	3	4	5	6	7	8	9	10	11	12	13	14	15	
0	14	4	13	1	2	15	11	8	3	10	6	12	5	9	0	7	
1	0	15	7	4	14	2	13	1	10	6	12	11	9	5	3	8	S_1
2	4	1	14	8	13	6	2	11	15	12	9	7	3	10	5	0	
3	15	12	8	2	4	9	1	7	5	11	3	14	10	0	6	13	
0	15	1	8	14	6	11	3	4	9	7	2	13	12	0	5	10	
1	3	13	4	7	15	2	8	14	12	0	1	10	6	9	11	5	S_2
2	0	14	7	11	10	4	13	1	5	8	12	6	9	3	2	15	
3	13	8	10	1	3	15	4	2	11	6	7	12	0	5	14	9	
0	10	0	9	14	6	3	15	5	1	13	12	7	11	4	2	8	
1	13	7	0	9	3	4	6	10	2	8	5	14	12	11	15	1	S_3
2	13	6	4	9	8	15	3	0	11	1	2	12	5	10	14	7	
3	1	10	13	0	6	9	8	7	4	15	14	3	11	5	2	12	

	0	1	2	3	4	5	6	7	8	9	10	11	12	13	14	15	
0	7	13	14	3	0	6	9	10	1	2	8	5	11	12	4	15	
1	13	8	11	5	6	15	0	3	4	7	2	12	1	10	14	9	S_4
2	10	6	9	0	12	11	7	13	15	1	3	14	5	2	8	4	
3	3	15	0	6	10	1	13	8	9	4	5	11	12	7	2	14	
0	2	12	4	1	7	10	11	6	8	5	3	15	13	0	14	9	
1	14	11	2	12	4	7	13	1	5	0	15	10	3	9	8	6	S_5
2	4	2	1	11	10	13	7	8	15	9	12	5	6	3	0	14	
3	11	8	12	7	1	14	2	13	6	15	0	9	10	4	5	3	
0	12	1	10	15	9	2	6	8	0	13	3	4	14	7	5	11	
1	10	15	4	2	7	12	9	5	6	1	13	14	0	11	3	8	S_6
2	9	14	15	5	2	8	12	3	7	0	4	10	1	13	11	6	
3	4	3	2	12	9	5	15	10	11	14	1	7	6	0	8	13	
0	4	11	2	14	15	0	8	13	3	12	9	7	5	10	6	1	
1	13	0	11	7	4	9	1	10	14	3	5	12	2	15	8	6	S_7
2	1	4	11	13	12	3	7	14	10	15	6	8	0	5	9	2	
3	6	11	13	8	1	4	10	7	9	5	0	15	14	2	3	12	
0	13	2	8	4	6	15	11	1	10	9	3	14	5	0	12	7	
1	1	15	13	8	10	3	7	4	12	5	6	11	0	14	9	2	S_8
2	7	11	4	1	9	12	14	2	0	6	10	13	15	3	5	8	
3	2	1	14	7	4	10	8	13	15	12	9	0	3	5	6	11	

13. DES 中某 S 盒定义如上，请求出当输出是（1010）、（0010）（二进制数表示）时可能的输入。

14. 在 AES 分组密码算法中，字节代换 SubBytes() 将状态中的每个字节 $a_7a_6a_5a_4a_3a_2a_1a_0$ 按下述方法变换为另一个字节 $c_7c_6c_5c_4c_3c_2c_1c_0$。

（1）将每个字节 $d_7d_6d_5d_4d_3d_2d_1d_0$ 等同于有限域 $\mathrm{GF}(2^8)=\mathrm{GF}(2)[x]/(x^8+x^4+x^3+x+1)$ 中的元素 $d_7x^7+d_6x^6+d_5x^5+d_4x^4+d_3x^3+d_2x^2+d_1x+d_0$，在这一等同下，将 $a_7a_6a_5a_4a_3a_2a_1a_0$ 变换为该有限域中的乘法逆元素 $b_7b_6b_5b_4b_3b_2b_1b_0$，规定 00 变换为其自身 00。

（2）对（1）的结果在 $\mathrm{GF}(2)$ 上做仿射变换

$$
\begin{pmatrix} c_0 \\ c_1 \\ c_2 \\ c_3 \\ c_4 \\ c_5 \\ c_6 \\ c_7 \end{pmatrix}
=
\begin{pmatrix}
1 & 0 & 0 & 0 & 1 & 1 & 1 & 1 \\
1 & 1 & 0 & 0 & 0 & 1 & 1 & 1 \\
1 & 1 & 1 & 0 & 0 & 0 & 1 & 1 \\
1 & 1 & 1 & 1 & 0 & 0 & 0 & 1 \\
1 & 1 & 1 & 1 & 1 & 0 & 0 & 0 \\
0 & 1 & 1 & 1 & 1 & 1 & 0 & 0 \\
0 & 0 & 1 & 1 & 1 & 1 & 1 & 0 \\
0 & 0 & 0 & 1 & 1 & 1 & 1 & 1
\end{pmatrix}
\begin{pmatrix} b_0 \\ b_1 \\ b_2 \\ b_3 \\ b_4 \\ b_5 \\ b_6 \\ b_7 \end{pmatrix}
+
\begin{pmatrix} 1 \\ 1 \\ 0 \\ 0 \\ 0 \\ 1 \\ 1 \\ 0 \end{pmatrix}
$$

求字节 0x4E=00101110 经 SubBytes() 变换后的值。

15. 在 AES 中，设 $A(x)=1bx^3+3x^2+ddx+a1$，$B(x)=acx^3+f0x+2d$ 为系数在 $\mathrm{GF}(2^8)$ 中的两个多项式，计算 $A(x)\oplus B(x)$。

16. 在 AES 列混合变换 MixColumns 中，

$$\begin{pmatrix} t_{00} & t_{01} & t_{02} & t_{03} \\ t_{10} & t_{11} & t_{12} & t_{13} \\ t_{20} & t_{21} & t_{22} & t_{23} \\ t_{30} & t_{31} & t_{32} & t_{33} \end{pmatrix} = \begin{pmatrix} 02 & 03 & 01 & 01 \\ 01 & 02 & 03 & 01 \\ 01 & 01 & 02 & 03 \\ 03 & 01 & 01 & 02 \end{pmatrix} \begin{pmatrix} s_{00} & s_{01} & s_{02} & s_{03} \\ s_{10} & s_{11} & s_{12} & s_{13} \\ s_{20} & s_{21} & s_{22} & s_{23} \\ s_{30} & s_{31} & s_{32} & s_{33} \end{pmatrix},$$

已知 $\begin{pmatrix} s_{00} & s_{01} & s_{02} & s_{03} \\ s_{10} & s_{11} & s_{12} & s_{13} \\ s_{20} & s_{21} & s_{22} & s_{23} \\ s_{30} & s_{31} & s_{32} & s_{33} \end{pmatrix} = \begin{pmatrix} \text{AF} & \text{F9} & \text{B8} & \text{5B} \\ 28 & \text{BB} & \text{E0} & \text{7F} \\ 54 & 29 & 97 & \text{B0} \\ \text{3E} & 04 & 92 & 21 \end{pmatrix}$，求 $(t_{ij})_{4\times4}$。

17. 在 $\mathrm{GF}(2)[x]/m(x)$ 中，对 $m(x) = x^8+x^6+x^3+x^2+1$，把其中的任意元素 $b_7x^7 + b_6x^6 + \cdots + b_1x + b_0 + (x^8+x^6+x^3+x^2+1)$ 与 1 字节数据 $\underline{b} = b_7b_6\cdots b_1b_0$（可用两位十六进制数表示）等同，试给出相应的计算 $\mathrm{xtime}(\underline{b})$ 的公式，并计算 $0\mathrm{x}6\mathrm{D}\cdot 0\mathrm{x}\mathrm{D}5$。

第 4 章　SM4 分组密码算法

随着国际密码标准制定活动的开展，国内密码学者越来越重视算法的设计与分析。为配合我国无线局域网鉴别和保密基础结构（Wireless LAN Authentication and Privacy Infrastructure，WAPI）的推广应用，2006 年国家商用密码管理局公开发布我国自主研究设计的商用分组密码算法 SM4（原名 SMS4）。随着我国密码算法标准化工作的开展，SM4 于 2012 年 3 月被列入国家密码行业标准（GM/T0002—2012），于 2016 年 8 月被列入国家标准（GB/T 32907—2016）。2016 年 10 月，ISO/IEC JTC11 SC27 会议专家组一致同意将 SM4 算法纳入 ISO 标准的学习期。2017 年 10 月，在 ISO/IEC JTC11 SC27 会议上我国密码算法 SM4 的 ISO/IEC18033-3 的补篇 2《加密算法第 3 部分：分组密码补篇 2》顺利进入第一版补篇草案（PDAM）阶段。

本章主要介绍国家商用密码 SM4 算法的设计原理和安全性分析。

🔓 4.1　SM4 分组密码算法概述

SM4 分组密码算法是一种迭代分组密码算法，采用非平衡 Feistel 结构，分组长度为 128bit，密钥长度为 128bit。该算法由初始变量算法和密钥扩展算法组成，都采用 32 轮非线性迭代结构。解密算法与加密算法的结构相同，只是轮密钥的使用顺序相反，解密轮密钥是加密轮密钥的逆序。SM4 分组密码算法可以抵抗穷举攻击、差分攻击、线性攻击等攻击手段。

4.1.1　术语说明

1．字与字节

用 Z_2^e 表示 e-比特的向量集，Z_2^{32} 中的元素称为字，Z_2^8 中的元素称为字节。

2．S 盒

S 盒为固定的 8bit 输入 8bit 输出的置换，记为 Sbox()。

3．基本运算

⊕：2bit 异或；

$<<<i$：32bit 循环左移 i 位。

4．密钥及密钥参量

SM4 分组密码算法的加密密钥长度是 128bit，表示为 MK = (MK$_0$，MK$_1$，MK$_2$，MK$_3$)，其中 MK$_i$(i = 0，1，2，3) 为字。

轮密钥表示为 $(\mathrm{rk}_0,\ \mathrm{rk}_1,\ \cdots,\ \mathrm{rk}_{31})$，其中 $\mathrm{rk}_i\,(i=0,\ 1,\ \cdots,\ 31)$ 为字，轮密钥由加密密钥生成。

$\mathrm{FK}=(\mathrm{FK}_0,\ \mathrm{FK}_1,\ \mathrm{FK}_2,\ \mathrm{FK}_3)$ 为系统参数，$\mathrm{CK}=(\mathrm{CK}_0,\ \mathrm{CK}_1,\ \cdots,\ \mathrm{CK}_{31})$ 为固定参数，用于密钥扩展算法，其中 $\mathrm{FK}_i\,(i=0,\ 1,\ 2,\ 3)$、$\mathrm{CK}_i\,(i=0,\ 1,\ \cdots,\ 31)$ 为字。

4.1.2　初始变量算法

定义反序变换 R 为 $R(A_0,\ A_1,\ A_2,\ A_3)=(A_3,\ A_2,\ A_1,\ A_0)$，$A_i\in Z_2^{32}$，$i=0,\ 1,\ 2,\ 3$。

假设明文输入为 $(X_0,\ X_1,\ X_2,\ X_3)\in (Z_2^{32})^4$，密文输出为 $(Y_0,\ Y_1,\ Y_2,\ Y_3)\in (Z_2^{32})^4$，轮密钥为 $\mathrm{rk}_i\in Z_2^{32}\,(i=0,\ 1,\ \cdots,\ 31)$，则算法的加密变换为

$$X_{i+4}=F(X_i,\ X_{i+1},\ X_{i+2},\ X_{i+3},\ \mathrm{rk}_i)=X_i\oplus T(X_{i+1}\oplus X_{i+2}\oplus X_{i+3}\oplus \mathrm{rk}_i),\ i=0,\ 1,\ \cdots,\ 31$$

$$(Y_0,\ Y_1,\ Y_2,\ Y_3)=R(X_{32},\ X_{33},\ X_{34},\ X_{35})=(X_{35},\ X_{34},\ X_{33},\ X_{32})$$

其中，F 为轮函数；T 为合成置换，下面详细介绍。

解密变换与加密变换的结构相同，不同的仅是轮密钥的使用顺序。加密时轮密钥的使用顺序为 $(\mathrm{rk}_0,\ \mathrm{rk}_1,\ \cdots,\ \mathrm{rk}_{31})$，解密时轮密钥的使用顺序为 $(\mathrm{rk}_{31},\ \mathrm{rk}_{30},\ \cdots,\ \mathrm{rk}_0)$。SM4 分组密码算法加密流程图和 SM4 分组密码算法轮函数示意图分别如图 4.1 和图 4.2 所示。

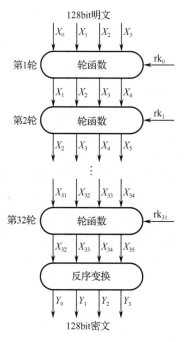

图 4.1　SM4 分组密码算法加密流程图

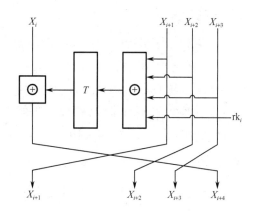

图 4.2　SM4 分组密码算法轮函数示意图

4.1.3　密钥扩展算法

上述加密算法的轮密钥是由加密密钥通过密钥扩展算法生成的。下面介绍密钥扩展算法。

假设加密密钥MK=(MK$_0$, MK$_1$, MK$_2$, MK$_3$)，MK$_i \in Z_2^{32}$，令 $K_i \in Z_2^{32}$ $(i = 0, 1, 2, \cdots, 31)$，轮密钥为rk$_i \in Z_2^{32}$ $(i = 0, 1, \cdots, 31)$，则轮密钥生成的方法为

$$(K_0, K_1, K_2, K_3) = (MK_0 \oplus FK_0, MK_1 \oplus FK_1, MK_2 \oplus FK_2, MK_3 \oplus FK_3)$$

$$rk_i = K_{i+4} = K_i \oplus T'(K_{i+1}, K_{i+2}, K_{i+3}, CK_i)$$

其中，T' 变换与加密算法轮函数中的 T 基本相同，只是其中的线性变换 L 变为 L'，即

$$L'(B) = B \oplus (B <<< 13) \oplus (B <<< 23)$$

系统参数 FK 的取值采用十六进制数表示为

$$FK_0 = (A3B1BAC6), \quad FK_1 = (56AA3350), \quad FK_2 = (677D9197), \quad FK_3 = (B27022DC)$$

固定参数 CK 则按照以下方法来取值：设 ck$_{ij}$ 为 CK$_i$ 的第 j 个字节 $(i = 0, 1, \cdots, 31; j = 0, 1, 2, 3)$，即 CK$_i$ = (ck$_{i,0}$, ck$_{i,1}$, ck$_{i,2}$, ck$_{i,3}$) $\in (Z_2^8)^4$，则 ck$_{ij}$ = $(4i + j) \times 7 \pmod{256}$。

下面是 32 个固定参数 CK 的十六进制表示形式的具体值：00070E15，1C232A31，383F464D，545B6269，70777E85，8C939AA1，A8AFB6BD，C4CBD2D9，E0E7EEF5，FC030A11，181F262D，343B4249，50575E65，6C737A81，888F969D，A4Abb2b9，C0C7CEd5，DCE3EAF1，F8FF060d，141B2229，30373E45，4C535A61，686F767D，848B9299，A0A7AEB5，BCC3CAD1，D8DFE6ED，F4FB0209，10171E25，2C333A41，484F565D，646B7279。

4.1.4 轮函数 F

算法采用非线性迭代结构，以字为单位进行加密运算，称一次迭代运算为一轮变换。设明文输入为 $(X_0, X_1, X_2, X_3) \in (Z_2^{32})^4$，轮密钥为 rk$_i \in Z_2^{32}$，则轮函数为 $F(X_0, X_1, X_2, X_3) = X_0 \oplus T(X_1 \oplus X_2 \oplus X_3 \oplus rk_0)$。

1. 合成置换 T

$T : Z_2^{32} \to Z_2^{32}$，是一个可逆变换，由非线性变换 τ 和线性变换 L 复合而成，即 $T(\cdot) = L(\tau(\cdot))$。

非线性变换 τ 由 4 个并行的 S 盒构成。设输入为 $A = (a_0, a_1, a_2, a_3) \in (Z_2^8)^4$，输出为 $B = (b_0, b_1, b_2, b_3) \in (Z_2^8)^4$，则 $(b_0, b_1, b_2, b_3) = \tau(A) = (Sbox(a_0), Sbox(a_1), Sbox(a_2), Sbox(a_3))$。

非线性变换 τ 的输出是线性变换 L 的输入。设输入为 $B \in Z_2^{32}$，输出为 $C \in Z_2^{32}$，则 $C = L(B) = B \oplus (B <<< 2) \oplus (B <<< 10) \oplus (B <<< 18) \oplus (B <<< 24)$。

2. S 盒

S 盒如表 4.1 所示，S 盒中的数据均采用十六进制数表示。设 S 盒的输入为 EF，则经 S 盒运算的输出结果为表中第 E 行、第 F 列的值，即 Sbox(EF)=0x84。

表 4.1　S 盒

	0	1	2	3	4	5	6	7	8	9	A	B	C	D	E	F
0	D6	90	E9	FE	CC	E1	3D	B7	16	B6	14	C2	28	FB	2C	05
1	2B	67	9A	76	2A	BE	04	C3	AA	44	13	26	49	86	06	99

续表

	0	1	2	3	4	5	6	7	8	9	A	B	C	D	E	F
2	9C	42	50	F4	91	EF	98	7A	33	54	0B	43	ED	CF	AC	62
3	E4	B3	1C	A9	C9	08	E8	95	80	DF	94	FA	75	8F	3F	A6
4	47	07	A7	FC	F3	73	17	BA	83	59	3C	19	E6	85	4F	A8
5	68	6B	81	B2	71	64	DA	8B	F8	EB	0F	4B	70	56	9D	35
6	1E	24	0E	5E	63	58	D1	A2	25	22	7C	3B	01	21	78	87
7	D4	00	46	57	9F	D3	27	52	4C	36	02	E7	A0	C4	C8	9E
8	EA	BF	8A	D2	40	C7	38	B5	A3	F7	F2	CE	F9	61	15	A1
9	E0	AE	5D	A4	9B	34	1A	55	AD	93	32	30	F5	8C	B1	E3
A	1D	F6	E2	2E	82	66	CA	60	C0	29	23	AB	0D	53	4E	6F
B	D5	DB	37	45	DE	FD	8E	2F	03	FF	6A	72	6D	6C	5B	51
C	8D	1B	AF	92	BB	DD	BC	7F	11	D9	5C	41	1F	10	5A	D8
D	0A	C1	31	88	A5	CD	7B	BD	2D	74	D0	12	B8	E5	B4	B0
E	89	69	97	4A	0C	96	77	7E	65	B9	F1	09	C5	6E	C6	84
F	18	F0	7D	EC	3A	DC	4D	20	79	EE	5F	3E	D7	CB	39	48

SM4 分组密码算法的 ECB 模式的工作方式如图 4.3 所示，ECB 模式的工作方式的运算实例用以验证密码算法实现的正确性，其中数据采用十六进制数表示。

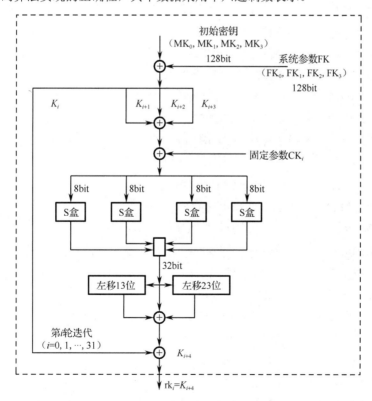

图 4.3　SM4 分组密码算法的 ECB 模式的工作方式

例 4.1 对一组明文用密钥加密一次。

明文：01 23 45 67 89 AB CD EFFE DC BA 98 76 54 32 10

加密密钥：01 23 45 67 89 AB CD EFFE DC BA 98 76 54 32 10

轮密钥与每轮输出的状态为

rk[0] = F12186F9	X[4] = 27FAD345
rk[1] = 41662B61	X[5] = A18B4CB2
rk[2] = 5A6AB19A	X[6] = 11C1E22A
rk[3] = 7BA92077	X[7] = CC13E2EE
rk[4] = 367360F4	X[8] = F87C5BD5
rk[5] = 776A0C61	X[9] = 33220757
rk[6] = B6BB89B3	X[10] = 77F4C297
rk[7] = 24763151	X[11] = 7A96F2EB
rk[8] = A520307C	X[12] = 27DAC07F
rk[9] = B7584DBD	X[13] = 42DD0F19
rk[10] = C30753ED	X[14] = B8A5DA02
rk[11] = 7EE55B57	X[15] = 907127FA
rk[12] = 6988608C	X[16] = 8B952B83
rk[13] = 30D895B7	X[17] = D42B7C59
rk[14] = 44BA14AF	X[18] = 2FFC5831
rk[15] = 104495A1	X[19] = F69E6888
rk[16] = D120B428	X[20] = AF2432C4
rk[17] = 73B55FA3	X[21] = ED1EC85E
rk[18] = CC874966	X[22] = 55A3BA22
rk[19] = 92244439	X[23] = 124B18AA
rk[20] = E89E641F	X[24] = 6AE7725F
rk[21] = 98CA015A	X[25] = F4CBA1F9
rk[22] = C7159060	X[26] = 1DCDFA10
rk[23] = 99E1FD2E	X[27] = 2FF60603
rk[24] = B79BD80C	X[28] = EFF24FDC
rk[25] = 1D2115B0	X[29] = 6FE46B75
rk[26] = 0E228AEB	X[30] = 893450AD
rk[27] = F1780C81	X[31] = 7B938F4C
rk[28] = 428D3654	X[32] = 536E4246
rk[29] = 62293496	X[33] = 86B3E94F
rk[30] = 01CF72E5	X[34] = D206965E
rk[31] = 9124A012	X[35] = 681EDF34

密文：68 1E DF 34 D2 06 96 5E 86 B3 E9 4F 53 6E 42 46

例 4.2　利用相同加密密钥对一组明文反复加密 1000000 次。

明文：01 23 45 67 89 AB CD EFFE DC BA 98 76 54 32 10

加密密钥：01 23 45 67 89 AB CD EFFE DC BA 98 76 54 32 10

密文：59 52 98 C7 C6 FD 27 1F 04 02 F8 04 C3 3D 3F 66

4.2　SM4 分组密码算法设计原理

4.2.1　非平衡 Feistel 网络

大部分分组密码算法都是 Feistel 网络，这个思想要追溯到 20 世纪 70 年代的早期。取一个长度为 n 的分组，n 为偶数，然后将其分为长度为 $n/2$ 的两部分 L 和 R。定义一个迭代的分组密码算法，其第 i 轮的输出取决于前一轮的输出，即

$$\begin{cases} L_i = R_i \\ R_i = L_{i-1} \oplus f(R_{i-1},\ K_i) \end{cases} \tag{4.1}$$

其中，K_i 是第 i 轮使用的子密钥；f 是任意一轮函数。

该函数之所以能起这么大的作用，是因为其保证了可逆性，异或用来合并左半部分和轮函数的输出，满足如下公式，即

$$L_{i-1} \oplus f(R_{i-1},\ K_i) \oplus f(R_{i-1},\ K_i) = L_{i-1} \tag{4.2}$$

在保证 f 的输入能重新构造的情况下，使用这种结构的密钥就可保证它是可逆的。可以构造高复杂度的 f 函数，不用在意其可逆性，也不需要实现加密和解密两种不同算法，Feistel 网络可自动实现。

Feistel 结构同样存在弊端。众所周知，过去的分组密码都是 64bit 分组长度，而随着计算能力的提高，现在设计的分组密码都要求至少 128bit 分组长度。对于传统的 Feistel 网络，分组长度的增加意味着轮函数 f 规模的增加，而构造大规模的轮函数又是比较困难的，因此便提出了采用非平衡 Feistel 网络对较大的明文分组进行加密的方法。将明文分为 n 个运算字，进行 n 次迭代就能将明文全部覆盖一遍。第一种非平衡 Feistel 网络如图 4.4 所示，第二种非平衡 Feistel 网络如图 4.5 所示，SM4 分组密码算法所采用的网络结构与第二种非平衡 Feistel 网络类似。

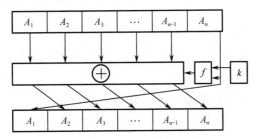

图 4.4　第一种非平衡 Feistel 网络

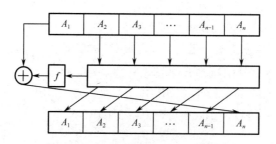

图 4.5 第二种非平衡 Feistel 网络

非平衡 Feistel 网络改善了不完全 Feistel 网络的混淆并提高了扩散效率，其最大的优点是能够直接重用过去的轮函数。以上两种非平衡 Feistel 网络还有其各自的优点。

第一种非平衡 Feistel 网络中的非线性函数 f 输入为 1 个字，输出为 $n-1$ 个字，因此 f 是一个伪随机序列发生器。对于每一轮迭代，输入的 1 个字可扩散到输出的 $n-1$ 个字，扩散效率很高，但不可能扩散到字的每一位，且被覆盖的任意一个输出字只依赖于密钥和两个输入字。

第二种非平衡 Feistel 网络中的非线性函数 f 的输入为 $n-1$ 个字，输出为 1 个字，因此 f 是一个伪随机压缩函数。对于每一轮迭代，输入的 $n-1$ 个字和密钥可扩散到输出的 1 个字，扩散效率不高，但可能扩散到了字的每一位，且被覆盖的输出字依赖于密钥和 $n-1$ 个输入字。

4.2.2 T 变换

前面已经提到，T 变换是由非线性变换 τ 和线性变换 L 复合而成的，在 SM4 分组密码算法中起到了混淆和扩散的作用。

1. 非线性变换 τ

SM4 分组密码算法的非线性变换 τ 是一种以字为单位的非线性代替变换，它由 4 个 S 盒并置构成，本质上是 S 盒的一种并行应用，即将 32 位的字分为 4 个 8 位的字节分别进行 S 盒置换，因此其混淆作用体现在 S 盒中。

SM4 分组密码算法的 S 盒是一个 8 元输入 8 元输出的布尔函数，简称 8 进 8 出 S 盒，即 $S(x): F_2^8 \to F_2^8$，是 SM4 的唯一非线性模块，提高了算法的非线性，隐藏其代数结构，提供了混淆作用。

2. 线性变换 L

线性变换 L 是以字为处理单位的线性变换，其输入/输出都是 32 位的字，主要起扩散作用。一个 S 盒输出的 8bit 仅与输入的 8bit 有关，与其他 S 盒的输出值无关。此时引入线性变换部件，在异或运算" $\oplus$ "和循环移位" $<<<i$ "的结合运算下，可以使各 S 盒输出值打乱和混合，增加了各输出值的相关性，使 S 盒的输出值得到了扩散，使得密码算法能够抵抗拆分分析和线性分析。

4.2.3　基础置换

混淆原则和扩散原则是分组密码设计的两个基本原则。一个设计精良的分组密码体制应该以一类密码学特征良好的基础置换为主体来构造，其单轮运算应当基于一类密码学特征良好的基础置换。基础置换的密码学性质决定明密文变换的效率。

SM4 分组密码算法的单轮变换构成正形置换，其密码特性可以由正形置换的性质推出。设 SM4 分组密码算法的单轮置换为 P，对于任意给定的明文 X，若密钥 $K' \neq K$，则 $P(X, K') \neq P(X, K)$。该结论表明，若以 X 为行变量，以 K 为列变量，则方阵 $P(X, K)$ 构成了拉丁方阵。

在密码学性质上包含了以下两个结论。

（1）SM4 分组密码算法在不同密钥作用下的轮变换必然不同。

（2）SM4 分组密码算法的单轮变换在不同的密钥作用下，输入明文相同而输出必然不同。

4.2.4　非线性变换

S 盒本质上可以看作映射：$S(X) = \left(f_1(X), f_2(X), \cdots, f_m(X) \right) : F_2^n \rightarrow F_2^m$，其中，$S(X) : F_2^n \rightarrow F_2^m$ 可表示为一个 n 元输入 m 元输出的多输出布尔函数，也可简称 S 是一个 $n \times m$ 的 S 盒（n 进 m 出的 S 盒），通常采用 n bit 输入到 m bit 输出的替代表来表示或实现，对于 SM4 分组密码算法中的 S 盒，$n = m = 8$。

S 盒是很多分组密码算法中的唯一非线性模块，用于提供混淆作用，可提高算法的非线性，隐藏其代数结构。S 盒的密码性质直接影响了整个分组密码算法的安全强度。分组密码算法的设计必须充分考量 S 盒的密码强度，通常可用非线性度、差分均匀性等指标来衡量 S 盒的安全强度。

1. S 盒代数表达式

为防止插入攻击，通常要求密码变换的代数式具有足够高的次数和复杂度。用拉格朗日插值多项式可求得 SM4 分组密码算法中的 S 盒的代数表达。这是一个 254 次、255 项的多项式，具有较高的复杂程度，即

$$f(x) : \sum_{i=0}^{255} y_i \prod_{\substack{j \neq i, \\ j=0}}^{255} \frac{x - x_j}{x_i - x_j} \tag{4.3}$$

2. 差分均匀性

差分密码分析是一种 CPA，其基本思想是通过分析特定明文差对相应密文差的影响来获得可能性最大的密钥。差分均匀性是针对差分密码分析而引入的，用来度量一个密码函数抗击差分密码分析的能力。令 $\delta_S = \dfrac{1}{2^n} \max\limits_{\substack{\alpha \in F_2^n \\ \alpha \neq 0}} \max\limits_{\beta \in F_2^m} \left| \left\{ X \in F_2^n : S(X \oplus \alpha) - S(X) = \beta \right\} \right|$，称 δ_S 为 S 盒的差分均匀性。

为了抵抗差分密码攻击，差分均匀性应该越低越好。

SM4 分组密码算法中的 S 盒的最大差分概率仅为 2^{-6}，具有较好的抗差分分析特性。

3. 非线性度

S 盒的非线性度定义如下：令 $S(X) = (f_1(X), f_2(X), \cdots, f_m(X)): F_2^n \to F_2^m$ 是一个多输出函数，称 $N_S = \min\limits_{\substack{l \in L_n \\ 0 \neq u \in F_2^m \\ l \in L_n \\ 0 \neq u \in F_2^m}} d_H(u \cdot S(X), l(X))$ 为 $S(X)$ 的非线性度，其中 L_n 表示全体 n 元仿射函数集合，$d_H(f, l)$ 表示 f 与 l 之间的汉明距离。从定义可以看出，S 盒的非线性度就是输出位的任意线性组合和所有关于输入的仿射函数的最小汉明距离。

布尔函数的非线性度是用来衡量抵抗"线性攻击"能力的一个非线性准则，非线性度越大，布尔函数 $f(x)$ 抵抗"线性攻击"的能力越强；反之，非线性度越小，布尔函数 $f(x)$ 抵抗"线性攻击"的能力越弱。

SM4 分组密码算法中的 S 盒的非线性度为 112。

4. 最大线性优势

S 盒的线性逼近的定义为假设一个 n 进 m 出的 S 盒，其任意线性逼近都可以表示为 $a \cdot X = b \cdot Y$，其中 $a \in F_2^n$，$b \in F_2^m$。$a \cdot X = b \cdot Y$ 成立的概率 p 满足 $\left| p - \dfrac{1}{2} \right| \leqslant \dfrac{1}{2} - \dfrac{N_S}{2^n}$，$\left| p - \dfrac{1}{2} \right|$ 称为线性逼近等式的优势，$\lambda_S = \dfrac{1}{2} - \dfrac{N_S}{2^n}$ 为 S 盒的最佳优势。

SM4 分组密码算法的最佳优势为 2^{-4}。

5. 平衡性

$S(X) = (f_1(X), f_2(X), \cdots, f_m(X)): F_2^n \to F_2^m$ 是平衡的，若对任意的 $\beta \in F_2^m$，恰好有 2^{n-m} 个 $X \in F_2^n$，使得 $S(X) = \beta$，满足平衡特性的 S 盒也被称为是正交的。

SM4 分组密码算法中的 S 盒满足平衡性。

6. 完全性及雪崩效应

S 盒完全性的定义为 $S(X) = (f_1(X), f_2(X), \cdots, f_m(X)): F_2^n \to F_2^m$ 是完全的，是指输出的任一比特和输入的每一比特有关。它体现在代数表达式中，是指每个分量函数的代数表达式包含所有未知变量 x_1，x_2，$\cdots$，x_n，也就是说对任意 $(s, t) \in \{(i, j) | 1 \leqslant i \leqslant n, 1 \leqslant j \leqslant m\}$，存在 X，使得 $S(X)$ 和 $S(X \oplus e_S)$ 的第 t bit 不同。

雪崩效应是指改变输入的 1bit，大约有一半输出比特改变。

SM4 分组密码算法中的 S 盒满足完全性及雪崩效应。

4.2.5　线性变换

　　线性变换用于提供扩散作用。分组密码算法通常使用若干 $m \times m$ 的 S 盒并置成混淆层，一个 S 盒输出的 m bit 仅与其输入的 m bit 有关，与其他 S 盒的输入无关。此时引入线性变换可以将这些 S 盒的输出打乱、混合，使得输出的 m bit 数据尽可能地与其他 S 盒的输入相关。好的线性变换设计使得 S 盒的输出得到扩散，使得密码算法能够抵抗差分分析和线性分析。衡量一个线性变换的扩散性的重要指标是分支数，定义为 $B(\theta) = \min\limits_{x \neq 0} \big(\omega_b(x) + \omega_b(\theta(x)) \big)$，称 $B(\theta)$ 为变换 θ 的分支数，其中 $\omega_b(x)$ 表示非零 $x_i (1 \leqslant i \leqslant m)$ 的个数，称为 x_i 的汉明重量（Bundle Weight）。

　　分支数的概念可用于量化分组密码算法对差分密码分析及线性密码分析的抵抗能力，针对差分密码分析及线性密码分析，可类似地定义 θ 的差分分支数：$B_d(\theta) = \min\limits_{x,\ x \neq x^*} \big(\omega_b(x \oplus x^*) + \omega_b(\theta(x) \oplus \theta(x^*)) \big)$ 及线性分支数：$B_t(\theta) = \min\limits_{\alpha,\ \beta,\ c(x \cdot \alpha^t,\ \theta(x) \cdot \beta') \neq 0} \big(\omega_b(\alpha) + \omega_b(\beta) \big)$。

其中，$c\big(x \cdot \alpha^t,\ \theta(x) \cdot \beta'\big) = 2 \times \Pr\big(x \cdot \alpha^t = \theta(x) \cdot \beta'\big) - 1$，$x \cdot \alpha^t$ 是矩阵乘。对于线性变换，分支数的概念反映了其扩散性的好坏，分支数越大，扩散效果越好。线性变换的差分（线性）分支数越大，差分（线性）密码分析所需要的选择（已知）明文数越多。

　　SM4 分组密码算法中的线性变换的差分分支数及线性分支数均为 5。

4.2.6　密钥扩展算法的设计

　　密钥扩展算法的设计充分考虑了加密算法对密钥扩展算法的安全需求及其实现的便利性，尽可能使算法达到更高的性能。

　　子密钥是由加密密钥派生的，理论上子密钥总是统计相关的。在实用密码算法的设计中，子密钥统计独立是不可能做到的，设计者只是尽可能使得子密钥趋近于统计独立。密钥扩展算法的目的就是使子密钥间的统计相关性不易被破解利用，或者说使子密钥看上去更像是统计独立的。在密钥扩展算法的设计上，SM4 分组密码算法满足以下准则。

　　（1）子密钥间不存在明显的统计相关性。

　　（2）没有弱密钥。

　　（3）密钥扩展的速度不低于加密算法的速度，且资源占用少。

　　（4）由加密密钥可以直接生成任何一个子密钥。

4.2.7　SM4 分组密码算法初始变量正确性

　　加密轮函数为 $X_{i+4} = F(X_i,\ X_{i+1},\ X_{i+2},\ X_{i+3},\ \mathrm{rk}_i) = X_i \oplus T(X_{i+1} \oplus X_{i+2} \oplus X_{i+3} \oplus \mathrm{rk}_i)(i = 0,\ 1,\ \cdots,\ 31)$，将其分为加密函数 G 和数据交换 E。由 G 进行加密处理，由 E 进行数据顺序交换，则轮函数

$F_i = G_iE$ 。

$$G_i = G_i\left(X_i,\ X_{i+1},\ X_{i+2},\ X_{i+3},\ \text{rk}_i\right) = \left(X_i \oplus T\left(X_{i+1},\ X_{i+2},\ X_{i+3},\ \text{rk}_i\right),\ X_{i+1},\ X_{i+2},\ X_{i+3}\right)$$
$$E\left(X_{i+4},\ \left(X_{i+1},\ X_{i+2},\ X_{i+3}\right)\right) = \left(\left(X_{i+1},\ X_{i+2},\ X_{i+3}\right),\ X_{i+4}\right) \tag{4.4}$$

$$\begin{aligned}
\left(G_i\right)^2 &= G_i\left(X_i \oplus T\left(X_{i+1},\ X_{i+2},\ X_{i+3},\ \text{rk}_i\right),\ X_{i+1},\ X_{i+2},\ X_{i+3},\ \text{rk}_i\right) \\
&= \left(X_i \oplus T\left(X_{i+1},\ X_{i+2},\ X_{i+3},\ \text{rk}_i\right) \oplus T\left(X_{i+1},\ X_{i+2},\ X_{i+3},\ \text{rk}_i\right),\ X_{i+1},\ X_{i+2},\ X_{i+3},\ \text{rk}_i\right) \\
&= \left(X_i,\ X_{i+1},\ X_{i+2},\ X_{i+3},\ \text{rk}_i\right) \\
&= I
\end{aligned} \tag{4.5}$$

这说明加密函数 G 是对合的。

$E^2\left(X_{i+4},\ \left(X_{i+1},\ X_{i+2},\ X_{i+3}\right)\right) = I$ ，显然 E 是对合运算，故轮函数是对合的。

而 SM4 分组密码算法的加密过程可写成 $\text{SM4} = G_0EG_1E\cdots G_{30}EG_{31}R$ ，解密过程可写成 $\text{SM4}^{-1} = G_{31}EG_{30}E\cdots G_1EG_0R$ 。比较 SM4 与 SM4^{-1} 可知，运算相同，只有密钥的使用顺序不同，所有 SM4 是对合的。

SM4 分组密码算法的加密过程的数据变化为

$$\left(X_0,\ X_1,\ X_2,\ X_3\right) \to \left(X_1,\ X_2,\ X_3,\ X_4\right) \to \cdots \to \left(X_{32},\ X_{33},\ X_{34},\ X_{35}\right) \to \left(X_{35},\ X_{34},\ X_{33},\ X_{32}\right) = \left(Y_0,\ Y_1,\ Y_2,\ Y_3\right)$$

SM4 的解密过程的数据变化为

$$\left(X_{35},\ X_{34},\ X_{33},\ X_{32}\right) \to \left(X_{34},\ X_{33},\ X_{32},\ X_{31}\right) \to \cdots \to \left(X_3,\ X_2,\ X_1,\ X_0\right) \to \left(X_0,\ X_1,\ X_2,\ X_3\right)$$

其中，加密与解密过程的最后一步变换为反序。故由 $\text{SM4}^{-1}\left(\text{SM4}\left(X_0,\ X_1,\ X_2,\ X_3\right)\right) = \left(X_0,\ X_1,\ X_2,\ X_3\right)$ ，可知 SM4 是可逆的，即 SM4 分组密码算法的解密算法是正确的。

🔓 4.3 SM4 分组密码算法安全性分析

从已有文献可知，自 2006 年 1 月 SM4 分组密码算法发布以来，国内外众多的科研人员对其安全性进行了评估，评估方法几乎涵盖了目前已知的所有的分组密码分析方法，如差分密码分析、线性密码分析、不可能差分密码分析等。

差分密码分析和线性密码分析在第 3 章已有所涉及，此处不再赘述。不可能差分密码分析是差分密码分析的一个变种，这个概念由 Knudsen 和 Biham 分别独立提出，以简单的分析过程和高效的攻击能力引起了人们的广泛关注。通常的差分分析方法通过寻找高概率差分来恢复密钥，不可能差分则与之相反，寻找的是不可能出现的差分。若某个猜测密钥能使不可能差分出现，则一定是错误密钥，从而被淘汰。零相关线性分析（Zero-Correlation Linear Cryptanalysis）由 Bogdanov 等于 2012 年第一次提出，该方法利用了分组密码算法中广泛存在的相关度为零的线性逼近来区分密码算法与随机函数。积分攻击（Square Attack）是一种 CPA，通常适用于以块为作用单位的密码算法。积分攻击不同于差分分析和线性分析，其所能攻击的轮数达到一定限度后，一般不可再继续扩展。矩形攻击（Rectangle Attack）也是一种 CPA，是飞去来器攻击的演化与补充，是差分分析的一种推广形式，它的主要思想是利用两条高概率的短的差分路径来代替一条长的但概率比较低的路径。

攻击的分析指标包括攻击轮数、时间复杂度、数据复杂度、存储复杂度等。其中时间复杂度是指以特定的基本步骤为单元，完成计算过程所需要的总单元数。数据复杂度为攻击所需要的明密文数据量。而存储复杂度又称空间复杂度，是指以某特定的基本存储空间为单元，完成计算过程所需要的全部数据所占用的存储单元的数量。采用上述攻击方式，SM4 分组密码算法目前的最好分析结果如表 4.2 所示。这些公开的评估结果表明，SM4 分组密码算法能够抵抗目前已知的所有攻击，拥有较高的安全性。

表 4.2　SM4 分组密码算法目前的最好分析结果

攻击方法	攻击轮数	时间复杂度	数据复杂度	存储复杂度
差分攻击	23	$2^{126.7}$	2^{118}	$2^{120.7}$
线性攻击	23	2^{122}	$2^{126.54}$	$2^{120.7}$
多维线性攻击	23	$2^{122.7}$	$2^{122.6}$	$2^{120.6}$
不可能差分攻击	17	2^{132}	2^{117}	—
零相关线性攻击	14	$2^{120.7}$	$2^{123.5}$	2^{73}
积分攻击	14	$2^{96.5}$	2^{32}	—
矩形攻击	18	$2^{96.5}$	2^{32}	—

🔓4.4　本章小结

本章主要介绍了 SM4 分组密码算法的算法流程、结构特点及其密码特性，以及 SM4 分组密码算法的安全性分析研究现状。

🔓4.5　本章习题

1. SM4 是一种分组密码算法，其分组长度和密钥长度分别为（　　）。

A．64 位和 128 位　　　B．128 位和 128 位　　　C．128 位和 256 位　　　D．256 位和 256 位

2. SM4 分组密码算法中某 S 盒定义如下，设 S 盒的输入为 DE，则经 S 盒运算的输出结果是多少？

	0	1	2	3	4	5	6	7	8	9	A	B	C	D	E	F
0	D6	90	E9	FE	CC	E1	3D	B7	16	B6	14	C2	28	FB	2C	05
1	2B	67	9A	76	2A	BE	04	C3	AA	44	13	26	49	86	06	99
2	9C	42	50	F4	91	EF	98	7A	33	54	0B	43	ED	CF	AC	62
3	E4	B3	1C	A9	C9	08	E8	95	80	DF	94	FA	75	8F	3F	A6
4	47	07	A7	FC	F3	73	17	BA	83	59	3C	19	E6	85	4F	A8
5	68	6B	81	B2	71	64	DA	8B	F8	EB	0F	4B	70	56	9D	35

续表

	0	1	2	3	4	5	6	7	8	9	A	B	C	D	E	F
6	1E	24	0E	5E	63	58	D1	A2	25	22	7C	3B	01	21	78	87
7	D4	00	46	57	9F	D3	27	52	4C	36	02	E7	A0	C4	C8	9E
8	EA	BF	8A	D2	40	C7	38	B5	A3	F7	F2	CE	F9	61	15	A1
9	E0	AE	5D	A4	9B	34	1A	55	AD	93	32	30	F5	8C	B1	E3
A	1D	F6	E2	2E	82	66	CA	60	C0	29	23	AB	0D	53	4E	6F
B	D5	DB	37	45	DE	FD	8E	2F	03	FF	6A	72	6D	6C	5B	51
C	8D	1B	AF	92	BB	DD	BC	7F	11	D9	5C	41	1F	10	5A	D8
D	0A	C1	31	88	A5	CD	7B	BD	2D	74	D0	12	B8	E5	B4	B0
E	89	69	97	4A	0C	96	77	7E	65	B9	F1	09	C5	6E	C6	84
F	18	F0	7D	EC	3A	DC	4D	20	79	EE	5F	3E	D7	CB	39	48

3．证明：SM4 分组密码算法的对合性。

4．证明：SM4 分组密码算法的可逆性。

5．若选取"Love you perfect"作为 SM4 分组密码算法的初始密钥，经过密钥扩展算法生成的前三个子密钥分别是多少？

6．若给出"AE260F63"作为线性变换 L 的输入，输出结果是多少？

第 5 章 序列密码

序列密码也称为流密码（Stream Cipher），是对称密码算法的一种，也是密码学的一个重要分支。序列密码诞生较早，而且具有实现简单、便于硬件实施、效率高等特点，因此获得了广泛应用，并且在专用机构或机密机构中具有明显优势，序列密码在许多重要应用领域已成为主流密码。本章内容主要包括：序列密码的概述、序列密码的组成、欧洲 eSTREAM 序列密码等。

🔓 5.1 序列密码的概述

5.1.1 序列密码的定义

理论上"一次一密"密码是不可破译的。如果想要得到保密性很高的密码，可以用某种方式仿效"一次一密"密码。一直以来，人们都希望使用序列密码的方式仿效"一次一密"密码，这在一定程度上促进了序列密码的研究和发展。

使用尽可能长的密钥可以使序列密码的安全性提高，但是密钥长度越长，存储、分配就越困难。于是人们便想出采用一个短的种子密钥来控制某种算法获得长的密钥序列的办法，用以提供加密和解密，这个种子密钥的长度较短，存储、分配都比较容易。

序列密码的原理如图 5.1 所示。序列密码采用简单的模 2 加法器作为它的初始变量器，这样可以使序列密码的工程实现非常方便。所以，产生密钥序列的密钥发生器就是序列密码的关键。

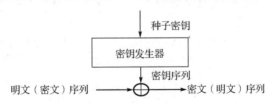

图 5.1 序列密码的原理

密钥流由密钥流生成器 f 产生，即 $z_i = f(k, \sigma_i)$，其中，σ_i 是加密器中的记忆元件（也称为寄存器）在时刻 i 的状态，f 是由密钥 k 和 σ_i 产生的函数。

分组密码与序列密码的区别在于有无记忆性，分组密码和序列密码的比较如图 5.2 所示。序列密码的滚动密钥 $z_i = f(k, \sigma_i)$ 由函数 f、密钥 k 和指定的初态完全确定。输入加密器的明文可能影响加密器中内部记忆元件的存储状态，因此 $\sigma_i(i>0)$ 可能依赖于 k，σ_0，x_0，x_1，$\cdots$，x_{i-1} 等参数。

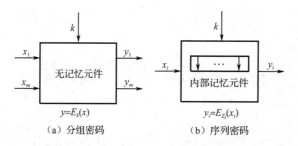

图 5.2 分组密码和序列密码的比较

例 5.1 设 $P = C = K = z_{26}$，$z_1 = k$，$z_i = x_{i-1}(i \geqslant 2)$，对 $0 \leqslant z_i \leqslant 25$ 有

$$e_{z_i}(x_i) = (x_i + z_i) \bmod 26$$
$$d_{z_i}(y_i) = (y_i - z_i) \bmod 26 \qquad x, \ y \in z_{26} \tag{5.1}$$

取 $k = 8$，明文为 rendezvous。

明文对应的整数序列：	17	4	13	3	4	25	21	14	20	18
密钥流：	8	17	4	13	3	4	25	21	14	20
密文对应的整数序列：	25	21	17	16	7	3	20	9	8	12

密文：zvrqhdujim

5.1.2　序列密码的分类

序列密码通常被划分为同步序列密码和自同步序列密码两大类。

1. 同步序列密码

如果密钥序列的产生独立于明文消息和密文消息，那么此类序列密码称为同步序列密码。在同步序列密码中，$z_i = f(k, \sigma_i)$ 与明文字符无关，此时密文字符 $y = E_{z_i}(x_i)$ 也不依赖此前的明文字符。因此，可将同步序列密码的加密器分成密钥流生成器和加密变换器两个部分。

如果与上述加密变换对应的解密变换为 $x_i = D_{z_i}(y_i)$，那么可给出同步序列密码体制的模型，如图 5.3 所示。

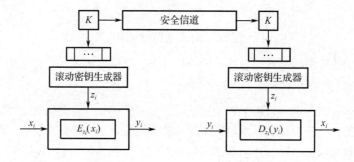

图 5.3　同步序列密码体制的模型

同步序列密码的加密变换 E_{z_i} 可以有多种选择，只要保证变换是可逆的即可。

实际使用的数字保密通信系统一般都是二元系统，因而在有限域 GF(2) 上讨论的二元加法序列密码是目前最为常用的序列密码体制，加法序列密码体制模型如图 5.4 所示，其加密变换可表示为 $y_i = z_i \oplus x_i$，解密变换可表示为 $x_i = z_i \oplus y_i$。密钥产生器有时也称为滚动密钥生成器。

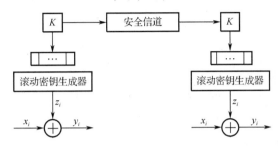

图 5.4　加法序列密码体制模型

一次一密密码是加法序列密码的原型。事实上，若 $z_i = k_i$，即密钥用作滚动密钥流，则加法序列密码就退化成一次一密密码。

在实际使用中，密码设计者往往希望设计出一个滚动密钥生成器，使得密钥经其扩展成的密钥流序列具有如下性质：极大的周期、良好的统计特性、抗线性分析和抗统计分析。

同步序列密码的关键是密钥流生成器。一般可将其看成一个参数为 k 的有限状态自动机，由一个输出序列 z、一个状态集 Σ、两个函数 ϕ 和 ψ 及一个初始状态 σ_0 组成，有限状态自动机的密钥流生成器如图 5.5 所示。

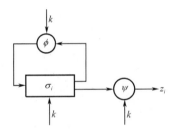

图 5.5　作为有限状态自动机的密钥流生成器

状态转移函数 $\phi : \sigma_i \rightarrow \sigma_{i+1}$，将当前状态 σ_i 变为一个新状态 σ_{i+1}。

输出函数 $\psi : \sigma_i \rightarrow z_i$，将当前状态 σ_i 变为输出序列中的一个元素 z_i。

这种密钥流生成器设计的关键在于找出适当的状态转移函数 ϕ 和输出函数 ψ，使得输出序列 z 满足密钥流序列 z_i 应满足的几个条件，并且要求在设备上是节省和容易实现的。为了实现这一目标，必须采用非线性函数。

由于具有非线性的 ϕ 的有限状态自动机理论很不完善，相应的密钥流生成器的分析工作受到极大的限制。相反，当采用线性的 ϕ 和非线性的 ψ 时，将能够进行深入的分析并可以得到优良的密钥流生成器。为了方便讨论，可将这类生成器分成驱动部分和非线性组合部分，密钥流生成器的分解如图 5.6 所示。

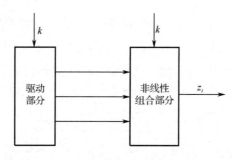

图 5.6　密钥流生成器的分解

驱动部分控制密钥流生成器的状态转移，并为非线性组合部分提供统计性能好的序列；而非线性组合部分要利用这些序列组合出满足要求的密钥流序列。

目前流行实用的密钥流生成器的分解如图 5.7 所示，其驱动部分是一个或多个线性反馈移位寄存器（Linear Feedback Shift Register，LFSR）。

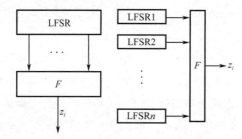

图 5.7　目前流行实用的密钥流生成器的分解

2．自同步序列密码

如果产生的密钥序列是主密钥和固定大小的前序密钥序列的函数，则这种序列密码被称为自同步序列密码或非同步序列密码。

自同步序列密码的加密过程可以用下列公式来描述

$$\sigma_i = (c_{i-t},\ c_{i-t+1},\ \cdots,\ c_{i-1}) \tag{5.2}$$

$$z_i = g(\sigma_i,\ k) \tag{5.3}$$

$$c_i = h(z_i,\ m_i) \tag{5.4}$$

其中，$\sigma_i = (c_{i-t},\ c_{i-t+1},\ \cdots,\ c_{i-1})$ 是状态；k 是主密钥；g 是产生密钥序列 z_i 的函数；h 是将密钥序列 z_i 和明文 m_i 组合产生密文 c_i 的输出函数。自同步序列加密和自同步序列解密分别如图 5.8 和图 5.9 所示。

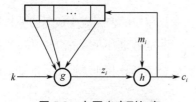

图 5.8　自同步序列加密

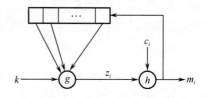

图 5.9　自同步序列解密

解密映射仅与固定长度的密文字符有关,因此在密文位被删除或插入时可以进行自同步。这种加密方法可以在失去同步一段时间后自动恢复正确解密,只是一些固定长度的密文字符无法恢复成明文。由于自同步序列的状态与密文位有关,如果一个密文位在传输过程中被修改了,那么最多之后的 t 位密文的解密可能会是错误的。

5.2　序列密码的组成

5.2.1　密钥序列生成器

序列密码的关键在于密钥序列生成器（Key Generator，KG）的设计。一般来说,KG 输入的种子密钥 k 是较短的,人们却希望它的输出密钥序列对不知情的人来说像是随机的。人们对 KG 提出了以下基本要求。

1. KG 的基本要求

（1）种子密钥 k 的变化量足够大,一般应在 2^{128} 以上。

（2）KG 产生的密钥序列 z 具有极大周期,一般应不小于 2^{55}。

（3）密钥序列 z 具有均匀的 n 元分布,即在一个周期环上,某特定形式的 n 长比特串与其求反,两者出现的频数大抵相当（如均匀的游程分布）。

（4）密钥序列 z 不可由一个低级（如小于 10^6 级）的 LFSR 产生,也不可与一个低级的 LFSR 产生的序列有比率很小的相异项。

（5）利用统计方法由密钥序列 z 提取关于 KG 的结构或种子密钥 k 的信息在计算上不可行。

（6）混乱性,即密钥序列 z 的每一比特均与种子密钥 k 的大多数比特有关。

（7）扩散性,即种子密钥 k 任一比特的改变要引起密钥序列 z 在全貌上的变化。

2. KG 的一般结构

通常,人们总是把 KG 的结构设计得具有一定特点,从而可以分析和论证其强度,以增加使用者的置信度,一般有以下结构。

KG 的一般结构如图 5.10 所示,f 一般由 m 序列生成器构成,提供若干周期大、统计特性好的序列 x_1, x_2, $\cdots$, x_m（称为驱动序列）。

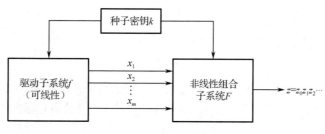

图 5.10　KG 的一般结构

F 就是把 f 产生的多条驱动序列综合在一起的一些非线性编码手段,目的是有效地破坏和掩盖多条驱动序列中存在的规律或关系,提高线性复杂度。

5.2.2 有限状态自动机

有限状态自动机是具有离散输入和输出(输入集和输出集均有限)的一种数学模型,由以下 3 部分组成。

(1)有限状态集 $S = \{S_i \mid i = 1, 2, \cdots, l\}$。

(2)有限输入字符集 $A_1 = \{A_j^{(1)} \mid j = 1, 2, \cdots, m\}$ 和有限输出字符集 $A_2 = \{A_k^{(2)} \mid k = 1, 2, \cdots, n\}$。

(3)转移函数 $A_k^{(2)} = f_1(S_i, A_j^{(1)})$, $S_k = f_2(S_i, A_j^{(1)})$。在状态为 S_i,输入为 $A_j^{(1)}$ 时,输出为 $A_k^{(2)}$,而状态转移为 S_k。

有限状态自动机可用有向图表示,称为转移图。转移图的顶点对应自动机的状态,若状态 S_i 在输入 $A_j^{(1)}$ 时转为状态 S_k,且输出字符 $A_k^{(2)}$,则在转移图中,从状态 S_i 到状态 S_j 有一条标有 $(A_j^{(1)}, A_k^{(2)})$ 的弧线,有限状态自动机的转移图如图 5.11 所示。

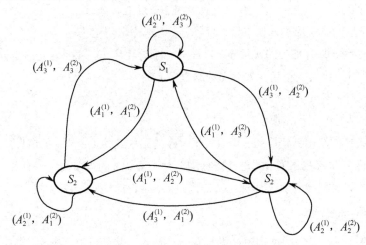

图 5.11 有限状态自动机的转移图

🔓 5.3 LFSR

5.3.1 LFSR 的简介

移位寄存器是序列密码产生密钥流的一个主要组成部分。GF(2)上的一个 n 级反馈移位寄存器由 n 个二元存储器与一个反馈函数 $f(a_1, a_2, \cdots, a_n)$ 组成,移位寄存器如图 5.12 所示。

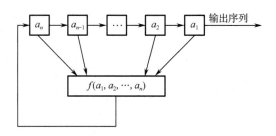

图 5.12　移位寄存器

每个存储器称为移位寄存器的一级，在任意时刻，这些级的内容构成该反馈移位寄存器的状态，每个状态对应 GF(2) 上的一个 n 维向量，一个 n 级反馈移位寄存器共有 2^n 种可能的状态。每个时刻的状态可用 n 长序列 a_1, a_2, $\cdots$, a_n 或 n 维向量 $(a_1$, a_2, $\cdots$, $a_n)$ 表示，其中 a_i 是第 i 级存储器的内容。

初始状态由用户确定，当第 i 个移位时钟脉冲到来时，每级存储器 a_i 都将其内容向下一级存储器 a_{i-1} 传递，并根据反馈移位寄存器此时的状态 a_1, a_2, $\cdots$, a_n 计算 $f(a_1$, a_2, $\cdots$, $a_n)$，作为下一时刻的 a_n。

反馈函数 $f(a_1$, a_2, $\cdots$, $a_n)$ 是 n 元布尔函数，即 n 个变元 a_1, a_2, $\cdots$, a_n 可以独立地取 0 和 1 这两个可能的值，该反馈函数中有逻辑与、逻辑或、逻辑补等运算，最后的函数值也为 0 或 1。

例 5.2　图 5.13 所示为一个 3 级反馈移位寄存器，其初始状态为 $(a_1$, a_2, $a_3)=(1, 0, 1)$，输出可由一个 3 级反馈移位寄存器的状态和输出求出（见表 5.1），即输出序列为 101110111011$\cdots$，周期为 4。

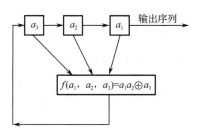

图 5.13　一个 3 级反馈移位寄存器

表 5.1　一个 3 级反馈移位寄存器的状态和输出

状态（a_1, a_2, a_3）	输　　出
101	1
110	0
111	1
011	1
101	1
110	0

若反馈移位寄存器的反馈函数 $f(a_1$, a_2, $\cdots$, $a_n)$ 是 a_1, a_2, $\cdots$, a_n 的线性函数，则称为线性反馈移位寄存器（Linear Feedback Shift Register，LFSR）。此时 f 可写为 $f(a_1$, a_2, $\cdots$, $a_n)=$

$c_n a_1 \oplus c_{n-1} a_2 \oplus \cdots \oplus c_1 a_n$，其中，常数 $c_i = 0$ 或 1，$\oplus$ 是模 2 加法。$c_i = 0$ 或 1 可用开关的断开和闭合来实现，LFSR 如图 5.14 所示。

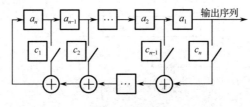

图 5.14　LFSR

输出序列 $\{a_t\}$ 满足 $a_{n+t} = c_n a_t \oplus c_{n-1} a_{t+1} \oplus \cdots \oplus c_1 a_{n+t-1}$，其中 t 为非负正整数。

LFSR 因其实现简单、速度快、有较为成熟的理论等优点成为构造密钥流生成器的重要的部件之一。

例 5.3　一个 3 级 LFSR 如图 5.15 所示，其初始状态为 $(a_3,\ a_2,\ a_1) = (1,\ 1,\ 0)$。

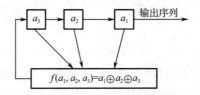

图 5.15　一个 3 级 LFSR

试写出其输出序列（01100110…），同时考虑如果初始状态不同，输出序列是否相同（不相同）？序列的周期是否相同（不相同）？

例 5.4　一个 5 级 LFSR 如图 5.16 所示，其初始状态为 $(a_1,\ a_2,\ a_3,\ a_4,\ a_5) = (1,\ 0,\ 0,\ 1,\ 1)$，求输出序列（100110100100001010111011000111110011 0 …）和周期。

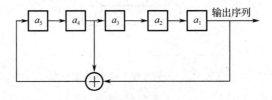

图 5.16　一个 5 级 LFSR

例 5.4 中所示反馈移位寄存器的反馈函数为 $f(a_1,\ a_2,\ a_3,\ a_4,\ a_5) = a_1 + a_4$，输出的序列为

$$a_{5+t} = a_{1+t} \oplus a_{4+t} \tag{5.5}$$

其中，t 为非负正整数。由于函数 $f(a_1,\ a_2,\ a_3,\ a_4,\ a_5) = a_1 + a_4$ 是 $(a_1,\ a_2,\ a_3,\ a_4,\ a_5)$ 的线性函数，所以上述反馈移位寄存器是线性反馈移位寄存器。

例 5.5　一个 5 级 LFSR 如图 5.17 所示，其初始状态为 $(a_1,\ a_2,\ a_3,\ a_4,\ a_5) = (1,\ 1,\ 0,\ 1,\ 0)$，求其输出序列（11010110010001111010110010 00111…）。

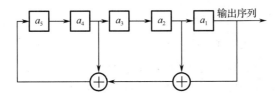

图 5.17 一个 5 级 LFSR（例 5.5）

线性反馈函数为 $f(a_1, a_2, a_3, a_4, a_5) = a_2 + a_4$，输出的序列为 $a_{5+t} = a_{2+t} \oplus a_{4+t}$，其中 t 为非负正整数。

在 LFSR 中总是假定 $c_1, c_2, \cdots, c_n$ 中至少有一个不为 0，否则 $f(a_1, a_2, \cdots, a_n)=0$，因此在 n 个脉冲后状态必然是 $00\cdots0$，且这个状态必将一直持续下去。若只有一个系数不为 0，设仅有 c_j 不为 0，实际上是一种延迟装置。一般对于 n 级 LFSR，总是假定 $c_n = 1$。

LFSR 输出序列的性质完全由其反馈函数决定。n 级 LFSR 最多有 2^n 个不同的状态，若其初始状态为 0，则其状态恒为 0；若其初始状态非 0，则其后继状态不会为 0。因此，n 级 LFSR 的状态周期小于等于 $2^n - 1$，其输出序列的周期与状态周期相等，也小于等于 $2^n - 1$。

5.3.2 伪随机序列

序列密码的安全性取决于密钥流的安全性，密钥流序列具备良好的随机性，可使密码分析者无法对它预测。也就是说，即使截获其中一段，也无法推测后面是什么。但密钥流是周期的，要实现完全随机性是困难的。严格地说，完全随机是不可能实现的。

如果一个序列，一方面它是可以预先确定的，并且是可以重复地生产和复制的；另一方面它又具有某种随机序列的随机特性（统计特性），便称这种序列为伪随机序列。

1）随机序列的特性

在介绍序列的随机性之前，先介绍随机序列的一般特性。

设 $\{a_i\} = (a_1 a_2 a_3 \cdots)$ 为 0，1 序列，如 00110111，其前两个数字是 00，称为 0 的 2 游程；接着是 11，是 1 的 2 游程；再接下来是 0 的 1 游程和 1 的 3 游程。

定义 5.1 GF(2)上周期为 T 的序列 $\{a_i\}$ 的自相关函数定义为

$$R(\tau) = (1/T) \sum_{1}^{T} (-1)^{a_k} (-1)^{a_{k+\tau}}, \quad 0 \leq \tau \leq T-1 \tag{5.6}$$

上式中的和式表示序列 $\{a_i\}$ 与 $\{a_{i+\tau}\}$（序列 $\{a_i\}$ 向后平移 τ 位得到）在一个周期内对应位相同的位数与对应位不同的位数之差。当 $\tau=0$ 时，$R(\tau)=1$；当 $\tau \neq 0$ 时，称 $R(\tau)$ 为异相自相关函数，简称自相关函数。

假设给定周期序列 $a = a_0 a_1 a_2 \cdots a_{p-1} a_p \cdots$，周期为 p。下面介绍周期序列的自相关函数计算方法。

（1）找出 a 的周期段 $a_0 a_1 a_2 \cdots a_{p-1}$；

（2）计算 $(-1)^{a_0} (-1)^{a_1} (-1)^{a_2} \cdots (-1)^{a_{p-1}}$，左环移 t 位后，计算 $(-1)^{a_t} (-1)^{a_{t+1}} (-1)^{a_{t+2}} \cdots (-1)^{a_{t+p-1}}$。

由自相关函数的定义，容易计算周期序列 $a = a_0 a_1 a_2 \cdots a_{p-1} a_p \cdots$ 自相关函数。

伪随机周期序列应满足如下 3 个随机性假设。

（1）在序列的一个周期内，0 与 1 的个数相差至多为 1。

（2）在序列的一个周期内，长为 i 的游程占游程总数的 $1/2^i$（$i = 1, 2, \cdots$），且在等长的游程中 0 的游程个数和 1 的游程个数相等。

（3）自相关函数是一个常数。

步骤（1）说明 $\{a_i\}$ 中 0 与 1 出现的概率基本上相同；步骤（2）说明 0 与 1 在序列中每个位置上出现的概率相同；步骤（3）说明通过对序列与其平移后的序列进行比较，不能给出其他任何信息。

2）伪随机序列应满足的条件

从密码系统的角度看，一个伪随机序列还应满足如下条件。

（1）$\{a_i\}$ 的周期相当大。

（2）$\{a_i\}$ 的确定在计算上是容易的。

由密文及相应的明文的部分信息，不能确定整个 $\{a_i\}$。

只要选择合适的反馈函数便可使序列的周期达到最大值 $2^n - 1$，周期达到最大值的序列称为 m 序列。

定义 5.2 称周期达到最大值 $2^n - 1$ 的 n 级 LFSR（输出）序列为（n 级）m 序列。

显然，若某 n 级 LFSR 产生一个 m 序列，则其状态图除了单点（$00\cdots0$）构成的圈，就是由 $\{GF(2)^n - (00\cdots0)\}$ 中所有点排列而成的一个大圈，因而其任何非全零初始状态的输出序列均为 m 序列，故称为 m 序列生成器。

定理 5.1 GF(2) 上的 n 长 m 序列 $\{a_i\}$ 具有如下性质。

（1）0 和 1 平衡性：在一个周期内，0、1 出现的次数分别为 $2^{n-1} - 1$ 和 2^{n-1}。

（2）游程特性：在一个周期内，总游程数为 2^{n-1}；对 $1 \leqslant i \leqslant n-2$，长为 i 的游程有 2^{n-i-1} 个，且 0、1 游程各半；长为 $n-1$ 的 0 游程一个，长为 n 的 1 游程一个。

（3）$\{a_i\}$ 的自相关函数为

$$R(\tau) = \begin{cases} 1, & \tau = 0 \\ -\dfrac{1}{2^n - 1}, & 0 < \tau \leqslant 2^n - 2 \end{cases} \tag{5.7}$$

定理 5.1 说明 m 序列满足 3 个随机性假设。读者可自行证明定理 5.1。

5.3.3　线性反馈移位寄存器 LFSR 序列

1. 一元多项式表示

LFSR 的输出序列满足递推关系

$$a_{n+k} = c_1 a_{n+k-1} \oplus c_2 a_{n+k-2} \oplus \cdots \oplus c_n a_k \quad (k \geqslant 1) \tag{5.8}$$

这种递推关系可以用一个一元高次多项式来表示，即

$$p(x) = 1 + c_1 x + \cdots + c_{n-1} x^{n-1} + c_n x^n \tag{5.9}$$

称这个多项式为 LFSR 的特征多项式，称 $(c_1, c_2, \cdots, c_n)$ 为 LFSR 结构常数，称图 5.12 为 LFSR 结构图。

LFSR 与特征多项式是一一对应的，如果知道了 LFSR 的结构，可以写出它的特征多项式，同样可以根据特征多项式画出线性反馈移位寄存器的结构。

例 5.6　一个 4 级 LFSR 的联系多项式为 $f(x) = 1 + x + x^3 + x^4$。

结构常数 $[c_1, c_2, c_3, c_4] = [1, 0, 1, 1]$。

反馈函数为 $f(a_1, a_2, a_3, a_4) = a_1 + a_2 + a_4$，或序列的递推关系式为

$$a_{5+k} = a_{1+k} \oplus a_{2+k} \oplus a_{4+k}$$

其中，$k \geqslant 0$。

上述 4 级 LFSR 结构如图 5.18 所示。

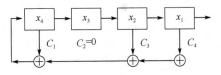

图 5.18　一个 4 级 LFSR 结构

若初始状态为 1101，输出序列为 $a = a_0 a_1 a_2 a_3 \cdots = 110110110 \cdots = (110)^\infty$，周期为 3。

设 n 级 LFSR 对应于递推关系式（5.8），因为 $a_i \in GF(2)(i = 1, 2, \cdots, n)$，所以共有 2^n 组初始状态，即有 2^n 个递推序列，其中非恒零的序列有 $2^n - 1$ 个，记 $2^n - 1$ 个非恒零序列的全体为 $G(p(x))$。

定义 5.3　给定序列 $\{a_i\}$，幂级数 $A(x) = \sum\limits_{i=1}^{\infty} a_i x^{i-1}$ 称为该序列的生成函数。

定理 5.2　设 $p(x) = 1 + c_1 x + \cdots + c_n x^n$ 是 GF(2) 上的多项式，$G(p(x))$ 中任意序列 $\{a_i\}$ 的生成函数 $A(x)$ 满足

$$A(x) = \frac{\varphi(x)}{p(x)} \tag{5.10}$$

其中

$$\varphi(x) = \sum_{i=1}^{n} \left(c_{n-i} x^{n-i} \sum_{j=1}^{i} a_j x^{j-1} \right) \tag{5.11}$$

证明：由多项式 $p(x) = 1 + c_1 x + \cdots + c_n x^n$ 可以得到序列 $\{a_i\}$ 递推关系。

$$\begin{cases} a_{n+1} = c_1 a_n \oplus c_2 a_{n-1} \oplus \cdots \oplus c_n a_1 \\ a_{n+2} = c_1 a_{n+1} \oplus c_2 a_n \oplus \cdots \oplus c_n a_2 \\ \qquad\qquad \cdots \\ a_{n+k} = c_1 a_{n+k-1} \oplus c_2 a_{n+k-2} \oplus \cdots \oplus c_n a_{n+k-n} \\ \qquad\qquad \cdots \end{cases}$$

两边分别乘以 x^n, x^{n+1}, $\cdots$, 再求和得

$$A(x) - (a_1 + a_2 x + \cdots + a_n x^{n-1})$$
$$= c_1 x [A(x) - (a_1 + a_2 x + \cdots + a_{n-1} x^{n-2})]$$
$$+ c_2 x^2 [A(x) - (a_1 + a_2 x + \cdots + a_{n-2} x^{n-3})] + \cdots + c_n x^n A(x)$$

移项整理得

$$(1 + c_1 x + \cdots + c_{n-1} x^{n-1} + c_n x^n) A(x)$$
$$= (a_1 + a_2 x + \cdots + a_n x^{n-1}) + c_1 x (a_1 + a_2 x + \cdots + a_{n-1} x^{n-2})$$
$$+ c_2 x^2 (a_1 + a_2 x + \cdots + a_{n-2} x^{n-3}) + \cdots + c_{n-1} x^{n-1} a_1$$

即

$$p(x) A(x) = \sum_{i=1}^{n} c_{n-i} x^{n-i} \sum_{j=1}^{i} a_j x^{j-1} = \varphi(x)$$

注意在 GF(2) 上有 $a + a = 0$。

同样，在 GF(2) 上的任意多项式 $\varphi(x)$，$\dfrac{\varphi(x)}{p(x)}$ 可以进行多项式的除法，得到一个多项式，提取系数从而得到一个序列。

定理 5.3 $p(x)|q(x)$ 的充要条件是 $G(p(x)) \subset G(q(x))$。

证明： 若 $p(x)|q(x)$，可设 $q(x) = p(x)r(x)$，对 $\{a_i\} \in G(p(x))$，有

$$A(x) = \frac{\varphi(x)}{p(x)} = \frac{\varphi(x)r(x)}{p(x)r(x)} = \frac{\varphi(x)r(x)}{q(x)}$$

所以若 $\{a_i\} \in G(p(x))$，则 $\{a_i\} \in G(q(x))$，即 $G(p(x)) \subset G(q(x))$。

反之，若 $G(p(x)) \subset G(q(x))$，则对于多项式 $\phi(x)$，存在序列 $\{a_i\} \in G(p(x))$ 以 $A(x) = \phi(x)/p(x)$ 为生成函数。特别地，对于多项式 $\phi(x) = 1$，存在序列 $\{a_i\} \in G(p(x))$ 以 $1/p(x)$ 为生成函数。因为 $G(p(x)) \subset G(q(x))$，序列 $\{a_i\} \in G(q(x))$，所以存在函数 $r(x)$，使得 $\{a_i\}$ 的生成函数也等于 $r(x)/q(x)$，从而 $1/p(x) = r(x)/q(x)$，即 $q(x) = p(x)r(x)$，因此 $p(x)|q(x)$。

上述定理说明同样的一个序列可用 n 级 LFSR 产生的序列，也可用级数更多的 LFSR 来产生。

定义 5.4 设 $p(x)$ 是 GF(2) 上的多项式，使 $p(x)|(x^p-1)$ 的最小的 p 称为 $p(x)$ 的周期或阶。

定理 5.4 若 n 级 LFSR 产生的序列 $\{a_i\}$ 的特征多项式 $p(x)$ 定义在 GF(2) 上，p 是 $p(x)$ 的周期，则 $\{a_i\}$ 的周期 r 整除 p，即 $r|p$。

证明： 由 $p(x)$ 周期的定义得 $p(x)|(x^p-1)$，因此存在 $q(x)$，使 $x^p - 1 = p(x)q(x)$，又由

$p(x)A(x)=\phi(x)$ 可得 $p(x)q(x)A(x)=\phi(x)q(x)$，所以 $(x^p-1)A(x)=\phi(x)q(x)$。因为 $q(x)$ 的次数为 $p-n$，由定理 5.2 可知，$\phi(x)$ 的次数不超过 $n-1$，所以 $(x^p-1)A(x)$ 的次数不超过 $(p-n)+(n-1)=p-1$。

这就证明了对任意正整数 i 都有 $a_{i+p}=a_i$。

设 $p=kr+t$，$0\leq t<r$，则 $a_{i+p}=a_{i+kr+t}=a_{i+t}=a_i$，因此 $t=0$，即 $r|p$。

n 级 LFSR 输出序列的周期 r 不依赖于初始条件，而依赖于特征多项式 $p(x)$。人们感兴趣的是 LFSR 遍历 2^n-1 个非零状态，这时序列的周期达到最大 2^n-1，这种序列就是 m 序列。显然对于特征多项式相同，而初始条件不同的两个输出序列，一个记为 $\{a^{(1)}{}_i\}$，另一个记为 $\{a^{(2)}{}_i\}$，其中一个必然是另一个的移位，即存在一个常数 k，使得 $a^{(1)}{}_i=a^{(2)}{}_{k+i}$，$i=1,\ 2,\ \cdots$。

下面讨论特征多项式满足什么条件时，LFSR 的输出序列为 m 序列。

定理 5.5　设 $p(x)$ 是 n 次不可约多项式，周期为 m，序列 $\{a_i\}\in G(p(x))$，则 $\{a_i\}$ 的周期为 m。

证明：　设 $\{a_i\}$ 的周期为 r，由定理 5.3 有 $r|m$，因此 $r\leq m$。

设 $A(x)$ 为 $\{a_i\}$ 的生成函数，$A(x)=\dfrac{\phi(x)}{p(x)}$，即 $p(x)A(x)=\phi(x)\neq 0$，$\phi(x)$ 的次数不超过 $n-1$。而

$$
\begin{aligned}
A(x)&=\sum a_i x^{i-1}\\
&=a_1+a_2x+\cdots+a_rx^{r-1}+x^r(a_1+a_2x+\cdots+a_rx^{r-1})\\
&\quad+(x^r)^2(a_1+a_2x+\cdots+a_rx^{r-1})+\cdots\\
&=a_1+a_2x+\cdots+a_rx^{r-1}/(1-x^r)\\
&=a_1+a_2x+\cdots+a_rx^{r-1}/(x^r-1)
\end{aligned}
\tag{5.12}
$$

于是 $A(x)=a_1+a_2x+\cdots+a_rx^{r-1}/(x^r-1)=\dfrac{\phi(x)}{p(x)}$，即 $p(x)(a_1+a_2x+\cdots+a_rx^{r-1})=\phi(x)(x^r-1)$。

因为 $p(x)$ 是不可约的，所以 $\gcd(p(x),\ \phi(x))=1$，$p(x)|(x^r-1)$，因此 $m\leq r$。

综上 $r=m$。

定理 5.6　n 级 LFSR 产生的序列有最大周期 2^n-1 的必要条件是其特征多项式不可约。

证明：　设 n 级 LFSR 产生的序列周期达到最大 2^n-1，除 0 序列外，每个序列的周期由特征多项式唯一决定，而与初始状态无关。设特征多项式为 $p(x)$，若 $p(x)$ 可约，可设为 $p(x)=g(x)h(x)$，其中 $g(x)$ 不可约，且次数 $k<n$。因为 $G(g(x))\subset G(p(x))$，而 $G(g(x))$ 中序列的周期一方面不超过 2^k-1，另一方面又等于 2^n-1，这是矛盾的，所以 $p(x)$ 不可约。

该定理的逆不成立，即 LFSR 的特征多项式为不可约多项式时，其输出序列不一定是 m 序列。

例 5.7　$f(x)=x^4+x^3+x^2+x+1$ 为 GF(2) 上的不可约多项式，这可由 x，$x+1$，x^2+x+1 都不能整除 $f(x)$ 得到。以 $f(x)$ 为特征多项式的 LFSR 的输出序列可由等式 $a_k=a_{k-1}\oplus a_{k-2}\oplus a_{k-3}\oplus a_{k-4}(k\geq a)$

和给定的初始状态求出，设初始状态为 0001，则状态表如表 5.2 所示。输出序列为 000110001100011…，周期为 5，不是 m 序列。

表 5.2 状态表

状 态				输 出
1	0	0	0	1
1	1	0	0	0
0	1	1	0	0
0	0	1	1	1
0	0	0	1	1
1	0	0	0	0
1	1	0	0	0
0	1	1	0	0
0	0	1	1	1
0	0	0	1	1
1	0	0	0	0
1	1	0	0	0
0	1	1	0	0
0	0	1	1	1

定义 5.5 若 n 次不可约多项式 $p(x)$ 的阶为 2^n-1，则称 $p(x)$ 是 n 次本原多项式。

定理 5.7 设 $\{a_i\} \in G(p(x))$，$\{a_i\}$ 为 m 序列的充要条件是 $p(x)$ 为本原多项式。

证明： 若 $p(x)$ 是本原多项式，则其阶为 2^n-1，由定理 5.5 得 $\{a_i\}$ 的周期等于 2^n-1，即 $\{a_i\}$ 为 m 序列。

反之，若 $\{a_i\}$ 为 m 序列，则其周期等于 2^n-1，由定理 5.6 知 $p(x)$ 是不可约的，由定理 5.4 知 $\{a_i\}$ 的周期 2^n-1 整除 $p(x)$ 的阶，而 $p(x)$ 的阶不超过 2^n-1，所以 $p(x)$ 的阶为 2^n-1，即 $p(x)$ 是本原多项式。

$\{a_i\}$ 为 m 序列的关键在于 $p(x)$ 为本原多项式，n 次本原多项式的个数为 $\dfrac{\phi(2^n-1)}{n}$，其中 ϕ 为欧拉函数。

已经证明，对于任意的正整数 n，至少存在一个 n 次本原多项式，因此对于任意的 n 级 LFSR，至少存在一种连接方式使其输出序列为 m 序列。

例5.8 设 $p(x)=x^4+x+1$，因为 $p(x)\,|\,(x^{15}-1)$，但不存在小于 15 的常数 l，使得 $p(x)\,|\,(x^l-1)$，所以 $p(x)$ 的阶为 15。$p(x)$ 的不可约性可由 x，$x+1$，x^2+x+1 都不能整除 $p(x)$ 得到，因此 $p(x)$ 是本原多项式。

若 LFSR 以 $p(x)$ 为特征多项式，则输出序列的递推关系为 $a_k=a_{k-1}\oplus a_{k-4}\,(k\geqslant 4)$。

若初始状态为 1001，则输出为 100100011110101100100011110101…，状态序列为 1001，0100，0010，0001，1000，1100，1110，1111，0111，1011，0101，1010，1101，0110，0011，

1001，0100，0010，0001…。可见，它的周期为 $2^4-1=15$，即输出序列为 m 序列。

例 5.9　$p(x)=(1+x^3+x^4)$，推出序列的递推关系为 $a_k=a_{k-3}\oplus a_{k-4}\left(k\geqslant4\right)$，4 级 LFSR 如图 5.19 所示。

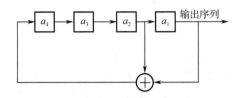

图 5.19　4 级 LFSR

若初始状态为 1001，则输出为 100110101111000100110101111…，状态序列为 1001，1100，0110，1011，0101，1010，1101，1110，1111，0111，0011，0001，1000，0100，0010，1001，1100，0110，…。可见它的周期为 $2^4-1=15$，即输出序列为 m 序列。

按前面的性质有：游程的总数为 8，分别为 2 个 0 游程，2 个 1 游程，1 个 00 游程，1 个 11 游程，1 个 000 游程和 1 个 1111 游程，其中长度为 2 的游程占 1/4，最后有一个长度为 4 的游程和一个长度为 3 的游程。

一般地，在一个 n 级 LFSR 的状态图中，至少含有一个圈，且从任意状态出发经过若干拍后必定进入某一个圈，这时得到的输出序列虽然不是周期序列，但去掉其前若干项后即得周期序列，也就是说这样的序列为终归周期序列。

2．序列线性复杂度与综合

一般地，把有关线性反馈移位寄存器的求解问题，从正反两个方面分为正向分析与反向综合。正向分析的是从 LFSR 的结构常数计算出序列，反向综合是从已有的 LSFR 序列综合计算出结构常数，推导出整个序列所满足的线性递推关系。

LFSR 的综合问题就是根据序列的少量比特求出整个序列所满足的线性递推关系。一种思路是，先假定线性递推关系，然后由已知的序列比特导出线性方程组，但这种方法存在如下问题。

（1）不容易确定所适用的 LFSR 的级数 n，从而就不能列出恰当规模的线性方程组。

（2）当上述的 n 很大时，求解相应规模的线性方程组也很困难。

已知一个序列 $a^{(N)}$，如何构造一个阶数尽可能小的 LFSR 来产生 $a^{(N)}$？

定义 5.6　设 $a^{(N)}=(a_0a_1\cdots a_{N-1})$ 是 $GF(p)$ 上的一个长度为 N 的序列，$f_N(x)$ 是一个能产生 $a^{(N)}$，并且阶数最小的 LFSR 的特征多项式，L_N 是该 LFSR 阶数，称二元组 $<f_N(x),L_N>$ 为序列 $a^{(N)}$ 的线性综合解。

明显，$\partial f_N(x)\leqslant L_N$，因为产生 $a^{(N)}$ 并且阶数最小的 LFSR 可能是退化的，在这种情况下，$\partial f_N(x)<L_N$。另外，约定 0 阶 LFSR 的特征多项式 $f(x)=1$，长度为 N 的全零序列 $00\cdots0$ 由 0 阶 LFSR 产生。事实上，以 $f(x)=1$ 为特征多项式的 LFSR 输出的序列满足关系：$a_i=0$（$i=0,1\cdots N-1$）。

已知序列 $a^{(N)}=(a_0a_1\cdots a_{N-1})$，求产生 $a^{(N)}$ 且阶数最小的 LFSR，就是求 $a^{(N)}$ 的综合解。利用

B-M 算法可以有效地求解 $a^{(N)}$ 的综合解。

B-M 算法是一种迭代算法，它先求 $a^{(n)} = (a_0 a_1 \cdots a_{n-1})$ 的线性综合解，$1 \leq n \leq N-1$，再求 $a^{(n+1)} = (a_0 a_1 \cdots a_n)$ 的线性综合解，最后求出 $a^{(N)} = (a_0 a_1 \cdots a_{N-1})$ 的线性综合解。

B-M 算法描述如下。

Input：$a^N = a_0 a_1 \cdots a_{N-1}$。

Step1：置 $f_0(x)=1$，$L_0=0$（初值）。

Step2：设 $<f_i(x), L_i>$，$i = 0,1,2,\cdots,n$（$0 \leq n < N$）均已求出，且 $L_0 \leq L_1 \leq L_2 \leq \cdots \leq L_n$。
设 $f_n(x) = 1 + c_1^{(n)} x + c_2^{(n)} x^2 + \cdots + c_{L_n}^{(n)} x^{L_n}$，由此计算 $d_n = a_n + c_1^{(n)} a_{n-1} + c_2^{(n)} a_{n-2} + \cdots + c_{L_n}^{(n)} a_{n-L_n}$。

Step3：当 $d_n=0$ 时，取 $f_{n+1}(x) = f_n(x)$，$L_{n+1} = L_n$；

当 $d_n=1$ 时，若 $L_n=0$，则取 $f_{n+1}(x) = x^{n+1}+1$，$L_{n+1} = n+1$；

否则，找出 $m(0 \leq m < n)$ 使 $L_m < L_{m+1} = L_{m+2} = \cdots = L_n$，取 $f_{n+1}(x) = f_n(x) + x^{n-m} f_m(x)$，
$L_{n+1} = \max\{L_n, \ n+1-L_n\}$。

对于 $n=0,1,2,\cdots$，重复 Step2 与 Step3，直至 $n=N-1$。

Output：$<f_N(x), L_N>$

例 5.10 利用 B-M 算法，求序列 $a^{(8)}=10101111$ 的线性综合解。

输入：$a^{(8)}=10101111$。表 5.3 所示为例 5.10 具体计算过程。

表 5.3　B-M 算法 $a^{(8)}=10101111$ 综合解

n	d_n	f_n	L_n	m	f_m
0	1	1	0		
1	1	$1+x$	1	0	1
2	1	1	1	0	1
3	0	$1+x^2$	2		
4	0	$1+x^2$	2		
5	1	$1+x^2$	2	2	1
6	0	$1+x^2+x^3$	4		
7	1	$1+x^2+x^3$	4	5	$1+x^2$
8		$1+x^3+x^4$	4		

输出：$a^{(8)}$ 的线性综合解为 $<1+x^3+x^4, 4>$。

有关 B-M 算法的正确性，有兴趣的读者可参阅万哲先的《代数与编码》一书。

定理 5.8 应用 B-M 算法，若以 N 长序列 $a^{(N)}$ 为输入，得到输出 $<f_N(x), L_N>$，则：

（1）以 $f_N(x)$ 为特征多项式的 L_N 级 LFSR 是产生 $a^{(N)}$ 的最短 LFSR，且当 $L_N \leq \dfrac{N}{2}$ 时，迭代至第 $2L_N$ 步就得到最终输出，即 $<f_{2L_N}(x), L_{2L_N}> = <f_N(x), L_N>$。

（2）当 $L_N \leq \dfrac{N}{2}$，产生 $a^{(N)}$ 的最短 LFSR 只有上述一个；当 $L_N > \dfrac{N}{2}$ 时，产生 $a^{(N)}$ 的最短 LFSR 一共有 2^{2L_N-N} 个。

由上述定理知，在前面的例子中，以 $f_8(x) = 1 + x^3 + x^4$ 为特征多项式的 4 级 LFSR 是唯一的产生 $a^{(8)} = 10101111$ 的最短 LFSR。

设 $a^{(N)} = (a_0 a_1 \cdots a_{N-1})$ 是 GF(p) 上的一个长度为 N 的序列，显然，以 $f_N(x) = 1 + x^N$ 为特征多项式的 N 级 LFSR 可以产生 $a^{(N)}$，但是 $a^{(N)}$ 通常还可以由级数更小的 LFSR 产生。

定义 5.7　设 $a^{(N)} = (a_0 a_1 \cdots a_{N-1})$ 是 GF(p) 上的一个长度为 N 的序列，能产生 $a^{(N)}$ 并且阶数最小的 LFSR 的级数称为线性复杂度，记为 $C(a^N)$。

我们约定全零序列的线性复杂度为 0。

显然，利用 B-M 算法可以求出序列 $a^{(N)} = (a_0 a_1 \cdots a_{N-1})$ 的线性复杂度。对于 GF(p) 上的无穷周期序列 $a^{(\infty)} = (a_0 a_1 a_2 \cdots)$。我们同样定义 $a^{(\infty)}$ 的线性复杂度为能产生 $a^{(\infty)}$ 并且级数最小的线性移位寄存器的级数。这个关于无穷周期序列的线性复杂度的定义与上面关于有穷序列线性复杂度的定义是完全一致的。

定理 5.9　设 $a^{(\infty)} = (a_0 a_1 a_2 \cdots)$ 是 GF(p) 上的一个无穷周期序列，其复杂度为 $C(a^{(\infty)}) = L$，那么，如果知道 $a^{(\infty)}$ 的任意连续的 $2L$ 位，则可以确定 $a^{(\infty)}$，并求出 $a^{(\infty)}$ 的特征多项式。

对于周期序列，应用 B-M 算法求出线性综合解时，需要针对两个周期段，有如下的定理。

定理 5.10　对周期为 p 的序列 $a^{(N)} = (a_0 a_1 \cdots a_{N-1})$ 有

（1）应用 B-M 算法于 $(a)^{2p} = a_0 a_1 \cdots a_{p-1} a_0 a_1 \cdots a_{p-1}$ 求出 $< f_{2p}(x), L_{2p} >$ 时，$f_{2p}(x)$ 的次数必为 L_{2p}，且以 $f_{2p}(x)$ 为特征多项式的 L_{2p} 级 LFSR 是唯一的产生 $a^{(N)} = (a_0 a_1 \cdots a_{N-1})$ 的最小 LFSR。

（2）$< f_{2L_{2p}}(x), L_{2L_{2p}} > = < f_{2p}(x), L_{2p} >$。

例 5.11　应用 B-M 算法求产生下述序列 a 的最低次多项式。

（1）$a^{(5)} = (111001)$。（2）$a^{(\infty)} = (111001)^{\infty}$。

明显，$a^{(5)}$ 是长度为 6 位的序列，利用 B-M 算法，当计算到第 6 位时，得到综合解 $<f_6(x) = 1 + x^2 + x^3, L_6 = 3>$。

$a^{(\infty)} = (111001)^{\infty}$ 是周期为 6 的无穷周期序列，由定理 5.11，需要 2 个周期 $a^{(12)} = (11100111001)$ 求解综合解。利用 B-M 算法，当计算到第 12 位时，得到综合解 $<f_{12}(x) = 1 + x^2 + x^4, L_{12} = 4>$。具体计算过程如表 5.4 所示。

表 5.4　B-M 算法 $a^{(12)} = (11100111001)$ 综合解

n	d_n	f_n	L_n	m	f_m
0	1	1	0		
1	0	$1 + x$	1		
2	0	$1 + x$	1		
3	1	$1 + x$	1	0	1
4	1	$1 + x^2 + x^3$	3	3	$1 + x$
5	0	$1 + x^2 + x^3$	3		
6	1	$1 + x^2 + x^3$	3	3	$1 + x$
7	0	$1 + x^2 + x^4$	4		
8～12	0	$1 + x^2 + x^4$	4		

根据前文可知，尽管 m 序列是满足三种随机性假设的伪随机序列，但其不可以直接作为一个序列密码的密钥序列，因为对于 m 序列，知道其少量的比特以后，利用 B-M 算法可以预测其余的比特。

5.3.4 非线性序列

密钥流生成器可分解为驱动部分和非线性组合部分，如图 5.20 所示。

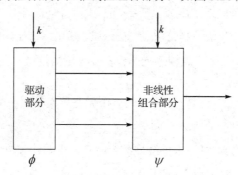

图 5.20 密钥流生成器的驱动子系统和非线性组合子系统

驱动部分常用一个或多个 LFSR 来实现，非线性组合部分用非线性组合函数 F 来实现，两种常见的密钥流产生器如图 5.21 所示。本小节介绍第二种非线性组合子系统。

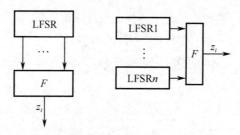

图 5.21 两种常见的密钥流产生器

为了使密钥流生成器输出的二元序列尽可能复杂，应保证其周期尽可能大、线性复杂度和不可预测性尽可能高，因此常使用多个 LFSR 来构造二元序列，称每个 LFSR 的输出序列为驱动序列。显然密钥流生成器输出序列的周期不大于各驱动序列周期的乘积，因此提高输出序列的线性复杂度应从极大化其周期开始。

二元序列的线性复杂度是指生成该序列的最短 LFSR 的级数，最短 LFSR 的特征多项式也称为二元序列的极小特征多项式。

下面介绍 M-序列。

定义 5.8 如 n 级 LFSR 中的反馈函数为非线性函数，则构成的反馈移位寄存器为非线性反馈移位寄存器，输出序列为非线性序列。输出序列的周期最大的达到 2^n，并称周期达到最大值的非线性移位寄存器序列为 M-序列。

定理 5.11 GF(2)上 n 级 M-序列反馈函数的个数为 $2^{2^{n-1}-n}$。

在 n 级 M-序列的一个周期中有以下特性。

（1）0 与 1 的数目均为 2^{n-1}。

（2）长为 k 的 0-游程与 1-游程的数目均为

$$\begin{cases} 2^{n-k-2}, & 1 \leqslant k \leqslant n-2 \\ 1, & k = n \\ 0, & \text{其他} \end{cases} \tag{5.13}$$

5.4 欧洲 eSTREAM 序列密码

eSTREAM 工程的主要任务是征集新的可以广泛使用的序列密码算法，以改变 2003 年 NESSIE 工程 6 个参赛序列密码算法全部落选的状况。该工程于 2004 年 11 月开始征集算法，共收到 34 个候选算法。经过 3 轮为期 4 年的评估，2008 年 4 月 eSTREAM 工程结束，共有 8 个参赛算法获选。

三个评估阶段如下。

第一评估阶段：2005 年 5 月—2006 年 2 月。

第一评估阶段对所有提交的候选算法按评估标准进行详细评估。主要内容为算法的安全性、效率（与 AES 及其他候选算法比较）、简洁及灵活性、设计原理及分析支撑、透明性及文档的完整性。面向软件候选算法的运行效率必须比 AES 的计数器模式快。该阶段产生了大量安全性分析报告和性能测试报告，学术讨论气氛浓厚，为下一阶段评估建立了测评构架。第一评估阶段有 7 个候选算法被淘汰。

第二评估阶段：2006 年 7 月—2007 年 2 月。

尽管很多算法在第一评估阶段被破解，但 eSTREAM 委员会考虑其设计理论的创新性，允许对这些算法进行适当修改后进入第二评估阶段。经过半年的评估，该阶段有 11 个候选算法被淘汰。

第三评估阶段：2007 年 4 月—2008 年 4 月。

2008 年 4 月，在 SASC 2008 会议上，参会研究人员对第三评估阶段候选算法进行了投票，结果如表 5.5 所示。共有 8 个候选算法获选，其中面向软件的获选算法为 HC-128、Rabbit、Salsa20 和 Sosemanuk；面向硬件的获选算法为 F-FCSR-H v2（注：已被破解）、Grain v1、MICKEY v2 和 Trivium。三轮评估共淘汰算法 26 个，第三评估阶段候选算法投票结果对其研究进展进行了分类归纳，并尽可能多地给出相关研究文献，以便对它们进行进一步研究。

表 5.5 第三评估阶段候选算法投票结果

Rabbit	2.80	Trivium	4.35
Salsa20	2.80	Grain v1	3.50
Sosemanuk	1.20	F-FCSR-H v2	0.52

HC-128	0.60	MICKEY v2	0.17
NLS v2	−0.60	Decim v2	−1.38
LEX v2	−1.20	Edon80	−1.72
CryptMT v3	−1.40	Pomaranch v3	−2.24
Dragon	−1.60	Moustique	−2.50

密码算法的评估过程是一件长期而艰巨的工作，尽管分组密码 Rijndael 经过 5 年的评估成为 AES，但是关于 AES 的研究从来没有停止过，即使一个算法被破解了，如果其设计思想有借鉴意义，那么这个算法仍然值得人们去研究。因此，eSTREAM 工程虽然已经结束，但对候选算法特别是获选算法的研究必将持续很长时间。对 eSTREAM 感兴趣的研究者，可参阅 eSTREAM 举办的 SASC 系列会议及各阶段评估总结报告等。eSTREAM 各评估阶段被淘汰的算法汇总如表 5.6 所示。

表 5.6　eSTREAM 各评估阶段被淘汰的算法汇总

算　　法	密钥长度/bit	研究进展
第一评估阶段淘汰算法（7 个）		
Frogbit	128	未通过 IV 检测
MAG	256	区分攻击
Mir-1	128	区分攻击
SSS	128	密钥恢复攻击
Sfinks	80	密钥恢复攻击
TRBDK3 YAEA	Flexible	运行效率低于 AES
Yamb	256	区分攻击
第二评估阶段淘汰算法（11 个）		
ABC v3	128	密钥恢复攻击
Achterbahn	80/128	密钥恢复攻击
DICING v2	256	运行效率低于 AES
Hermcs8	128	密钥恢复攻击
Phelix	128	密钥恢复攻击
Polar Bear v2	128	运行效率低于其他候选算法
Py	256	密钥恢复攻击
TSC-4	80	密钥恢复攻击
VEST	Flexible	密钥恢复攻击
WG	128	密钥恢复攻击·
ZK-Crypt	128	文档不完整
第三评估阶段淘汰算法（8 个）		
CryptMT v3	128	安全性有待进一步研究
Decim v2	256	运行效率低于其他候选算法
Dragon	256	运行效率低于其他候选算法
Edon80	80	运行效率低于其他候选算法

续表

算　　法	密钥长度/bit	研究进展
LEX v2	128	密钥恢复攻击
Moustique	96	相关密钥攻击
NLS v2	128	区分攻击
Pomaranch v3	128	区分攻击

5.5 序列密码的安全性及分析技术

从理论上讲，如果序列密码中的密钥序列是随机序列，那么就认为它的安全性是最高的。然而，在实际设计序列密码时，很难构造出一条随机序列。现实生活中的序列密码算法的密钥序列都不是由随机序列生成器产生的，因此能够对这些序列密码算法进行攻击。一般情况下，分析这些密码算法的方法是寻找该密码算法有效的区分器，使得该区分器可以将密钥序列与随机序列区分开，因为该区分器通常是一些与密钥相关的方程，所以可根据区分器列出这些方程并求解。

一般而言，对于给定的序列密码算法，如果能够找到一个该算法的有效区分器，那么通过代数或者统计的方法求解这些区分器，可以得到该密码的部分或全部密钥。因此，如何寻找有效的区分器是序列密码分析中的主要问题。

下面简单介绍代数攻击和相关攻击。

（1）相关攻击利用密码体制中 LFSR 序列与密钥流之间的统计相关性实施，其源于 Siegenthaler 对组合生成器的"分别征服"攻击，之后这种思想被进一步扩展到基于线性码和基于后验概率的快速相关攻击、针对钟控生成器和带记忆的组合生成器的相关攻击中。

（2）代数攻击是采用基于代数思想的方法和技巧，将一个密码算法的安全性规约于求解一个超定的多变元高次方程组系统的问题上。2003 年，Courtois 首次实现现代数攻击，通过布尔函数的低次"零化子"来建立 LFSR 状态与密钥流之间的超定低次多变元方程组，然后求解。在相关文献的基础上，Courtois 进一步提出快速代数攻击方法。代数攻击中使用的求解方程组方法有线性化方法、重线性化方法、XL 算法、Grobner 基算法等。

（3）对序列密码的分析方法还包括线性逼近、线性一致性分析、区分攻击、Cube 攻击、侧信道攻击等。

有限域上的二元加法序列密码是目前最常用的序列密码体制，设滚动密钥生成器是 LFSR，产生的密钥序列是 $\{a_i\} = a_1 a_2 a_3 \cdots$。又设 S_h 和 S_{h+1} 是序列中两个连续的长向量，其中

$$S_h = \begin{pmatrix} a_h \\ a_{h+1} \\ \vdots \\ a_{h+n-1} \end{pmatrix}, \quad S_{h+1} = \begin{pmatrix} a_{h+1} \\ a_{h+2} \\ \vdots \\ a_{h+n} \end{pmatrix} \tag{5.14}$$

设序列 $\{a_i\}$ 满足线性递推关系 $a_{h+n} = c_1 a_{h+n-1} \oplus c_2 a_{h+n-2} \oplus \cdots \oplus c_n a_h$ ，可表示为

$$
\begin{pmatrix} a_{h+1} \\ a_{h+2} \\ \vdots \\ a_{h+n} \end{pmatrix} = \begin{pmatrix} 0 & 1 & 0 & \cdots & 0 \\ 0 & 0 & 1 & \cdots & 0 \\ \vdots & \vdots & \vdots & & \vdots \\ c_n & c_{n-1} & c_{n-2} & \cdots & c_1 \end{pmatrix} \begin{pmatrix} a_h \\ a_{h+1} \\ \vdots \\ a_{h+n-1} \end{pmatrix} \tag{5.15}
$$

或 $S_{h+1} = M \cdot S_h$ ，其中

$$
M = \begin{pmatrix} 0 & 1 & 0 & \cdots & 0 \\ 0 & 0 & 1 & \cdots & 0 \\ \vdots & & & & \vdots \\ c_n & c_{n-1} & c_{n-2} & \cdots & c_1 \end{pmatrix} \tag{5.16}
$$

又设攻击者知道一段长为 $2n$ 的明密文对，即已知

$$
x = x_1 x_2 \cdots x_{2n}, \quad y = y_1 y_2 \cdots y_{2n}
$$

于是可求出一段长为 $2n$ 的密钥序列 $z = z_1 z_2 \cdots z_{2n}$ ，其中 $z_i = x_i \oplus y_i = x_i \oplus (x_i \oplus z_i)$ ，由此可推出 LFSR 连续的 $n+1$ 个状态为

$$
\begin{aligned}
S_1 &= (z_1 z_2 \cdots z_n) \overset{\text{记为}}{=} (a_1 a_2 \cdots a_n) \\
S_2 &= (z_2 z_3 \cdots z_{n+1}) \overset{\text{记为}}{=} (a_2 a_3 \cdots a_{n+1}) \\
&\cdots \\
S_{n+1} &= (z_{n+1} z_{n+2} \cdots z_{2n}) \overset{\text{记为}}{=} (a_{n+1} a_{n+2} \cdots a_{2n})
\end{aligned} \tag{5.17}
$$

设矩阵 $X = (S_1 \quad S_2 \quad \cdots \quad S_n)^{\mathrm{T}}$ ，那么

$$
\begin{aligned}
(a_{n+1} \quad a_{n+2} \quad \cdots \quad a_{2n}) &= (c_n \quad c_{n-1} \quad \cdots \quad c_1) \begin{pmatrix} a_1 & a_2 & \cdots & a_n \\ a_2 & a_3 & \cdots & a_{n+1} \\ \vdots & \vdots & & \vdots \\ a_n & a_{n+1} & \cdots & a_{2n-1} \end{pmatrix} \\
&= (c_n \quad c_{n-1} \quad \cdots \quad c_1) X
\end{aligned} \tag{5.18}
$$

若 X 可逆，则 $(c_n \quad c_{n-1} \quad \cdots \quad c_1) = (a_{n+1} \quad a_{n+2} \quad \cdots \quad a_{2n}) \ X^{-1}$ 。

下面证明 X 是可逆的。

因为 X 是由 S_1 ，S_2 ，$\cdots$ ，S_n 作为向量的，要证 X 可逆，只需要证明这 n 个向量线性无关。

由序列递推关系 $a_{h+n} = c_1 a_{h+n-1} \oplus c_2 a_{h+n-2} \oplus \cdots \oplus c_n a_h$ 可推出向量的递推关系为

$$
S_{h+n} = c_1 S_{h+n-1} \oplus c_2 S_{h+n-2} \oplus \cdots \oplus c_n S_h = \sum_{i=1}^{n} c_i S_{h+n-i} \pmod 2
$$

设 $m (m \leqslant n+1)$ 是使 S_1 ，S_2 ，$\cdots$ ，S_m 线性相关的最小整数，即存在不全为 0 的系数 l_1 ，l_2 ，$\cdots, l_m$ ，其中，不妨设 $l_1 = 1$ ，使得

$$S_m + l_2 S_{m-1} + l_3 S_{m-2} + \cdots + l_m S_1 = 0$$

即 $S_m = l_m S_1 + l_{m-1} S_2 + \cdots + l_2 S_{m-1} = \sum_{j=1}^{m-1} l_{j+1} S_{m-j}$

对于任一整数 i 有

$$
\begin{aligned}
S_{m+i} = M^i S_m &= M^i \left(l_m S_1 + l_{m-1} S_2 + \cdots + l_2 S_{m-1} \right) \\
&= l_m M^i S_1 + l_{m-1} M^i S_2 + \cdots + l_2 M^i S_{m-1} \\
&= l_m S_{i+1} + l_{m-1} S_{i+2} + \cdots + l_2 S_{m+i-1}
\end{aligned}
\tag{5.19}
$$

由此又推出密钥序列的递推关系为

$$a_{m+i} = l_2 a_{m+i-1} \oplus l_3 a_{m+i-2} \oplus \cdots \oplus l_m a_{i+1}$$

即密钥序列的级数小于 m。若 $m \leq n$，则得出密钥序列的级数小于 n，矛盾。因此 $m = n+1$，从而矩阵 X 必是可逆的。

例 5.12　设攻击者得到密文串 101101011110010 和相应的明文串 011001111111001，因此可计算出相应的密钥序列为 110100100001011。进一步假定攻击者还知道密钥序列是使用 5 级 LFSR 产生的，那么攻击者可分别用密文串中的前 10 个比特和明文串中的前 10 个比特建立方程为

$$
(a_6 \ a_7 \ a_8 \ a_9 \ a_{10}) = (c_5 \ c_4 \ c_3 \ c_2 \ c_1)
\begin{pmatrix}
a_1 & a_2 & a_3 & a_4 & a_5 \\
a_2 & a_3 & a_4 & a_5 & a_6 \\
a_3 & a_4 & a_5 & a_6 & a_7 \\
a_4 & a_5 & a_6 & a_7 & a_8 \\
a_5 & a_6 & a_7 & a_8 & a_9
\end{pmatrix}
\tag{5.20}
$$

$$
(0 \ 1 \ 0 \ 0 \ 0) = (c_5 \ c_4 \ c_3 \ c_2 \ c_1)
\begin{pmatrix}
1 & 1 & 0 & 1 & 0 \\
1 & 0 & 1 & 0 & 0 \\
0 & 1 & 0 & 0 & 1 \\
1 & 0 & 0 & 1 & 0 \\
0 & 0 & 1 & 0 & 0
\end{pmatrix}
\tag{5.21}
$$

因为

$$
\begin{pmatrix}
1 & 1 & 0 & 1 & 0 \\
1 & 0 & 1 & 0 & 0 \\
0 & 1 & 0 & 0 & 1 \\
1 & 0 & 0 & 1 & 0 \\
0 & 0 & 1 & 0 & 0
\end{pmatrix}^{-1}
=
\begin{pmatrix}
0 & 1 & 0 & 0 & 1 \\
1 & 0 & 0 & 1 & 0 \\
0 & 0 & 0 & 0 & 1 \\
0 & 1 & 0 & 1 & 1 \\
1 & 0 & 1 & 1 & 0
\end{pmatrix}
\tag{5.22}
$$

从而得到

$$(c_5 \quad c_4 \quad c_3 \quad c_2 \quad c_1) = (0 \quad 1 \quad 0 \quad 0 \quad 0)\begin{pmatrix} 0 & 1 & 0 & 0 & 1 \\ 1 & 0 & 0 & 1 & 0 \\ 0 & 0 & 0 & 0 & 1 \\ 0 & 1 & 0 & 1 & 1 \\ 1 & 0 & 1 & 1 & 0 \end{pmatrix} \tag{5.23}$$

所以

$$(c_5 \quad c_4 \quad c_3 \quad c_2 \quad c_1) = (1 \quad 0 \quad 0 \quad 1 \quad 0)$$

密钥序列的递推关系为

$$a_{i+5} = c_5 a_i \oplus c_2 a_{i+3} = a_i \oplus a_{i+3}$$

5.6 序列密码算法的未来发展趋势

分组密码在安全上是可度量的，通过使用一定的密码工作模式，分组密码就能够作为序列密码来用，在当前的商用序列密码中，已经越来越多的使用分组密码。例如，全球移动通信系统 GSM 中，在序列密码算法 AS/1、AS/2 相继被攻破之后，新选择的 AS/3 算法是分组密码算法；3G 通信使用 KASUMI 算法；互联网中的安全套接层 IPSec 使用 AES 算法取代了 RC4 算法，序列密码正在被边缘化。2004 年，Adi Shamir 在亚密会做了"Stream Cipher is Dead or Alive"的专题报告，指出将来序列密码的应用主要在于需要超高速数据吞吐率的环境和资源严格所限的应用环境。这份报告在当时引起诸多专家学者的关注，并针对序列密码生存问题进行了讨论。

eSTREAM 计划推动了国际序列密码算法的设计和分析的发展。eSTREAM 计划中胜出的算法，代表了现代商用序列密码设计的最高水平，标志着非线性驱动和非线性迭代已成为国际序列密码设计的主流方向。因为目前主要的密码分析技术都是针对线性驱动的体制，所以新的设计观念对序列密码分析技术提出了严峻挑战，并且它们也将成为未来国际序列密码分析的焦点。

5.7 本章小结

本章首先介绍了序列密码的基本概念、序列分类及序列密码密钥流产生的关键组件；其次介绍了密钥序列生成器和反馈移位寄存器，在此基础上介绍了 LFSR 的一元多项式表示；再次介绍了欧洲 eSTREAM 序列密码；最后介绍了序列密码算法的安全性及分析技术，以及序列密码未来的发展方向。

🔓 5.8　本章习题

1. 3 级 LFSR 在 $c_3 = 1$ 时可有 4 种线性反馈函数，设其初始状态为 $(a_1,\ a_2,\ a_3) = (1,\ 0,\ 1)$，求各线性反馈函数的输出序列及周期。

2. 设 $n=4$，$f(a_1,\ a_2,\ a_3,\ a_4) = a_1 \oplus a_4 \oplus 1 \oplus a_2 a_3$，初始状态为 $(a_1,\ a_2,\ a_3,\ a_4) = (1,\ 1,\ 0,\ 1)$，求此非线性反馈移位寄存器的输出序列及周期。

3. 已知某 3 级反馈移位寄存器的反馈函数为 $a_{i+3} = f(a_i,\ a_{i+1},\ a_{i+2}) = a_i a_{i+1} + a_{i+2}$，$i = 0,\ 1,\ 2,\ \cdots$，求初始状态 $(a_0,\ a_1,\ a_2) = (1,1,0)$ 决定的反馈移位寄存器序列。

4. 已知一个 4 级 LFSR 的结构常数为 $[C_1,\ C_2,\ C_3,\ C_4] = [1,\ 1,\ 1,\ 1]$。

（1）画出此 LFSR 的结构图；

（2）给出反馈函数；

（3）分别求对应初始状态（1000）、（0010）和（1111）的序列，这三个序列有何关系？

5. 某 5 级 LFSR 的连接多项式为 $f(x) = 1 + x + x^3 + x^4 + x^5$，求此 LFSR 的结构常数。

6. 设二元域 GF(2) 上的一个 LFSR 的结构常数为 [1101]，初始状态为 1101，试求其输出序列及其周期。

7. 若周期序列 $\{a_i\}$ 的有理表示为 $\dfrac{1+x}{1+x^2+x^4}$，求序列 $\{a_i\}$ 的周期。

8. 设序列 $\tilde{a} = (111001)$ 是二元域 GF(2) 上的一个长度为 6 的序列，试利用 B-M 算法求其线性综合解。

9.（1）若 $\{a_i\}$ 是一个 29 级 M-序列，求 $p(\tilde{a}) = (\quad)$；

（2）若周期序列 $\{a_i\}$ 的有理表示为 $\dfrac{1+x^2+x^5}{1+x^3+x^6}$，求 $\tilde{a} = (\quad)^\infty$；

（3）在 25 级 M 序列的一个周期环上，有（　）个 "0"，有（　）个长为 15 的 "1-游程"。

第 6 章　祖冲之序列密码算法

祖冲之序列密码算法（简称 ZUC 算法）是由我国自主设计的密码算法，包括祖冲之算法、加密算法 128-EEA3 和完整性算法 128-EIA3。2004 年 3GPP（The 3rd Generation Partner Project）启动 LTE（Long Term Evolution）计划，2010 年底 LTE 被指定为第四代移动通信标准，简称 4G 通信标准。安全是 LTE 的关键技术，并预留密码算法的接口。2011 年，我国推荐 ZUC 算法的 128-EEA3 加密算法和 128-EIA3 完整性算法成为 3GPP LTE 保密性和完整性算法标准，即第四代移动通信加密标准，这是第一个成为国际标准的我国自主研制的密码算法，对我国电子信息产业具有非常重要的意义。2012 年，ZUC 算法被发布为国家密码行业标准，2016 年被发布为国家标准。

6.1　祖冲之序列密码算法概述

6.1.1　算法结构

ZUC 算法是一种面向字的序列密码，该算法以一个 128 位的密钥和一个 128 位的初始变量作为输入，一串 32 位字的密钥序列作为输出，输出的密钥序列可以用来进行加密解密或消息完整性认证。ZUC 算法的总体结构如图 6.1 所示，由一个顶层的 16 级的 LFSR、中间层比特重组（简称 BR）和底层非线性函数 F 组成。

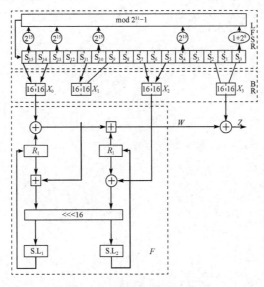

图 6.1　ZUC 算法的总体结构

6.1.2 算法原理

ZUC 算法以高安全性作为优先目标，同时兼顾高的软硬件实现性能，在整体结构上分为上中下三层：LFSR、BR、非线性函数 F。

算法执行分为两个阶段：初始化阶段和工作阶段。在第一阶段，将密钥和初始变量初始化，密码算法运行但不产生输出。在第二阶段，每个时钟脉冲均会产生一个 32 位字的输出。

1. 初始化阶段

ZUC 算法的初始化阶段共有 32+1=33 轮，首先要把 128 位的密钥 k 和初始变量 IV 加载到 LFSR 中，两个 32 位 R_1 和 R_2 全部清零，然后执行 32 轮下列操作。

（1）按如上所述内容将密钥、初始变量及常数装载到 LFSR 各单元；

（2）初始化记忆单位为 $R_1 = R_2 = 0$；

（3）for $i = 0$ to 31 do

　　- Bitreorganization();

　　- $Z= F(X_0，X_1，X_2)$；

　　- LFSRWithInitialisationMode(Z>>1)。

其中，>>代表 32 比特字右循环移位。

2. 工作阶段

在初始化阶段之后，算法进入工作阶段。算法执行一次下面的操作，并丢弃函数 F 的输出 W。

（1）Bitreorganization();

（2）$F(X_0，X_1，X_2)$;　　　　　　//本次执行，函数 F 丢弃输出

（3）LFSRWithWorkMode()。

接着算法进入产生密钥流阶段，也就是说，将下面的操作运行一次就会输出一个 32 位的字 Z：

KeystreamGeneration()

（1）Bitreorganization();

（2）$Z= F(X_0，X_1，X_2) \oplus X_3$;

（3）LFSRWithWorkMode( )。

输出的 32 位密钥序列 Z 可以用来对信息加密解密和完整性认证。

6.1.3 算法参数

ZUC 算法在初始执行过程中所用到的参数为一个 128 位的密钥 k 和一个 128 位的初始变量 IV，用于加载到 LFSR 里，LFSR 有 16 个 31 位的寄存器单元(s_0，s_1，…，s_{15})，每个单元 s_i（$0 \leqslant i \leqslant 15$）仅在有限域 GF（$2^{31}$–1）中取值。

密钥和初始变量会扩展成 16 个长度为 31 位的整数,加载到每个记忆单元 s_i 中。在 LFSR 里,$s_i = k_i \| d_i \| \mathrm{IV}_i$($0 \leqslant i \leqslant 15$),其中 k_i 和 IV_i 长度为 8 位一个字节,d_i 长度为 15 位。128 位的密钥 k 和初始变量 IV 表示成 16 个字串级联的形式 $k = k_0 \| k_1 \| k_2 \| \cdots \| k_{15}$,$\mathrm{IV} = \mathrm{IV}_0 \| \mathrm{IV}_1 \| \mathrm{IV}_2 \| \cdots \| \mathrm{IV}_{15}$,16 个已知字符串 d_i 级联成一个 240 位的长字符串 $D = d_0 \| d_1 \| d_2 \| \cdots \| d_{15}$。每个 d_i 均是固定参数,具体如下:

$$d_0 = 100010011010111_2$$
$$d_1 = 010011010111100_2$$
$$d_2 = 110001001101011_2$$
$$d_3 = 001001101011110_2$$
$$d_4 = 101011110001001_2$$
$$d_5 = 011010111100010_2$$
$$d_6 = 111000100110101_2$$
$$d_7 = 000100110101111_2$$
$$d_8 = 100110101111000_2$$
$$d_9 = 010111100010011_2$$
$$d_{10} = 110101111000100_2$$
$$d_{11} = 001101011110001_2$$
$$d_{12} = 101111000100110_2$$
$$d_{13} = 011110001001101_2$$
$$d_{14} = 111100010011010_2$$
$$d_{15} = 100011110101100_2$$

在本节中,符号 $a \| b$ 表示字符串 a 和 b 的级联,如 a=0x1234,b=0x5678,则有
$$c = a \| b = 0x12345678$$

在 ZUC 算法中还需要用到 S 盒和线性变换 L 这两种固定的运算工具,它们是密码算法中经常用到的重要组成部分。

1. S 盒

S 盒 S 由 4 个并列的 8×8 的 S 盒组成,总共为 32×32,即 $S=(S_0, S_1, S_2, S_3)$,这里 $S_0=S_2$,$S_1=S_3$。S_0 和 S_1 的定义分别如表 6.1 和表 6.2 所示。

表 6.1　S 盒 S_0

	0	1	2	3	4	5	6	7	8	9	A	B	C	D	E	F
0	3E	72	5B	47	CA	E0	00	33	04	D1	54	98	09	B9	6D	CB
1	7B	1B	F9	32	AF	9D	6A	A5	B8	2D	FC	1D	08	53	03	90
2	4D	4E	84	99	E4	CE	D9	91	DD	B6	85	48	8B	29	6E	AC
3	CD	C1	F8	1E	73	43	69	C6	B5	BD	FD	39	63	20	D4	38
4	76	7D	B2	A7	CF	ED	57	C5	F3	2C	BB	14	21	06	55	9B
5	E3	EF	5E	31	4F	7F	5A	A4	0D	82	51	49	5F	BA	58	1C
6	4A	16	D5	17	A8	92	24	1F	8C	FF	D8	AE	2E	01	D3	AD

续表

	0	1	2	3	4	5	6	7	8	9	A	B	C	D	E	F
7	3B	4B	DA	46	EB	C9	DE	9A	8F	87	D7	3A	80	6F	2F	C8
8	B1	B4	37	F7	0A	22	13	28	7C	CC	3C	89	C7	C3	96	56
9	07	BF	7E	F0	0B	2B	97	52	35	41	79	61	A6	4C	10	FE
A	BC	26	95	88	8A	B0	A3	FB	C0	18	94	F2	E1	E5	E9	5D
B	D0	DC	11	66	64	5C	EC	59	42	75	12	F5	74	9C	AA	23
C	0E	86	AB	BE	2A	02	E7	67	E6	44	A2	6C	C2	93	9F	F1
D	F6	FA	36	D2	50	68	9E	62	71	15	3D	D6	40	C4	E2	0F
E	8E	83	77	6B	25	05	3F	0C	30	EA	70	B7	A1	E8	A9	65
F	8D	27	1A	DB	81	B3	A0	F4	45	7A	19	DF	EE	78	34	60

表 6.2　S 盒 S_1

	0	1	2	3	4	5	6	7	8	9	A	B	C	D	E	F
0	55	C2	63	71	3B	C8	47	86	9F	3C	DA	5B	29	AA	FD	77
1	8C	C5	94	0C	A6	1A	13	00	E3	A8	16	72	40	F9	F8	42
2	44	26	68	96	81	D9	45	3E	10	76	C6	A7	8B	39	43	E1
3	3A	B5	56	2A	C0	6D	B3	05	22	66	BF	DC	0B	FA	62	48
4	DD	20	11	06	36	C9	C1	CF	F6	27	52	BB	69	F5	D4	87
5	7F	84	4C	D2	9C	57	A4	BC	4F	9A	DF	FE	D6	8D	7A	EB
6	2B	53	D8	5C	A1	14	17	FB	23	D5	7D	30	67	73	08	09
7	EE	B7	70	3F	61	B2	19	8E	4E	E5	4B	93	8F	5D	DB	A9
8	AD	F1	AE	2E	CB	0D	FC	F4	2D	46	6E	1D	97	E8	D1	E9
9	4D	37	A5	75	5E	83	9E	AB	82	9D	B9	1C	E0	CD	49	89
A	01	B6	BD	58	24	A2	5F	38	78	99	15	90	50	B8	95	E4
B	D0	91	C7	CE	ED	0F	B4	6F	A0	CC	F0	02	4A	79	C3	DE
C	A3	EF	EA	51	E6	6B	18	EC	1B	2C	80	F7	74	E7	FF	21
D	5A	6A	54	1E	41	31	92	35	C4	33	07	0A	BA	7E	0E	34
E	88	B1	98	7C	F3	3D	60	6C	7B	CA	D3	1F	32	65	04	28
F	64	BE	85	9B	2F	59	8A	D7	B0	25	AC	AF	12	03	E2	F2

注：S 盒 S_0 和 S_1 里的条目都是以十六进制数表示的。

假设 x 是 S_0（或 S_1）的一个 8 位输入，把 x 以 $x=h\|l$ 的形式写成两个十六进制数，那么输入/输出参数表如表 6.3 所示（或表 6.4），第 h 行和第 l 列相交的条目是 S_0（或 S_1）的输出，以下举两个例子进行介绍。

例 6.1　$S_0(0x12) = 0xF9$ 和 $S_1(0x34) = 0xC0$。

假设 S 盒的 32 位输入 X 和 32 位输出 Y 为

$$X = x_0 \| x_1 \| x_2 \| x_3$$
$$Y = y_0 \| y_1 \| y_2 \| y_3$$

其中，x_i 和 y_i 都是字节，$i=0$，1，2，3。于是有

$$y_i = S(x_i), \quad i = 0, 1, 2, 3$$

例 6.2 假设 $X = 0x12345678$ 是 S 盒的 32 位输入，Y 是 S 盒的 32 位输出。于是有

$$Y = S(X) = S_0(0x12) \| S_1(0x34) \| S_2(0x56) \| S_3(0x78) = 0xF9C05A4E$$

2．线性变换 L_1 和 L_2

L_1 和 L_2 都是 32 位到 32 位的线性变换，其定义为

$$L_1(X) = X \oplus (X <<<_{32} 2) \oplus (X <<<_{32} 10) \oplus (X <<<_{32} 18) \oplus (X <<<_{32} 24)$$

$$L_2(X) = X \oplus (X <<<_{32} 8) \oplus (X <<<_{32} 14) \oplus (X <<<_{32} 22) \oplus (X <<<_{32} 30)$$

6.1.4　算法描述

ZUC 算法结构分为上、中、下三层，分别为 LFSR、BR、非线性函数 F。

1．LFSR 模块

LFSR 包括 16 个 31 位寄存器单元变量 s_0，s_1，…，s_{15}，有初始化模式和工作模式。

（1）初始化模式 LFSRWithInitialisationMode( )。

在初始化模式下，LFSR 接收一个 31 位的输入字 u，而 u 是通过去掉非线性函数 F 输出的 32 位字 w 的最右边的位获得的。也就是 $u = w >> 1$，即循环右移 1 位。初始化模式详细步骤如下。

LFSRWithInitialisationMode(u)

{

① $v = 2^{15}s_{15} + 2^{17}s_{13} + 2^{21}s_{10} + 2^{20}s_4 + (1 + 2^8)s_0 \bmod (2^{31} - 1)$；

② If $v = 0$，then set $v = 2^{31} - 1$；

③ $s_{16} = (v + u) \bmod (2^{31} - 1)$；其中 u 为 $w >> 1$，w 为非线性函数 F 的输出；

④ If $s_{16} = 0$，then set $s_{16} = 2^{31} - 1$；

⑤ $(s_1, s_2, …, s_{15}, s_{16}) \rightarrow (s_0, s_1, …, s_{14}, s_{15})$。

}

（2）工作模式 LFSRWithWorkMode( )。

在此模式下，LFSR 不再接收任何输入，其工作如下。

LFSRWithWorkMode( )

{

① $s_{16} = 2^{15}s_{15} + 2^{17}s_{13} + 2^{21}s_{10} + 2^{20}s_4 + (1 + 2^8)s_0 \bmod (2^{31} - 1)$；

② If $s_{16} = 0$，then set $s_{16} = 2^{31} - 1$；

③ $(s_1, s_2, …, s_{15}, s_{16}) \rightarrow (s_0, s_1, …, s_{14}, s_{15})$。

}

2. 比特重组模块 Bitreorganization

Bitreorganization 表示为 BR 层，该层从 LFSR 特定的 8 个单元中抽取 128 位，形成 4 个 32 位的字，这里的前 3 个字会在底层的非线性函数 F 中使用，最后一个字将涉及产生密钥流，以供下层非线性函数 F 和密钥输出使用。假设 s_0，s_2，s_5，s_7，s_9，s_{11}，s_{14}，s_{15} 是 LFSR 里的特定 8 个单元，比特重组模块按如下方式形成 4 个 32 位的字 X_0，X_1，X_2，X_3，详细步骤如下。

Bitreorganization()

{

① $X_0 = s_{15H} \parallel s_{14L}$；

② $X_1 = s_{11L} \parallel s_{9H}$；

③ $X_2 = s_{7L} \parallel s_{5H}$；

④ $X_3 = s_{2L} \parallel s_{0H}$。

}

其中 s_{iH} 表示取字的最高 16bit，s_{iL} 表示取字的最低 16 比特。

3. 非线性函数 F

$w = F(X_0, X_1, X_2)$ 为非线性函数，非线性函数 F 包括两个 32 位的记忆单元 R_1 和 R_2。F 的输入为 X_0，X_1 和 X_2，来自比特重组的输出，然后 F 输出一个 32 位的字 W，函数 F 的具体过程如下。

$F(X_0, X_1, X_2)$

{

① $W = (X_0 \oplus R_1) \boxplus R_2$；

② $W_1 = R_1 \boxplus X_1$；

③ $W_2 = R_2 \oplus X_2$；

④ $R_1 = S(L_1(W_{1L} \parallel W_{2H}))$；

⑤ $R_2 = S(L_2(W_{2L} \parallel W_{1H}))$。

}

其中，$\oplus$ 为整数位的异或运算；$\boxplus$ 为模 2^{32} 的加法；S 代表一个 32×32 位的 S 盒；L_1 和 L_2 是定义的线性变换。S 盒和线性变换的具体结构见算法参数部分。

🔓6.2　基于祖冲之算法的机密性算法和完整性算法

ZUC 算法包括祖冲之算法、加密解密算法 128-EEA3 和完整性算法 128-EIA3。祖冲之算法为主算法，输出的 32 位密钥序列可以用来对信息进行加密解密和完整性认证。

6.2.1　基于祖冲之算法的机密性算法

1．输入/输出参数表

输入/输出参数表如表 6.3 所示。

表 6.3　输入/输出参数表

输入/输出参数	比特长度	备　　注
COUNT	32	计数器
BEARER	5	承载层标识
DIRECTION	1	传输方向标识
CK	128	机密性密钥
LENGTH	32	明文消息流的比特长度
IBS	LENGTH	输入比特流
OBS	LENGTH	输出比特流

2．算法结构

基于祖冲之算法的机密性算法的加密解密结构图如图 6.2 所示。

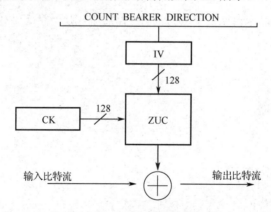

图 6.2　加密解密结构图

3．算法初始化

设 $CK = CK[0] \| CK[1] \| CK[2] \| \cdots \| CK[15]$ 为 128 位机密性密钥，$KEY = KEY[0] \| KEY[1] \| KEY[2] \| \cdots \| KEY[15]$ 为 128 位初始密钥，其中 $CK[i]$、$KEY[i]$ $(0 \leqslant i \leqslant 15)$ 都是 8 位的字节，则有 $KEY[i] = CK[i]$，$i = 0, 1, 2, \cdots, 15$。

设计数器 $COUNT = COUNT[0] \| COUNT[1] \| COUNT[2] \| COUNT[3]$，其中 $COUNT[i]$ $(0 \leqslant i \leqslant 3)$ 为 8 位字节，那么 COUNT 为 32 位计数器。

同时，设 ZUC 算法中的 128 位初始变量为 $IV = IV[0] \| IV[1] \| IV[2] \| \cdots \| IV[15]$，其中 $IV[i](0 \leqslant i \leqslant 15)$ 为字节，具体如下：

$$IV[0] = COUNT[0], \quad IV[1] = COUNT[1]$$

$$IV[2] = COUNT[2]，\ IV[3] = COUNT[3]$$
$$IV[4] = BEARER \parallel DIRECTION \parallel 00_2$$
$$IV[5] = IV[6] = IV[7] = 00000000_2$$
$$IV[8] = IV[0]，\ IV[9] = IV[1]$$
$$IV[10] = IV[2]，\ IV[11] = IV[3]$$
$$IV[12] = IV[4]，\ IV[13] = IV[5]$$
$$IV[14] = IV[6]，\ IV[15] = IV[7]$$

4. 密钥流的生成

利用算法初始化中生成的初始密钥 KEY 和初始变量 IV，ZUC 算法产生 L 个字的密钥流。将生成的密钥流用比特串表示为 $k[0]，k[1]，\cdots，k[32 \times L-1]$，其中 $k[0]$ 为 ZUC 算法生成的第一个密钥字的最高比特位，$k[31]$ 为最低比特位，其他以此类推。为了处理 LENGTH 比特的输入信息比特流，L 的取值为 $L = \lceil LENGTH/32 \rceil$。

5. 加密解密过程

加密和解密都是相同的操作，设长度为 LENGTH 的明文输入比特流为
$$IBS=IBS[0] \parallel IBS[1] \parallel IBS[1] \parallel \cdots \parallel IBS[LENGTH-1]$$
对应的输出密文比特流为
$$OBS=OBS[0] \parallel OBS[1] \parallel OBS[1] \parallel \cdots \parallel OBS[LENGTH-1]$$
其中，$IBS[i]$ 和 $OBS[i]$ 均为比特，则有 $OBS[i]=IBS[i]+k[i]$，（$i = 0，1，2，\cdots，LENGTH-1$）。

6.2.2 基于祖冲之算法的完整性算法

1. 输入/输出参数表

输入/输出参数表如表 6.4 所示。

表 6.4 输入/输出参数表

输入/输出参数	比特长度	备　注
COUNT	32	计数器
BEARER	5	承载层标识
DIRECTION	1	传输方向标识
IK	128	完整性密钥
LENGTH	32	明文消息流的比特长度
M	LENGTH	输入消息流
MAC	32	消息认证码

2. 算法结构

128-EIA3 结构图如图 6.3 所示。

3．算法初始化

该算法的初始化主要根据完整性密钥 IK 和其他输入参数（见表 6.3 或表 6.4）构造祖冲之算法的初始密钥 KEY 和初始变量 IV。

设 IK = IK[0]‖IK[1]‖IK[2]‖…‖IK[15] 为 128 位完整性密钥，其中 $\text{IK}[i]\,(0 \leqslant i \leqslant 15)$ 为字节。

设 KEY = KEY[0]‖KEY[1]‖KEY[2]‖…‖KEY[15] 为 128 位初始密钥，其中 $KEY[i]$ $(0 \leqslant i \leqslant 15)$ 为字节，则有 $KEY[i] = \text{IK}[i]$，$i = 0,\ 1,\ 2,\ \cdots,\ 15$。

记计数器 COUNT = COUNT[0]‖COUNT[1]‖COUNT[2]‖COUNT[3]，其中 $\text{COUNT}[i]$ 为 8 位的字节，$i = 0,\ 1,\ 2,\ 3$。设祖冲之算法的初始变量 IV 为 IV = IV[0]‖IV[1]‖IV[2]‖…‖IV[15]，其中 $\text{IV}[i]\,(0 \leqslant i \leqslant 15)$ 为 8 位字节。则有

$$\text{IV}[0] = \text{COUNT}[0],\ \ \text{IV}[1] = \text{COUNT}[1]$$
$$\text{IV}[2] = \text{COUNT}[2],\ \ \text{IV}[3] = \text{COUNT}[3]$$
$$\text{IV}[4] = \text{BEARE}\|000_2,\ \ \text{IV}[5] = 00000000_2$$
$$\text{IV}[6] = 00000000_2,\ \ \text{IV}[7] = 00000000_2$$
$$\text{IV}[8] = \text{IV}[0] \oplus (\text{DIRECTION} \ll 7),\ \ \text{IV}[9] = \text{IV}[1]$$
$$\text{IV}[10] = \text{IV}[2],\ \ \text{IV}[11] = \text{IV}[3]$$
$$\text{IV}[12] = \text{IV}[4],\ \ \text{IV}[13] = \text{IV}[5]$$
$$\text{IV}[14] = \text{IV}[6] \oplus (\text{DIRECTION} \ll 7),\ \ \text{IV}[15] = \text{IV}[7]$$

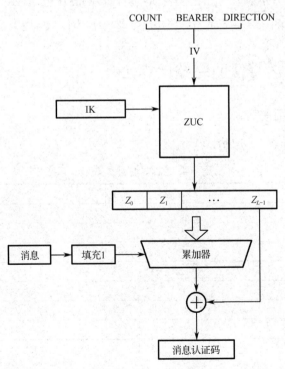

图 6.3　128-EIA3 结构图

4．密钥流的生成

利用"3．算法初始化"中生成的初始密钥 KEY 和初始变量 IV，祖冲之算法产生 L 个字的密钥流，将生成的密钥流用比特串表示为 $k[0]$，$k[1]$，$\cdots$，$k[32 \times L - 1]$，其中 $k[0]$ 为祖冲之算法生成的第一个密钥字的最高比特位，$k[31]$ 为最低比特位，其他以此类推。

为了计算 LENGTH 比特消息的 MAC，L 的取值为 $L = \lceil \text{LENGTH}/32 \rceil + 2$。

对于 $i = 0, 1, 2, \cdots, 32 \times (L-1)$，令 $k_i = k[i]\|k[i+1]\|\cdots\|k[i+31]$，则 k_i 为 32 位字。

5．计算消息认证码 MAC

设 T 为 32 比特字变量，置 $T=0$。

对于每个 $i = 0, 1, \cdots, \text{LENGTH} - 1$，如果 $M[i] = 1$，那么 $T = T \oplus k_i$。

计算 $T = T \oplus k_{\text{LENGTH}}$，最后计算 $\text{MAC} = T \oplus Z_{32 \times (L-1)}$。

6.3 ZUC 算法的安全性分析

6.3.1 ZUC 算法的安全性

ZUC 算法中各个部分的安全性如下。

（1）LFSR：$GF(2^{32} - 1)$ 上的 16 次本原多项式，使其输出的 m 序列随机性好，周期足够大。

（2）BR：选择数据使得重组的数据具有良好的随机性，并且出现重复的概率足够小。

（3）非线性函数 F：采用两个存储部件 R、两个线性部件 L 和两个非线性 S 盒，使得其输出具有良好的非线性、混淆特性和扩散特性。

6.3.2 安全分析

1．弱密钥分析

弱密钥分析是一种常见的针对序列密码初始化过程的安全性分析方法。对基于 LFSR 设计的序列密码算法而言，有两种常见的弱密钥：碰撞型弱密钥和弱状态型弱密钥。前者主要是指两个不同的密钥初始变量对映射到同一个输出密钥流；后者主要是指 LFSR 在密钥装载并经过初始化后的状态为全 0 态。

对 ZUC 算法而言，在其早期版本中，非线性函数 F 的输出 W 通过异或 $\oplus$ 参与 LFSR 的反馈更新，由于异或 $\oplus$ 在素域 $GF(P)$ 上是非线性的，其破坏了初始化状态更新函数的单向性，从而存在大量的碰撞型弱密钥。ZUC 算法最新版本已对此进行了修正，能够确保初始化状态更新是一个置换，从而彻底消除了碰撞型弱密钥。

2．线性区分分析

线性区分分析也是一种常见的针对 LFSR 设计的序列密码的分析方法，其目的是将目标算法生成的伪随机密钥流同真随机序列区分开来。线性区分分析的基本思想：寻找输出密钥流与 LFSR 序列源之间的相关性，并利用序列源的线性制约关系获得输出密钥流在不同时刻之间的非平衡线性关系，最后根据这种不平衡性构造区分器将输出密钥流同真随机序列区分开来。对于 ZUC 算法，可以首先构造 LFSR 的输出序列与算法输出密钥流之间的非平衡线性关系。

3．代数分析

代数分析的基本思想：把整个密码算法看作一个超定的代数方程系统，然后利用求解多元多变量方程系统的方法来求解该代数方程系统，从而恢复初始密钥或者某个时刻对应的所有内部状态。

对于 ZUC 算法，可以考虑通过引入一系列中间变量来建立其相应的二次方程系统。在非线性函数 F 中模 2^{32} 加法和 S 盒串联在一起，为了对整个非线性函数 F 建立二次代数方程系统，还需要引入其他中间变量。其方程系统具体求解的复杂度未知，但是单独利用现有的方法求解似乎是不可能的。

4．时间存储数据折中分析

时间存储数据折中分析是计算机科学中的一种基本方法，其基本思想是用增加时间的代价换取空间的减少，或用增加空间的代价换取时间的减少。

常见的时间存储数据折中分析方法有两种：BG-方法和 BS-方法。

设攻击者预计算造表所用的时间复杂度为 P，存储表需要的空间大小为 M。在线攻击时，攻击者能获得的数据量为 D，利用这些数据进行时间存储数据折中分析时所需要的时间为 T，下面对这两种分析方法进行分析。

（1）BG-方法。折中曲线为 $MD \geqslant N$ 且 $P = M$，$T = D$。对 ZUC 算法而言，$N = 2^{560}$，此时 M 和 D 中至少有一个不低于 2^{280}，预计算的时间复杂度和存储复杂度均太高，攻击不可行。

（2）BS-方法。折中曲线为 $TM^2D^2 \geqslant N^2$，$T \geqslant D^2$，$N = PD$。对 ZUC 算法而言，$N = 2^{560}$，取 $M = D = N^{1/3} = 2^{187}$，$T = D^2 = 2^{374}$。上述攻击的预计算的时间复杂度、存储复杂度和在线攻击的时间复杂度均太高，攻击同样不可行。

🔓 6.4 ZUC 算法案例

ZUC-256 是 3GPP 机密性 128-EEA3 与完整性算法 128-EIA3 中采用的 ZUC-128 的 256bit 密钥升级版本。ZUC-256 的设计目标是在 5G 的应用环境下提供 256bit 的安全性。随着通信与技术的发展，未来 5G 应用环境对 256bit 安全性的新型流密码算法的需求越发迫切。ZUC-256 序列密码总体结构与 ZUC 算法的总体结构相同，如图 6.1 所示。

ZUC-256 的密钥/初始变量装载算法如下。

$$s_0 = K_0 \| d_0 \| K_{21} \| K_{16}$$
$$s_1 = K_1 \| d_1 \| K_{22} \| K_{17}$$
$$s_2 = K_2 \| d_2 \| K_{23} \| K_{18}$$
$$s_3 = K_3 \| d_3 \| K_{24} \| K_{19}$$
$$s_4 = K_4 \| d_4 \| K_{25} \| K_{20}$$
$$s_5 = \mathrm{IV}_0 \| \left(d_5 \mid \mathrm{IV}_{17} \right) \| K_5 \| K_{26}$$
$$s_6 = \mathrm{IV}_1 \| \left(d_6 \mid \mathrm{IV}_{18} \right) \| K_6 \| K_{27}$$
$$s_7 = \mathrm{IV}_{10} \| \left(d_7 \mid \mathrm{IV}_{19} \right) \| K_7 \| \mathrm{IV}_2$$
$$s_8 = K_8 \| \left(d_8 \mid \mathrm{IV}_{20} \right) \| \mathrm{IV}_3 \| \mathrm{IV}_{11}$$
$$s_9 = K_9 \| \left(d_9 \mid \mathrm{IV}_{21} \right) \| \mathrm{IV}_{12} \| \mathrm{IV}_4$$
$$s_{10} = \mathrm{IV}_5 \| \left(d_{10} \mid \mathrm{IV}_{22} \right) \| K_{10} \| K_{28}$$
$$s_{11} = K_{11} \| \left(d_{11} \mid \mathrm{IV}_{23} \right) \| \mathrm{IV}_6 \| \mathrm{IV}_{13}$$
$$s_{12} = K_{12} \| \left(d_{12} \mid \mathrm{IV}_{24} \right) \| \mathrm{IV}_7 \| \mathrm{IV}_{14}$$
$$s_{13} = K_{13} \| d_{13} \| \mathrm{IV}_{15} \| \mathrm{IV}_8$$
$$s_{14} = K_{14} \| \left(d_{14} \mid \left(K_{31} \right)_H^4 \right) \| \mathrm{IV}_{16} \| \mathrm{IV}_9$$
$$s_{15} = K_{15} \| \left(d_{15} \mid \left(K_{31} \right)_L^4 \right) \| K_{30} \| K_{29},$$

其中，符号‖代表比特级的连接，符号|代表比特级的或运算，d_i 是填充常数。

对于生成不同长度的 MAC 标签，为了防止伪造攻击，所采用的填充常数会不同。

在应用中，ZUC-256 每帧产生 20000bit 的密钥流，即每帧产生 625 个密钥流字；随后进行一次密钥/初始变量的再同步过程，在这一过程中保持密钥/常数不变，而初始变量演变为一个新值。

ZUC-256 的消息认证码生成算法如下。令 $M = (m_0,\ m_1,\ \cdots,\ m_{l-1})$ 为 $l$bit 的明文消息，认证标签长度 t 可取为 32bit、64bit 及 128bit。

MAC_Generation(M)

（1）假设 ZUC-256 已经生成了一个密钥流，长度为 $L = \left\lceil \dfrac{l}{32} \right\rceil + 2\dfrac{t}{32}$ 的 32bit 的字，用 z_0，z_1，$\cdots$，$z_{32 \cdot L - 1}$ 来表示，其中，z_0 是第一个输出密钥流字的第一位，z_{31} 是第一个输出密钥流字的最后一位。

（2）初始设置 $\mathrm{Tag} = \left(z_0, z_1, \cdots, z_{t-1} \right)$。

（3）for i=0 to l−1 do
　　　　-let $W_i = \left(z_{t+i}, \cdots, z_{i+2t-1} \right)$
　　　　-if $m_i = 1$ then $\mathrm{Tag} = \mathrm{Tag} \oplus W_i$。

（4）$W_l = \left(z_{t+l}, \cdots, z_{l+2t-1} \right)$。

（5）$\mathrm{Tag} = \mathrm{Tag} \oplus W_l$。

（6）返回 Tag。

6.5 本章小结

本章首先介绍了 ZUC 算法的基本概念，包括算法结构、算法原理、算法参数和算法描述。在此基础上，介绍了 ZUC 算法的安全性及分析技术，最后介绍了 ZUC-256 完整性认证的案例。

6.6 本章习题

1. 求出下列输出：

（1）$S_0(0xA9)$；   （2）$S_0(0x6F)$；   （3）$S_1(0x1E)$；   （4）$S_1(0xF9)$。

2. 假设 $X=0xFEDCBA$ 是 S 盒的 24 位输入，Y 是 S 盒的 24 位输出，求 Y。

3. 假设 $Y = S(X) = 0xF9C05A4E$ 是 S 盒的 32 位输出，X 是 S 盒的 32 位输入，求 X。

4. 假设经过 L_1 变换的输入为 $X=0x12345678$，求变换后的值。

5. 已知输入序列 M 为 0x23456789，密钥序列 Z 为 0x87654321，求输出序列 C。

第 7 章　公钥密码

公钥密码体制的出现是迄今为止密码学发展史上一次最伟大的革命。公钥密码算法在加密和解密中使用一对不同的密钥，其中一个密钥公开，称为公钥，另一个密钥保密，称为私钥，且由公钥求解私钥计算是不可行的。公钥密码体制的公钥是公开的，通信双方不需要利用秘密信道就可以进行加密通信，同时也可以为对称加密提供共享的会话密钥，因此在现代通信领域中有着广泛应用。

7.1　公钥密码体制概述

在公钥密码体制问世之前，所有的密码算法，包括原始手工计算的密码、机械设备实现的密码以及由计算机实现的密码，都是基于代换和置换这两个基本方法。公钥密码体制为密码学的发展提供了新的理论，一方面公钥密码算法的基本工具不再是代换和置换，而是数学函数；另一方面公钥密码算法是以非对称的形式使用两个密钥，两个密钥的使用对保密性、密钥分配（Key Distribution）、认证等都有着深刻的意义。

对称密码体制的加密与解密密钥相同，或解密密钥可由加密密钥推算出来，一定程度上解决了安全保密通信的问题。随着计算机和网络通信技术的迅速发展，保密通信需求越来越广泛，对称密码体制局限性也日益凸显，主要表现在密钥分配问题上。通信双方要进行保密通信，需要通过秘密的安全信道协商加密密钥，而这种安全信道很难实现，发送方如何安全、高效地将密钥传送至接收方是对称密码体制尚未解决的难题。采用对称密码体制，在有多个用户的网络中，比如 n 个用户任何两个用户之间都需要有共享的密钥，此时网络系统中的总密钥量将达到 $n(n-1)/2$。当网络中的用户量 n 很大时，密钥的产生、保存、传递、使用和销毁等各个方面都变得很复杂，存在安全隐患。

1976 年，Diffie 和 Hellman 提出了公钥密码的思想，基于此思想建立的密码体制，被称为公钥密码体制。公钥密码算法加密和解密使用不同的密钥，其中一个密钥是公开的，称为公开密钥（Public-Key），简称公钥，用于加密或验证签名；另一个密钥是用户专用的，因而是保密的，称为私钥（Private-Key），用于解密或签名。公钥密码算法具有以下重要特性：已知密码算法和加密密钥，求解密密钥在计算上是不可行的。

7.1.1　公钥密码体制的原理

公钥密码体制加密过程包括如下几步。

（1）产生一对密钥 pk、sk，其中 pk 是公钥，sk 是私钥。

（2）将加密密钥 pk 予以公开，另一密钥 sk 则秘密保存。

（3）使用公钥加密明文 m，表示为 $c = E_{pk}(m)$，其中 c 是密文，E 是加密算法。

（4）接收者接收到密文 c 后，用自己的私钥 sk 解密，表示为 $m = D_{sk}(c)$，其中 D 是解密算法。

因为只有接收方知道自身的私钥 sk，所以其他人都无法对 c 解密。公钥密码加密和解密结构图如图 7.1 所示。

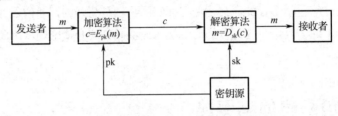

图 7.1　公钥密码加密和解密结构图

7.1.2　公钥密码算法的设计要求

一个标准的公钥密码算法应满足以下要求。

（1）产生密钥对（公钥 pk 和私钥 sk）在计算上是容易的；对消息 m 加密产生密文 c，即 $c = E_{pk}(m)$ 在计算上是容易的；接收方用自己的私钥对 c 解密，即 $m = D_{sk}(c)$ 在计算上是容易的。

（2）通过公钥 pk 求私钥 sk 在计算上是不可行的；由密文 c 和公钥 pk 恢复明文 m 在计算上是不可行的。

（3）加密和解密次序可换，即 $E_{pk}(D_{sk}(m)) = D_{sk}(E_{pk}(m))$。

以上几条要求的本质是需要一个单向陷门函数。

定义 7.1（单向函数）　设 f 是一个函数，如果对任意给定的 x，计算 y 使得 $y = f(x)$ 是容易解的，但对任意给定的 y，计算 x 使得 $f(x) = y$ 是难解的，即求 f 的逆函数是难解的，则称 f 是一个单向函数。

单向函数是两个集合 X、Y 之间的一个映射，使得 Y 中每个元素 y 都有唯一一个原像 $x \in X$，且由 x 易于计算它的像 y，由 y 计算它的原像 x 是不可行的。这里所说的易于计算是指函数值能在其输入长度的多项式时间内求出，即如果输入长 $n$bit，那么求函数值的计算时间是 n^a 的某个倍数，其中 a 是一个固定的常数。这时称求函数值的算法属于多项式类 P，否则就是不可行的。例如，函数的输入是 $n$bit，如果求函数值所用的时间是 2^n 的某个倍数，那么认为求函数值是不可行的。

综上所述，单向函数是一组可逆函数 f，满足以下条件。

（1）$y = f(x)$ 易于计算（当 x 已知时，求 y）。

（2）$x = f^{-1}(y)$ 在计算上是不可行的（当 y 已知时，求 x）。

定义 7.2（单向陷门函数） 设 f 是一个函数，t 是与 f 有关的一个参数，对任意给定的 x，计算 y 是容易的。若参数 t 未知时，f 的逆函数是难解的，但参数 t 已知时，f 的逆函数是容易解的，则称 f 是一个单向陷门函数，参数 t 为陷门。

研究公钥密码算法就是要找出合适的单向陷门函数。用来构造密码算法的单向函数是单向陷门函数，即对密码攻击者来讲，当 Y 已知时，计算 X 是困难的，但对合法的解密者来讲，可利用一定的陷门知识计算 X。

下面介绍一个单向陷门函数的例子。设 f 是定义在有限域 GF(p) 上的指数函数，其中 p 是大素数，即 $f(x) = g^x$，$x \in$ GF(p)，x 是满足 $0 \le x < p-1$ 的整数，其逆运算是 GF(p) 上的对数运算，即给定 y，寻找 x $(0 \le x < p-1)$，使得 $y = g^x$。当 p 充分大时，也就是计算 $x = \log g^y$。可以看出，给定 x，计算 $y = f(x) = g^x$ 是容易的，当 p 充分大时，计算 $x = \log g^y$ 是困难的。

下面给出基于单向陷门函数设计公钥密码体制的标准模式。假设给定一个陷门单向函数，可以构造如下公钥加密方案。

（1）密钥生成：令 pk $= f$，sk $= f^{-1}$。

（2）加密算法：已知消息 m 和接收方公钥 pk，密文 $c = f(m)$ 正向计算容易。

（3）解密算法：已知密文 c 和私钥 sk，计算明文 $m = f^{-1}(c)$。在已知私钥的情况下，计算 $m = f^{-1}(c)$ 容易。在不知道私钥的情况下，计算 $m = f^{-1}(c)$ 困难。

在现实中，单向陷门的例子很多。例如，将许多大素数相乘要比将其乘积因式分解容易很多；函数求导是容易的，但是函数求积分很有可能是困难的；在生活中，将信件投入邮政信箱是容易的，但是要从邮政信箱取出信件是不容易的，只有邮递员才能从邮政信箱取出信件；把盘子打碎成多个碎片很容易，但把大量的碎片再拼成一个完整的盘子很难。

数学中有很多陷门单向函数，虽然能够有效地计算它们，但至今未找到有效的对其求逆的算法。对陷门信息而言，除非知道某种附加信息，否则这样的函数在一个方向上容易计算，在反方向上计算则是不可行的。当有了附加信息，函数的反向就容易计算出来。

公钥密码体制中的公钥用于单向陷门函数的正向加密运算，私钥用于反向解密运算。

7.1.3 公钥密码体制的安全性分析

1. 计算复杂性

对一个密码系统来说，应要求在密钥已知的情况下，加密算法和解密算法是容易的，而在未知私钥的情况下，推导出密钥和明文是困难的，可用解决这个问题的算法的计算时间复杂性和空间复杂性来衡量。

一个算法的复杂性可用两个变量度量：时间复杂性 $T(n)$ 和空间复杂性 $S(n)$，其中 n 是输入的规模。时间复杂性 $T(n)$ 是指以某特定的基本步骤为单元，完成计算过程所需要的总单元数。空间复杂性 $S(n)$ 是指以某特定的基本单元，完成计算过程所需要的总存储单元数。

算法的复杂性通常用 $O(\cdot)$ 表示其数量级，其含义为：对于任意的实值函数 f 和 g，

$f(n) = O(g(n))$，当 n 充分大时，$|f(n)| \leq a|g(n)|$，其中，a 是一个常数。计算复杂性的数量级是指，当 n 较大时，使得算法增长最快的函数，其所有常数和较低阶形式的函数忽略不计。

多项式时间算法：$O(n)$ 表示复杂性是 n 的多项式函数 $f(n)$，称此算法为多项式时间算法或有效算法，其复杂性为 $T(n) = O(n^t)$，t 是一个常数。例如，一个算法的复杂性是 $5n^3 + 3n^2 + 34$，则其计算复杂性是 n^3，表示为 $O(n^3)$。如果一个算法的复杂性不依赖于 n，那么它是常数级的，用 $O(1)$ 表示。

指数时间算法：复杂性是 $O(c^{f(n)})$ 的算法称为指数型算法，其中 c 是常数，$f(n)$ 是多项式。常见的指数复杂性有 2^n、$n!$、n^n、2^{n^2}、n^{lbn}、n^{n^n} 等。其中，n^{lbn}、n^{n^n} 不是通常说的指数函数，如 n^{lbn} 比任何多项式增长速度都快，但比 $2^{\varepsilon n}(\varepsilon > 0)$ 增长速度慢；n^{n^n} 比指数还要快。在复杂性理论中，这类函数统称为指数函数。

字母表 Σ 是一个有限的符号集合，Σ 上的语言 L 是 Σ 上的符号构成的符号串的集合。一个图灵机 M 接受一个语言 L 表示为 $x \in L \Leftrightarrow M(x) = 1$，这里简单地用 1 来表示接受。

有两种类型的计算问题是比较重要的。

第一种是 P 类问题：可以在多项式时间内判定的语言集合，或在多项式时间内可以求解问题的集合，表示为 P。一般地，$\forall x \in L$，当且仅当存在确定型图灵机在多 $p(|x|)$ 时间（步）内接受一个输入 x，就认为语言 L 在 P 中。其中，P 为多项式函数，x 是图灵机的输入串，$|x|$ 表示 x 的长度。

第二种是 NP 类问题：可在多项式时间内能验证一个解的问题的集合，表示为 NP。一般地，如果存在一个多项式非确定型图灵机 M，$\forall x \in L$，当且仅当存在一个串 w_x 使得 $M(x, w_x) = 1$，就认为 L 在 NP 中。w_x 称为 x 的证据，用于证明 $x \in L$。

2. 归约

归约是复杂性理论中的概念，若存在一个多项式时间可计算的函数 $f : \{0, 1\}^* \to \{0, 1\}^*$，使得 $x \in L_1$，当且仅当 $f(x) \in L_2$ 时，则称语言 L_1 可以多项式时间归约到语言 L_2，$\{0, 1\}^*$ 表示由 0、1 组成的集合。有时候这个关系被简写为 $L_1 \leq_p L_2$。若 $L_1 \leq_p L_2$，且 $L_2 \in P$，任意问题 $x_0 \in L_2$ 可在多项式时间完成。另外，$\forall x \in L_1$ 则 $f(x) \in L_2$，因为 $f(x) \in p$，所以 $x \in p$ 成立，那么 $L_1 \in P$。类似地，如果 $L_1 \leq_p L_2$ 且 $L_2 \in NP$，则 $L_1 \in NP$。

一般地，如果一个问题 P_1 归约到问题 P_2，且已知解决问题 P_1 的算法 M_1，那么就能构造另一个算法 M_2，M_2 可以将 M_1 作为子程序，用来解决问题 P_2。把归约方法用在密码算法或安全协议的安全性证明中，可把攻击者对密码算法的攻击问题（如 P_1 问题），归约到一些已经得到深入研究的困难问题（如 P_2 问题中）。如果攻击者 A 能够对算法或协议发起有效攻击，就可以利用 A 构造一个算法 B 来攻破困难问题。注意归约和反证法的区别，反证是确定的，而归约一般是概率性的。

可证明安全是指一种归约方法，首先确定密码体制的安全目标，比如，加密体制的安全目标是信息的机密性，签名体制的安全目标是签名的不可伪造性。其次根据攻击者的能力构建一个形式化的安全模型。最后指出如果攻击者能成功攻破密码体制，则存在一个算法在多项式时间内解决一个公认的数学难题。可证明安全是密码学与计算复杂性理论的完美结合。在过去几十年中，密码学的重要进展建立在计算复杂性理论的基础上，正是计算复杂性理论将密码学发展成一门严谨的科学。

3．随机谕言模型与标准模型

在可证明安全过程中，当安全模型建立完成以后，往往需要构造一个算法 C 来充当挑战者的角色。C 的输入是困难问题的一个实例，而 C 的目标就是与一个假设存在的攻击者进行多项式时间内的交互最终输出该问题实例的解。在 C 的构造构成中，因为 C 并不知道密码体制密钥，所以需要用某些手段来掩饰算法 C 不知道密钥这件事情，即为攻击者提供一个真实的攻击环境，让攻击者认为他在与一个真正的挑战者进行游戏。1993 年，Bellare 和 Rogaway 受到 Fait 和 Shamir 思想的启发，从杂凑函数（杂凑函数内容详见第 11 章）中抽象出来一种模型，这种模型被称为随机谕言（Random Oracle，RO）模型。

随机谕言模型为 C 的构造提供了一种较为通用的方法。在证明过程中，Hash 函数的输出被认为是随机的，任何人都能通过访问谕言机来求得 Hash 函数的值。这样，通过掌控 Hash 函数的输出，C 有可能在为攻击者提供真实的攻击环境下，利用攻击者的攻击能力求得困难问题的实例的解。

定义 7.3（随机谕言模型）　若函数 $H:\{0,1\}^* \to \{0,1\}^n$ 满足下列性质则被称为随机谕言机。

均匀性：谕言机的输入在 $\{0,1\}^n$ 上均匀分布。

确定性：对于相同的输入，H 的输出值必定相同。

有效性：给定一个输入串 x，$H(x)$ 的计算可以在关于 x 长度的低阶多项式（理想情况是线性的）时间内完成。

在证明密码体制的安全性时，如果利用随机谕言机的上述 3 个性质，那么这样的证明模型被称为随机谕言机模型。

下面介绍标准模型。尽管 RO 模型在可证明安全中被广泛使用，但密码学者追求更安全的证明方式。如果把 RO 模型转换成现实模型，即不把一个函数形式化为随机谕言机，而方案的安全性的形式化证明仅仅依赖于方案所基于的困难性假设，如大整数分解、离散对数问题、双线性问题或者一般 NP 完全问题，那么这种证明就得到标准安全性证明，即标准模型。目前，这种证明方法在许多密码方案的安全性证明过程中加以运用。

4．语义安全的概念

公钥加密方案选择明文攻击（Chosen Plaintext Attack，CPA）下的不可区分（Indistinguishability，IND）游戏——IND-CPA 游戏，由以下几个步骤组成。

（1）初始化：挑战者产生系统 Π，攻击者（表示为 A）获得系统公开密钥。

（2）选择明文获取密文：攻击者产生明文信息，得到系统加密后的密文（可多项式有界次）。

（3）挑战：攻击者输出两个长度相同的信息 M_0 和 M_1；挑战者随机选择 $\beta \leftarrow_R \{0, 1\}$，将 M_β 加密，并将密文 C^*（称为目标密文）发送给攻击者，C^* 为目标函数密文。

（4）猜测：攻击者 A 输出 β'，若 $\beta' = \beta$，则攻击者攻击成功。

攻击者 A 的优势可定义为

$$\mathrm{Adv}_{\varPi,\mathrm{A}}^{\mathrm{CPA}}(K) = \left| \Pr[\beta' = \beta] - \frac{1}{2} \right|$$

其中，K 是安全参数，用来确定加密方案密钥的长度。因为任何一个不作为的攻击者 A，比如仅作监听，都能通过对 β 进行随机猜测，而以 $\frac{1}{2}$ 的概率赢得 IND-CPA 游戏。而 $\left| \Pr[\beta' = \beta] - \frac{1}{2} \right|$ 在一般情况下大于零，是攻击者通过努力得到的，故称为攻击者的优势。

攻击者 A 的优势也可定义为

$$\mathrm{Adv}_{\varPi,\mathrm{A}}^{\mathrm{CPA}}(K) = \left| \Pr[\beta' = 1 | \beta = 1] - \Pr[\beta' = 1 | 0] \right|$$

定义 7.4（IND-CPA） 如果对任何多项式时间的攻击者 A，存在一个可忽略的函数 $\varepsilon(K)$，使得 $\mathrm{Adv}_{\varPi,\mathrm{A}}^{\mathrm{CPA}}(K) \leq \varepsilon(K)$，那么就称这个加密算法 $\varPi$ 是语义安全的，或者称在 CPA 下具有不可区分性，简称 IND-CPA 安全。

IND-CPA 安全仅能保证攻击者是完全被动情况时（仅作监听）的安全，不能保证攻击者是主动情况时（如向网络中注入消息）的安全。为了描述攻击者的主动攻击，1990 年 Naor 和 Yung 提出了（非适应性）CCA（Chose Ciphertext Attacks）的概念，其中攻击者在获得目标密文以前，可以访问解密谕言机。在 IND-CCA 游戏中，除了要求攻击者是多项式时间，还要求不能对攻击者的能力进行任何限制。攻击者除了自己有攻击 IND-CCA 游戏的能力，可能还会借助外力，这个外力具体是什么，不进行细究，统称谕言机。攻击者在获得目标密文后，希望获得对应的明文的部分信息。

公钥加密方案在选择密文攻击 CCA 的不可区分（Indistinguishability，IND）游戏，称为 IND-CCA 游戏，由以下几个步骤组成。

（1）初始化：挑战者产生系统 $\varPi$，攻击者（表示为 A）获得系统公开密钥。

（2）训练：攻击者可多项式有界次向挑战者或解密谕言机做解密询问，即取密文 C 给挑战者，挑战者解密后，将明文给攻击者，然后产生明文信息，得到系统加密后的密文（可多项式有界次）。

（3）挑战：攻击者 A 输出两个长度相同的信息 M_0 和 M_1，再从挑战者接收 M_β 的密文，其中随机值 $\beta \leftarrow_R \{0, 1\}$。

（4）猜测：攻击者 A 输出 β'，若 $\beta' = \beta$，则攻击者攻击成功。

以上攻击过程也称"午餐时间攻击"或"午夜攻击"，相当于有一个执行解密运算的黑盒，掌握黑盒的人在午餐时间离开后，攻击者能使用黑盒对自己选择的密文解密。午餐过后，给攻击者一个目标密文，攻击者试图对目标密文解密，但不能再使用黑盒。可以将（2）形象地看作攻击者发起攻击前对自己的训练（自学），这种训练可通过挑战者，也可通过解密谕言机。

定义 7.5（IND-CCA） 如果对任何多项式时间的攻击者 A 都存在一个可忽略的函数 $\varepsilon(K)$，

使得 $\mathrm{Adv}_{\Pi,A}^{\mathrm{CCA}}(K) \leqslant \varepsilon(K)$，那么就称这个加密算法 Π 在选择密文攻击下具有不可区分性，简称 IND-CCA 安全。

🔓 7.2 RSA 公钥密码体制

RSA 公钥密码体制是 1978 年由麻省理工学院三位密码学家 Rivest、Shamir 和 Adleman 提出的一种用数论构造的公钥密码算法，也是迄今为止理论上最为成熟完善的公钥密码体制。

在 Diffie 和 Hellman 提出公钥密码体制设想后的两年里，先后有由 Merkle 和 Hellman 共同提出的 MH 背包公钥密码系统和由 Rivest、Shamir、Adleman 联合提出的 RSA 公钥密码体制。RSA 虽稍晚于 MH 背包公钥密码体制，但它是第一个安全、实用的公钥密码算法，已经成为公钥密码的国际标准，是目前应用广泛的公钥密码体制。RSA 的基础是数论的欧拉定理，它的安全性依赖于大整数因子分解的困难性。RSA 既可以用于加密，也可以用于数字签名，具有安全、易懂、易实现等特点。

7.2.1 RSA 加密和解密算法

为了进行 RSA 系统的初始化，即生成 RSA 的公私密钥对，需要进行以下几个步骤。

（1）选取两个不同的大素数 p 和 q。

（2）计算 $n = pq$，$\varphi(n) = (p-1)(q-1)$，其中 $\varphi(n)$ 是 n 的欧拉（Euler）函数。

（3）随机选取整数 e，$1 < e < \varphi(n)$ 作为公钥，要求满足 $\gcd(e, \varphi(n)) = 1$。

（4）采用欧几里得（Euclid）算法计算私钥 d，使 $ed = 1(\mathrm{mod}\,\varphi(n))$，即 $d = e^{-1}(\mathrm{mod}\,\varphi(n))$，则 e 和 n 是公钥，d 是私钥。

注：e 和 n 是公开的，在系统初始化成功后两个素数 p、q 和 $\varphi(n)$ 可以销毁，但不能泄露。

下面通过例子简单说明 RSA 公私密钥的具体产生过程。

例 7.1 设 $p = 13$，$q = 17$，$e = 11$，$n = p \times q = 13 \times 17 = 221$，则 $\varphi(n) = (p-1)(q-1) = (13-1) \times (17-1) = 192$。

显然，公钥 $e = 11$（一般为素数），满足 $1 < e < \varphi(n)$，且满足 $\gcd(e, \varphi(n)) = 1$，通过公式 $e \times d \equiv 1(\mathrm{mod}\,192)$ 求出 $d = 35$。因此，公钥 $(e, n) = (11, 221)$，私钥 d 为 35。

下面为 RSA 加密和解密算法的具体过程。

1. 加密过程

RSA 的加密函数为 $E(m) \equiv m^e(\mathrm{mod}\,n)$，$\forall m \in M$，$M$ 为明文空间，$M = \{m \mid 0 < m < n\}$。计算 $c \equiv m^e(\mathrm{mod}\,n)$，$c$ 就是密文。

2. 解密过程

接收方接收到密文 c 后，利用 RSA 的解密函数 $D(c) \equiv c^d(\mathrm{mod}\,n)$ 解密，即 $m \equiv c^d(\mathrm{mod}\,n)$。

证明： 因为 $c \equiv m^e (\bmod n)$ ，所以 $c^d (\bmod n) \equiv m^{ed} (\bmod n)$ 。

又因为 $ed \equiv 1 (\bmod \varphi(n))$ ，所以 $ed \equiv 1 + t\varphi(n)$ 。

$$
\begin{aligned}
m^{ed} (\bmod n) &\equiv m^{1+t\varphi(n)} (\bmod n) \\
&\equiv m^{t\varphi(n)} (\bmod n) \cdot m(\bmod n) \\
&\overset{?}{=} m(\bmod n) = m
\end{aligned}
\tag{7.1}
$$

（1）当 $\gcd(m, n) = 1$ 时，成立。

（2）当 $\gcd(m, n) \neq 1$ 时，因为 $n = pq$ ，并且 p 、q 都是素数，所以 $\gcd(m, n)$ 一定为 p 或 q 。

不妨设 $\gcd(m, n) = p$ ，则 m 一定是 p 的倍数，设 $m = cp$ ，其中 $1 \leq c < q$ 。因为 $m^{q-1} \equiv 1 \bmod q$ ，所以 $m^{(q-1) \cdot t \cdot (p-1)} \equiv 1 \bmod q$ ，即 $m^{t\varphi(n)} \equiv 1 \bmod q$ ，存在 s 使得 $m^{t\varphi(n)} \equiv sq + 1$ 。

利用 $m = cp$ 同乘方程两边为 $m^{t\varphi(n)+1} = scpq + m$ 。两边同时模 n ， $m^{t\varphi(n)+1} \equiv m(\bmod n)$ 即可证得 $m \equiv c^d (\bmod n)$ 成立。

例 7.2 已知 RSA 公钥密码算法，参数 $p = 43$ ，$q = 59$ ，$n = pq = 2537$ ，$\varphi(2537) = 42 \times 58 = 2436$ ，其中选取 $e = 13$ ，$\gcd(13, 2436) = 1$ ，$13 \times d \equiv 1 \bmod 2436$ ，因此计算得到 $d = 937$ 。

公钥： $(n, e) = (2537, 13)$ 。

私钥： $d = 937$ 。

明文：public key encryption，明文对应的编码方式如表 7.1 所示。

表 7.1 明文对应的编码方式

a	b	c	d	…	z
00	01	02	03	…	25

取 $m = 1520011108021004240413021724151908141413$ 。

四位一组：1520，0111，0802，1004，2404，1302，1724，1519，0814，1326。

计算 $c \equiv m^{13} \bmod 2537$ 。

得到密文：0095，1648，1410，1299，1365，1379，2333，2132，1751，1799。

具体计算过程，有兴趣的读者可自行学习。

7.2.2 RSA 的安全性分析

本节主要讨论 RSA 的安全性问题，主要介绍针对参数选择的安全性分析法、循环攻击法、因子分解法、侧信道安全性分析等几个安全分析方法，此外还简要介绍针对这些安全分析方法所采取的一些防范措施。

1．安全性分析法

1）针对参数选择的安全性分析法

RSA 存在以下几种攻击并不是因为算法本身存在缺陷，而是由参数选择不当造成的，下面具体介绍几种攻击情形。

情形 1：共模攻击。

在实现 RSA 时，为方便起见，可能给每个用户相同的模数 n，虽然他们私钥不同，但这种做法是不安全的。

设两个用户的公钥分别为 e_1 和 e_2，且 e_1 和 e_2 互素（一般情况都成立），明文消息是 m，密文分别是 $c_1 \equiv m^{e_1} (\mathrm{mod}\, n)$，$c_2 \equiv m^{e_2} (\mathrm{mod}\, n)$。攻击者截获 c_1、c_2 后，可以通过下列步骤恢复 m。

用扩展的欧几里得算法求出满足 $re_1 + se_2 \equiv 1(\mathrm{mod}\,\varphi(n))$ 的两个数 r 和 s，由此可得 $c_1^r c_2^s \equiv m^{re_1} m^{se_2} (\mathrm{mod}\, n) \equiv m^{re_1 + se_2} (\mathrm{mod}\, n) \equiv m(\mathrm{mod}\, n)$。

同样，不同用户选用的素因子（p 或 q）不能相同，这是因为模数 n 是公开的，如果素因子相同，可通过求模数 n 的公约数的方法得到相同素因子，从而分解模数 n。

情形 2：低指数攻击。

为了增强加密的高效性，希望选择较小的加密密钥 e。如果相同的消息要送给多个实体，就不应该使用小的加密密钥。例如，假定将 RSA 公钥密码算法同时用于多个用户（为讨论方便，以下假定 3 个），每个用户的加密指数（即公钥）都很小，如为 3。设 3 个用户的模数分别为 $n_i(i=1, 2, 3)$，且当 $i \neq j$ 时，$\gcd(n_i, n_j) = 1$，否则通过 $\gcd(n_i, n_j)$ 有可能得出 n_i 和 n_j 的分解。设发送同一明文消息 m，密文分别是

$$c_1 \equiv m^3 (\mathrm{mod}\, n_1), \quad c_2 \equiv m^3 (\mathrm{mod}\, n_2), \quad c_3 \equiv m^3 (\mathrm{mod}\, n_3) \tag{7.2}$$

可得

$$m^3 \equiv c_1 (\mathrm{mod}\, n_1), \quad m^3 \equiv c_2 (\mathrm{mod}\, n_2), \quad m^3 \equiv c_3 (\mathrm{mod}\, n_3) \tag{7.3}$$

由中国剩余定理可求出 $m^3 \bmod (n_1 \cdot n_2 \cdot n_3)$。由于 $m^3 < n_1 \cdot n_2 \cdot n_3$，可以直接由 m^3 开立方根得到 m。

情形 3：$p-1$ 和 $q-1$ 都应有大的素数因子。

设攻击者截获密文 c，可按如下方法进行重复加密，即

$$c^e \equiv (m^e)^e \equiv c^{e^2} (\mathrm{mod}\, n)$$
$$c^{e^2} \equiv (m^e)^{e^2} \equiv m^{e^3} (\mathrm{mod}\, n)$$
$$c^{e^{t-1}} \equiv (m^e)^{e^{t-1}} \equiv m^{e^t} (\mathrm{mod}\, n)$$
$$c^{e^t} \equiv (m^e)^{e^t} \equiv m^{e^{t+1}} (\mathrm{mod}\, n)$$

若 $c^{e^t} (\mathrm{mod}\, n) \equiv c(\mathrm{mod}\, n)$，即 $(m^{e^t})^e \equiv c(\mathrm{mod}\, n)$，则 $m^{e^t} \equiv m(\mathrm{mod}\, n)$，即 $c^{e^{t-1}} \equiv m(\mathrm{mod}\, n)$，因此在上述重复加密的倒数第 2 步就已经恢复出明文 m，这种攻击只有在 t 较小的时候才是可行的，为抵抗这种攻击，p、q 的选择应保证使 t 很大。

设 m 在模 n 下的阶为 k，由 $m^{e^t} \equiv m(\mathrm{mod}\, n)$ 得 $m^{e^t - 1} \equiv 1(\mathrm{mod}\, n)$，因此 $k \mid e^t - 1$，即 $e^t \equiv 1(\mathrm{mod}\, k)$，$t$ 取满足上式的最小值（为 e 在模 k 下的阶）。当 e 与 k 互素时 $t \mid \varphi(k)$，为使 t 变大，k 应该变大，而且 $\varphi(k)$ 应该有大的素因子。又有 $k \mid \varphi(n)$，所以为使 k 变大，$p-1$ 和 $q-1$ 都应有大的素因子。

2）循环攻击法

RSA 公钥密码体制提出不久，Simmons 和 Norris 就给出了对其进行循环攻击的方法。其基

本思想为：设攻击者已知某个密文 c（$c = m^e \bmod N$），则攻击者可以计算 $c^e \bmod N$，$c^{e^2} \bmod N$，$c^{e^3} \bmod N$，…，其中 N 是 RSA 公钥密码体制中的模数。

$c^{e^i} \bmod N \in \{0, 1, \cdots, N-1\}$，因此经有限步后，$c$ 必然再次出现。不妨设 $c^{e^k} \bmod N = c$，则 $c^{e^{k-1}} \bmod N$ 即明文 m。

以 Simmons 等的循环攻击法为基础，Williams 和 Schmid 给出了更一般的循环攻击法，并证明了该攻击方法事实上也是一种整数分解算法，其基本思想如下。攻击者先寻找满足 $\gcd(c^{e^u} - c, N) > 1$ 的最小正整数 u，若 $c^{e^u} \equiv c \bmod p$，$c^{e^u} \not\equiv c \bmod q$，则 $\gcd(c^{e^u} - c, N) = p$。类似地，若 $c^{e^u} \not\equiv c \bmod p$，$c^{e^u} \equiv c \bmod q$，则 $\gcd(c^{e^u} - c, N) = q$。两种情况下，N 都可以被分解。假定整数分解问题是困难的，Williams 等推广的循环攻击法对 RSA 的安全性并不能构成真正的威胁。事实上，Rivest 已经证明了若 p 和 q 是随机选择的具有相同比特长度的素数，则推广的循环攻击法获得成功时平均需要穷举的次数至少为 $N^{1/6}$。相关文献证明了若 $p-1$ 和 $q-1$ 都有大素数因子，则上述循环攻击法很不容易成功。

3）因子分解法

RSA 的安全性主要依赖于整数因子分解问题，试图分解模数 n 的素因子是攻击 RSA 最直接的方法。如果对手能够对模数 n 进行分解，那么 $\varphi(n) = (p-1)(q-1)$ 便可算出。公开密钥 e 关于私钥 d 满足 $ed \equiv 1 (\bmod \varphi(n))$，私钥 d 便不难求出，从而完全破解了 RSA。

出现比较早的因子分解法是试除法，它的基本思想是一个密码分析者试除小于 n 的所有素数，直至找到因子。根据素数理论，尝试的次数上限为 $2\sqrt{n} / (\log(\sqrt{n}))$。虽然这种方法很有效，但是对于大数 n，这种方法的资源消耗在现实中是不可能实现的。后来，出现了一些比较重要的因子分解法，包括 Pollard 提出的 $p-1$ 因子分解法、Williams 提出的 $p+1$ 因子分解法、二次筛（Quadratic Sieve）因子分解法、椭圆曲线因子分解法、数域筛（Number Field Sieve）因子分解法等，下面主要介绍应用较广泛的二次筛因子分解法和运算较快的数域筛因子分解法。

破解 RSA-129 就是使用的二次筛因子分解法，用来因子分解 RSA 的模数 n。二次筛因子分解法在解析数论中是一种常用的标准方法，它的基本思想同其他因子分解法一样，基于著名的费马（Fermat）因子分解：找出正整数 x、y，使得 $x^2 \equiv y^2 (\bmod n)$，即存在整数 c 满足 $cn = x^2 - y^2 = (x-y)(x+y)$，并且满足 $x \not\equiv y (\bmod n)$，因此 n 是数 $x^2 - y^2$ 的因子，故 $\gcd(x+y, n)$ 或 $\gcd(x-y, n)$ 均为 n 的因子，由此便可将 n 分解。费马因子分解就是利用了二次筛因子分解法的原理，它基于等式 $cn = x^2 - y^2$，令 $c = 1$，则 $n + y^2 = x^2$，为找出 x、y 的值直接计算 $n + 1^2$、$n + 2^2$、…、$n + k^2$，直至 $n + k^2$ 为完全平方数为止。例如，令 $n = 295927$，$295927 + 3^2 = 295936 = 544^2$，因此可得因数分解 $295927 = 544^2 - 3^2 = (544+3)(544-3) = 547 \times 541$。

到目前为止，二次筛因子分解法对于处理少于 110bit 的十进制大整数很有效，但对于更大质数的处理，它并不是最佳选择，数域筛因子分解法能更有效地进行分解。数域筛因子分解法比较复杂，在此仅介绍其基本思想，若感兴趣，可查询相关资料。数域筛因子分解法同二次筛因子分解法一样也是基于费马因子分解，通常该因子分解法需要经过两个阶段。第一阶段为相关收集阶段，采取小素数集 $S = \{p_1, p_2, \cdots, p_t\}$ 和相关整数 a_i，使得 $b_i \equiv a_i^2 \pmod{n}$ 是 S 中某个素数的平方。因此，b_i 也可以代表一个 t 维向量，此阶段要收集足够多的向量 b_i。第二阶段为矩阵阶段，通过对矩阵 $B = [b_i]$ 执行高斯消元法，可以找到 $x^2 \equiv y^2 \pmod{n}$ 的解，至少有 50% 的概率找到 n 的因子。数域筛因子分解法在上述步骤中，引入了一个有效的"筛处理"方法来确定整数 a_i，通常使用一个适于选择代数域的整数环。数域筛因子分解法产生的矩阵通常很大，当然也很有效。

除了因子分解法的长足发展，并行计算和网络上的分布式计算也加快了因子分解的速度，因子分解位数如表 7.2 所示，该表列出了近年来实现的因子分解位数记录。

表 7.2　因子分解位数

年　　份	位数（十进制）
1984	71
1994	129
1999	155
2003	174
2005	200

随着因子分解位数的增加，人们可能会怀疑因子分解是否为计算上的难题。但由于因子分解的时间复杂性并没有降为多项式时间，因子分解还是一个计算上的难题，只是需要考虑使用较大的位数，以确保不会在短时间内被破解。

4）侧信道安全性分析

侧信道安全性分析也称为信息泄露攻击，是指攻击者利用从公钥密码设备中容易获得的信息（如电源消耗、运行时间和在特意操控下的输入/输出行为等）攻击秘密信息（如私钥和随机数等）。侧信道攻击的核心思想：首先通过对加密软件或硬件运行时产生的各种泄露信息进行监测，这些泄露信息包括程序运行的时间、能量消耗、机器发出的声音和硬件发出的各种电磁辐射等，然后对监测到的各种数据进行分析和推断，从而得出算法内部运行的情况，进而破解这些秘密信息。通常根据泄露的能量消耗及时间消耗进行推测，即能量分析攻击和时间分析攻击。在许多情况下，侧信道攻击甚至比理论上对公钥密码系统的攻击更具有威胁性，已经有相当多的实例说明少量的侧信道信息可以完全破解整个公钥密码系统。

概括目前所有已知的侧信道攻击，可以将它们分为 3 类：能量分析攻击（Power Analysis Attack）、计时攻击（Timing Attack）和错误分析攻击（Fault Analysis Attack）。

（1）能量分析攻击。能量安全分析可细分为简单能量分析（Simple Power Analysis，SPA）攻击和差分能量分析（Differential Power Analysis，DPA）攻击。简单能量分析攻击直接利用在密码运算过程中从公钥密码设备上测量的电源消耗信息来推测该设备在运算中使用的秘密信息；差分能量分析攻击则允许攻击者监测大量的使用同一私钥的公钥密码设备的电源消耗情况，然后对这些电源信息进行统计分析，从而获得该私钥的有关信息。

（2）计时攻击。公钥密码算法的运行时间通常由于输入的不同而表现出细微的差别，攻击者可以高精度地测量公钥密码算法由于输入不同而表现在运行时间上的差异，并且这些差异包含私钥信息，因而可能利用这些信息来推导出私钥。实施计时攻击需要攻击者对公钥密码算法具体实现的技术细节十分了解。

（3）错误分析攻击。错误分析攻击利用的信息是公钥密码算法在发生故障误操作时稳健性方面表现出来的弱点。若一个公钥密码设备在计算中发生的错误影响到输出，则攻击者可将公钥密码设备在无干扰情况下输出的正确结果和受操纵干扰后输出的结果相比较，从而推导出私钥。

2．防范措施

通过上面的分析可以看出，多年来虽然针对 RSA 还没有有效的攻击方法，但是上述这些方法也提醒着开发人员和使用人员在实现 RSA 时有很多需要注意的事项，包括密钥长度、参数选择和实现细节等。

1）密钥长度

在密钥长度方面，应以使攻击者在现有计算能力条件下不可破解为基本原则，同时，选择时需要考虑被保护的数据类型、数据保护期限、威胁类型及最可能的攻击等方面。目前大多数标准要求使用 1024bitRSA 密钥，不再使用 512bit 密钥。数域筛因子分解法是比较有效的因子分解方法，经常用于确定 RSA 密钥长度的下限。在 2000 年，Silverman 依此推断 1024bit 密钥在未来 20 年内还是安全的。但是，NIST 的 *Key Management Guideline* 草案中只推荐使用 RSA 1024bit 长密钥来加密保存要求不超过 2015 年保密要求期限的数据，若保密期限超过 2015 年，则建议至少使用 2048bit 长密钥。另外，也要考虑密钥长度对密钥生成、加密和解密运算效率的影响。

2）参数选择

除了需要选取足够大的大整数 n，对素数 p 和 q 的选取应该满足以下要求。

为避免椭圆曲线因子分解法，p 和 q 的长度相差不能太大。例如，若使用 1024bit 的模数 n，则 p 和 q 的模长都大致在 512bit，p 和 q 差值不应太小。若 $p-q$ 太小，则 $p \approx q$，因此 $p \approx \sqrt{n}$，故 n 可以简单地用所有接近 $\sqrt{n}$ 的奇整数试除而被有效分解。$\gcd(p-1, q-1)$ 应该尽可能小，p 和 q 应为强素数，即 $p-q$ 和 $q-1$ 都应有大的素因子。

另外，为了防止低指数攻击，e 不能选取太小的数。因为解密和验证所花费的时间与解密算法中作为指数的私钥 d 的大小成正比，所以一些低速的设备上可能选择较小的私钥 d，但是这就给了攻击者攻破 RSA 的机会，当 $d < n^{1/4}$ 时，已经有办法攻破 RSA，所以 d 也不能太小。

🔓7.3 ElGamal 公钥密码体制

1985 年 ElGamal 提出 ElGamal 公钥密码体制，它基于离散对数问题（Discrete Logarithm Problem，DLP）且主要为数字签名的目的而设计，是继 RSA 之后最著名的数字签名方案。在其之后，提出了许多对 ElGamal 进行改进和推广的方案，如 Harn 方案、AMV（Agnew, Mulin, and Vanstone）方案、Yen-Lein 方案、GOST34.10 方案和由美国 NIST 提出的著名的 DSS/DSA（Digital Signature Standard，数字签名标准）方案。1994 年，Harn 等对 ElGamal 及其类似的方案进行分析总结，给出了 18 个安全可行的方案，称为"广义 ElGamal 签名方案"。同一时期，Horster 等也独立给出了所谓的"Meta-ElGamal"签名方案，它实质是 Harn 的 18 个签名方案的进一步推广。

7.3.1　ElGamal 加密和解密算法

ElGamal 的公私密钥对生成过程如下。

参数产生：设 G 为有限域 Z_p^* 上的乘法群，p 是一个素数，g 是 Z_p^* 上的一个生成元。

密钥生成：选取 $\alpha \in (1, p-1)$，计算 $\beta = g^\alpha \bmod p$，那么得到的私钥为 α，公钥为 (p, g, β)。

下面是 ElGamal 公钥密码体制加密和解密算法的具体过程。

加密过程：对于加密消息 m 可以任意地选取随机数 $k \in (1, p-1)$，计算 $\gamma = g^k \bmod p$ 和 $\delta = m\beta^k \bmod p$，得到密文为 $c = (\gamma, \delta)$。

解密过程：接收者收到密文 $c = (\gamma, \delta)$ 后，使用私钥 α，计算 $\gamma^{-\alpha}\delta = (g^k)^{-\alpha}\delta = m \bmod p = m$，可以得到相应明文 m。

例 7.3　用户 A 与用户 B 使用 ElGamal 算法加密消息、解密消息的实例。

密钥生成：假设用户 B 向用户 A 发送信息，那么首先用户 A 选择素数 $p = 11$ 和 Z_{11}^* 的生成元 $g = 2$。A 选择一个私钥 $\alpha = 5$ 并计算 $g^\alpha \bmod p = 2^5 \bmod 11 = 10$，从而得知：A 的公钥是 $p = 11$，$g = 2$，私钥 $\alpha = 5$。

加密过程：任意消息 $m = 6$，B 随机选取一个小于 11 的整数 $k = 7$，并计算 $\gamma = g^k \bmod p = 2^7 \bmod 11 = 7$

$$\delta = m \cdot \beta^k \bmod 11 = 6 \cdot 10^7 \bmod 11 = 5 \tag{7.4}$$

得到密文 $(\gamma, \delta) = (7, 5)$ 发送给 A。

解密过程：收到密文 (γ, δ) 后，A 利用自己的私钥 $\alpha = 5$，计算 $m' = r^{-\alpha}\delta \bmod p = 7^{-5} \times 5 \bmod 11 = 7^5 \times 5 \bmod 11 = 6$，得到明文 $m = 6$。

7.3.2　ElGamal 安全性分析

ElGamal 的安全性一直受到密码学界的广泛关注。破译 ElGamal 加密方案的问题就是由公钥 (p, g, g^α) 和密文 (γ, δ) 恢复出明文 m 的过程，它实际上等价于 Diffie-Hellman 问题，因此可以认为 ElGamal 加密算法的困难问题是基于 Z_p^* 上的离散对数问题。现如今离散对数问题的研究取得了一些重要的研究成果，已经设计出了一些计算离散对数的算法。但目前在现有计算机的计算条件下，利用已有的算法计算离散对数依然是困难的。下面对求解离散对数问题的攻击算法：Shanks 算法、指标计算法、Pohlig-Hellman 算法进行介绍。

1．Shanks 算法

设 p 是一个素数，α 是 Z_p^* 的生成元，$\beta \in Z_p^*$，令 $m = \lceil \sqrt{p-1} \rceil$，求 $\log_\alpha \beta$ 的 Shanks 算法描述如下。

（1）计算 $\alpha^{mj} \bmod p$，$0 \leqslant j \leqslant m-1$。

（2）将 m 个有序对 $(j，\alpha^{mj} \bmod p)$ 按第 2 个坐标排序，得到表 L_1。

（3）计算 $\beta\alpha^{-i} \bmod p$，$0 \leqslant i \leqslant m-1$。

（4）将 m 个有序对 $(i，\beta\alpha^{-i} \bmod p)$ 按第 2 个坐标排序，得到表 L_2。

（5）寻找 $(j，y) \in L_1$ 和 $(i，y) \in L_2$，它们的第 2 个坐标相同。

（6）计算 $\log_\alpha \beta = mj+i \bmod (p-1)$。

在 Shanks 算法中，若 $(j，y) \in L_1$，$(i，y) \in L_2$，则 $\alpha^{mj} \bmod p = y = \beta\alpha^{-i} \bmod p$。因此，$\alpha^{mj+i} \bmod p = \beta$，$\log_\alpha \beta = mj+i \bmod (p-1)$。反过来，因为 $m = \lceil \sqrt{p-1} \rceil$，$0 \leqslant \log_\alpha \beta \leqslant p-2$，所以存在 j 和 i 使得 $\log_\alpha \beta = mj+i$，其中 $0 \leqslant j$，$i \leqslant m-1$。因此，在（5）中，一定可以从表 L_1 和 L_2 中找到第 2 个坐标相同的一对有序对。由上面的讨论可知，Shanks 算法能够成功地计算 $\log_\alpha \beta$。另外，在 Shanks 算法中，如果需要的话，（1）和（2）可以预先计算，但这不会降低算法的实践复杂度。

例 7.4 设 $p=809$，计算 $\log_3 525$。

因为 $\alpha = 3$，$\beta = 525$，$m = \lceil \sqrt{p-1} \rceil = \lceil \sqrt{808} \rceil = 29$，所以 $\alpha^{29} \bmod 809 = 99$。计算有序对 $(j，99^j \bmod 809)$，$0 \leqslant j \leqslant 28$。得到下表：

(0，1)　(1，99)　(2，93)　(3，308)　(4，559)　(5，329)　(6，211)　(7，664)　(8，207) (9，268)　(10，644)　(11，654)　(12，26)　(13，147)　(14，800)　(15，727)　(16，781) (17，464)　(18，632)　(19，275)　(20，528)

(21，496)　(22，564)　(23，15)　(24，676)　(25，586)　(26，575)　(27，295)　(28，81)

将上表按第 2 个坐标排序就得到表 L_1。

计算有序对 $(i，525 \times (3^i)^{-1} \bmod 809)$，$0 \leqslant i \leqslant 28$。得到下表：

(0，525)　(1，175)　(2，328)　(3，379)　(4，396)　(5，132)　(6，44)　(7，554)　(8，724) (9，511)　(10，440)

(11，686)　(12，768)　(13，256)　(14，355)　(15，388)　(16，399)　(17，133)　(18，314) (19，644)

(20，754)　(21，521)　(22，713)　(23，777)　(24，259)　(25，356)　(26，658)　(27，489) (28，163)

将上表按第 2 个坐标排序就得到表 L_2。

查找表 L_1、L_2，得到 $(10，644) \in L_1$，$(19，644) \in L_2$，它们的第二个坐标相同。因此，$\log_3 525 = 29 \times 10 + 19 = 309$。容易验证，$3^{309} \equiv 525 (\bmod 809)$。

2．指标计算法

下面介绍求有限域 Z_p 上的离散对数 $\log_\alpha \beta$ 的指标计算法。这里 p 是一个素数，α 是 Z_p^* 的生成元，$\beta \in Z_p^*$。设 $B = \{p_1, \ p_2, \ \cdots, \ p_B\}$ 是一个"小"素数的集合。指标计算法的基本思想是利用 $\log_\alpha p_i$，$0 \le i \le B$，选取 $0 \le x \le p-2$，使得 $\alpha^x \bmod p$ 的素因子都在 B 中，则 $\alpha^x \equiv p_1^{a_1} p_2^{a_2} \cdots p_B^{a_B} (\bmod p)$。这个同余方程中有 B 个未知数 $\log_\alpha p_i$，$0 \le i \le B$。因此，适当选取 B 个 x_j，$1 \le x_j \le p-2$，$0 \le j \le B$，可以得到 B 个相互独立的同余方程 $x_j \equiv a_1 \log_\alpha p_1 + a_1 \log_\alpha p_1 + \cdots + a_B \log_\alpha p_B (\bmod(p-1))$，$0 \le j \le B$，由此可以计算出 $\log_\alpha p_i$，$0 \le i \le B$。

对于计算 $\log_\alpha \beta$，随机选取 s，$0 \le s \le p-2$，使得 $\beta \alpha^s \bmod p$ 的素因子都在 B 中，则有 $\beta \alpha^s \equiv p_1^{c_1} p_2^{c_2} \cdots p_B^{c_B} (\bmod p)$，即 $\log_\alpha \beta + s \equiv c_1 \log_\alpha p_1 + c_1 \log_\alpha p_2 + \cdots + c_B \log_\alpha p_B (\bmod(p-1))$。此式中，除了 $\log_\alpha \beta$ 未知，其他都是已知的，因此可以容易地求出 $\log_\alpha \beta$。

可以看出，上面介绍的指标计算法是一个概率算法 $\log_\alpha p_i$，$0 \le i \le B$，可以预先计算。只要"小"素数集合 $B = \{p_1, \ p_2, \ \cdots, \ p_B\}$ 和随机数 s 选取适当，就可以计算出 $\log_\alpha \beta$。

3．Pohlig-Hellman 算法

设 p 是一个素数，α 是 Z_p^* 的生成元，$\beta \in Z_p^*$，下面介绍求 $\log_\alpha \beta$ 的 Pohlig-Hellman 算法。Pohlig-Hellman 算法适用于 $p-1$ 的素因子都是小素数的情况。设 $p-1 \equiv q_1^{e_1} q_2^{e_2} \cdots q_k^{e_k} (\bmod p)$，其中 q_i 是素数，$0 \le i \le k$，目的是计算 $\log_\alpha \beta$，也就是要寻找 a，$0 \le a \le p-2$，使得 $\alpha^a \equiv \beta (\bmod p)$。

若能求得 $r_i \equiv a (\bmod q_i^{e_i})$，$i = 1, 2, \cdots, k$，则根据中国剩余定理，可以求得 $\log_\alpha \beta$。首先计算 $\gamma_{q_i, s} = \alpha^{s(p-1)/q_i} \bmod p$，其中 $i = 1, 2, \cdots, k$，$s = 1, 2, \cdots, q_i - 1$，将这些 $\gamma_{q_i, s}$ 排成一个表 L。

下面来介绍如何利用表 L 求解 $a \bmod q_i^{e_i}$，$i = 1, 2, \cdots, k$。设 $a \bmod q_i^{e_i} = a_0 + a_1 q_i + a_2 q_i^2 + \cdots + a_{e_i-1} q_i^{e_i-1}$，其中 $0 \le a_j < q_i$，$0 \le j \le e_i - 1$。因为 $\beta \equiv \alpha^a (\bmod p)$，并且由费马原理知 $a^{p-1} \equiv 1(\bmod p)$，所以 $\beta^{(p-1)/q_i} \equiv \alpha^{a(p-1)/q_i} (\bmod p) = \alpha^{(a_0 + a_1 q_i + a_2 q_i^2 + \cdots + a_{e_i-1} q_i^{e_i-1})(p-1)/q_i} (\bmod p) \equiv \alpha^{a_0(p-1)/q_i} (\bmod p)$。因此，在表 L 中一定存在 γ_{q_i, s_0}，$s = 0, 1, 2, \cdots, q_i - 1$，与之进行比较，可以得到 $a_0 = s_0$。接下来确定 a_1。令 $\beta_1 \equiv \beta \alpha^{-a_0} (\bmod p)$，因为 $\beta^{(p-1)/q_i^2} \equiv \alpha^{(a-a_0)(p-1)/q_i^2} (\bmod p) \equiv \alpha^{(a_1 q_i + a_2 q_i^2 + \cdots + a_{e_i-1} q_i^{e_i-1})(p-1)/q_i^2} (\bmod p) \equiv \alpha^{a_0(p-1)/q_i} (\bmod p)$，所以在表 L 中一定存在 γ_{q_i, s_0}，$0 \le s \le q_i - 1$，使得 $\beta^{(p-1)/q_i^2} \bmod p \equiv \gamma_{q_i, s_0}$。于是通过计算 $\beta^{(p-1)/q_i^2} \bmod p$，然后与表 L 中的元素 $\gamma_{q_i, s}$，$s = 0, 1, 2, \cdots, q_i - 1$ 进行比较，可以得到 $\gamma_{q_i, s}$，$s = 0, 1, 2, \cdots, q_i - 1$。一般地，假设已经求得 $a_0, a_1, \cdots, a_{j-1}$，$0 \le j \le e_i - 1$，令 $\beta_j \equiv \beta \alpha^{-(a_0 + a_1 q_i + a_2 q_i^2 + \cdots + a_{j-1} q_i^{j-1})}$。

因为

$$
\begin{aligned}
\beta_j^{(p-1)/q_i^{j+1}} &\equiv \alpha^{(a_j q_i^j + a_{j+1} q_i^{j+1} + \cdots + a_{e_i-1} q_i^{e_i-1})(p-1)/q_i^{j+1}} (\bmod p) \\
&\equiv \alpha^{(a_j q_i^j + a_{j+1} q_i^{j+1} + \cdots + a_{e_i-1} q_i^{e_i-1})(p-1)/q_i^{j+1}} (\bmod p) \\
&= \alpha^{a_j(p-1)/q_i} (\bmod p)
\end{aligned}
\tag{7.5}
$$

所以在表 L 中一定存在 γ_{q_i, s_j}，$0 \le s_j \le q_i - 1$，使得 $\beta_j^{(p-1)/q_i^{j+1}} \bmod p \equiv \gamma_{q_i, s_j}$，于是通过计算

$\beta^{(p-1)/q_i^{j+1}} \bmod p$，然后与表 L 中的元素 $\gamma_{q_i,\ s}$，$s = 0,\ 1,\ 2,\ \cdots,\ q_i - 1$ 进行比较，可以得到 $a_j = s_j$。根据上面的讨论，可以确定 a_0，a_1，$\cdots$，a_{e_i-1}，从而求得 $a \bmod q_i^{e_i}$，$i = 1,\ 2,\ \cdots,\ k$。根据中国剩余定理，可以求得 $a(\bmod p - 1)$，即求得 $\log_\alpha \beta$。

根据目前的计算能力，只有当 $p-1$ 的素因子是小素数时，才能有效地分解 $p-1$ 求得 $q_i^{e_i}$。因此，Pohlig-Hellman 算法适用于 $p-1$ 的素因子是小素数的情况。

🔓 7.4　本章小结

公钥密码体制是现代密码学中不可或缺的组成部分。本章描述了公钥密码体制的原理和基本概念，分析了国际上典型的公钥密码体制和常用的公钥密码方案，详细介绍了基于大整数分解问题的 RSA 公钥密码体制，以及对其加密和解密算法进行了安全性分析。同时介绍了基于有限域乘法群上的离散对数问题的 ElGamal 公钥密码体制，以及对其加密和解密算法进行了安全性分析。随着量子计算机的迅速发展，传统的公钥密码体制面临安全性威胁，目前出现的有基于格理论、基于编码理论、基于多变量及基于杂凑函数等后量子密码算法。

🔓 7.5　本章习题

1. 一个使用 RSA 公钥密码体制的公开密钥系统中，设 $p = 43$，$q = 59$，取 $e = 13$，试加密 "pu" 并解密（为简化，将 pu 代替数字 1520 作为一个整体运算）。

2. 设在一个使用 RSA 公钥密码体制的密码应用系统中，有两个用户 A 与 B 使用了相同模数 161，且公钥（加密指数）分别为 5 与 7，若你作为一个攻击者，当同时截获用户 C 分别发给用户 A 与用户 B 加密同一消息 m 的密文 $c_1 = 27$ 与 $c_2 = 55$ 时，试恢复消息 m。

3. 已知某个 RSA 公钥密码体制的公钥 $(e,\ n) = (23,\ 247)$，且泄露 $\varphi(n) = 216$，请你作为攻击者完成以下工作：

（1）不采用小整数去试除的方法，分解该 RSA 密码的模数 n；

（2）试求出该 RSA 密码的私钥 d；

（3）如果截获该 RSA 密码加密的一个密文 $c = 10$，试求出相应的明文 m。

4. 在一个 RSA 密码中，已知公钥为 $(51,\ 253)$，试求出相应的私钥，即解密指数，以及加密明文 18 所对应的密文。

5. 设通信双方使用 RSA 公钥密码体制，接收方的公钥是 $(e,\ n) = (3,\ 253)$，接收的密文是 $c = 110$，求明文 m。

6. 在 ElGamal 中设素数 $p = 71$，$\alpha = 7$ 是 Z_{71} 的生成元，$\beta = 3$ 是公开的加密密钥，（1）设随机整数 $k = 2$，试求明文 $m = 30$ 所对应的密文；（2）假设选取一个不同的随机整数 k，使得明文 $m = 30$ 所对应的密文为 $(59,\ c_2)$，试确定 c_2。

7. 设通信双方使用 RSA 公钥密码体制，接收方的公开密钥是 $(5, 35)$，接收的密文是 10，求明文。

8. 在 RSA 中，有一个公开的密钥 e 和一个保密的解密密钥 d，还有一个公开的模数 n，假设一个用户泄露了他的解密密钥 d，这时他需要更换新的参数，但他只选取了新的加密密钥 e' 和解密密钥 d'，而没有更换 n，这样做安全吗？为什么？

9. 设 RSA 中的模数为 35，试证明其加密密钥和解密密钥一定相同。

10. 证明：在 RSA 中，对于素数 p 和 q 的每一种选择，存在公钥 $1 < e < \varphi(n)$，使得对于任意的明文 x 都有 $x^e = x \bmod n$。

11. 设在 RSA 中，已选定素数 p、q 及加密指数 e，且计算出模数 $n = pq$ 与解密指数 d，为了快速，私钥不用 d，而用 4 个数 p、q，$d_1 = d \bmod (q-1)$ 与 $\gamma = q^{-1} \bmod p$。这时，相应于密文 c 的明文 $m = q \cdot (\gamma(m_1 - m_2) \bmod p) + m_2$（其中 $m_1 = c^d \bmod p$，$m_2 = c^d \bmod q$），试给出证明。

第 8 章　SM2 公钥密码算法

早在 20 世纪 80 年代，我国密码学者已经开始了椭圆曲线公钥密码体制的研究。2007 年，国家密码管理局组织密码学专家成立专门的研究小组，开始起草我国自己的椭圆曲线公钥密码算法（简称 SM2）标准。历时三年，完成了 SM2 算法标准的制定，2010 年 12 月首次公开发布，2012 年成为国家商用密码标准（标准号为 GM/T0003—2012），2016 年成为中国国家密码标准（标准号为 GB/T32918—2016）。2013 年国际标准化组织（ISO）会议决定将 SM2 算法以补篇形式纳入该国际标准，我国专家担任该项目的联合编辑。在 2017 年 4 月的哈密尔顿会议上，包含 SM2 算法和 SM9 算法的 ISO/IEC 14888-3 进入补篇项目国际标准草案阶段。2018 年 11 月，SM2 算法以正文形式随 ISO/IEC14888-3:2018《信息安全技术带附录的数字签名第 3 部分：基于离散对数的机制》最新一版发布。

8.1　椭圆曲线

椭圆曲线在代数和几何学上已经被广泛研究了 150 年之久，有丰富而深厚的理论积累。1985 年，Koblitz 和 Miller 将椭圆曲线引入密码学，提出了基于有限域 GF(p) 的椭圆曲线上的点集构成群，在这个群上定义了离散对数系统并构造出基于离散对数的一类公钥密码体制，即基于椭圆曲线的公钥密码体制，其安全性基于椭圆曲线上离散对数问题（Elliptic Curve Discrete Logarithem Problem，ECDLP）求解的困难性。ECDLP 被公认要比整数分解问题和离散对数问题难解得多。因此，在同等安全性下，ECC 仅需要较短的密钥长度。目前，ECC 已经广泛应用，受到学术界、政府部门、商用领域高度重视。

8.1.1　有限域上的椭圆曲线

椭圆曲线是指由三次平滑代数平面曲线，即由 Weierstrass 方程所确定的平面曲线，可以表达为

$$E: y^2 + axy + by = x^3 + cx^2 + dx + e$$

其中，a，b，c，d，e 属于 F，F 是一个域，可以是有理数域、复数域，还可以是有限域 GF(p)。椭圆曲线是其上所有点 (x, y) 的集合，外加一个无限远点 O（椭圆曲线有一个特殊的点，记为 O，它并不在椭圆曲线 E 上，此点称为无限远点）。图 8.1 所示为椭圆曲线的两个例子。

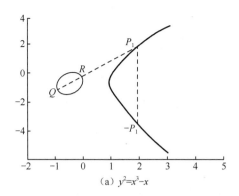
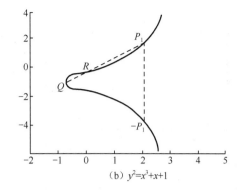

（a）$y^2 = x^3 - x$　　　　　　（b）$y^2 = x^3 + x + 1$

图 8.1　椭圆曲线实例

通过坐标变换，可以将上述 Weierstrass 方程简化为 $E : y^2 = x^3 + ax + b$。

定义 8.1　椭圆曲线 $E_p(a, b)$：设 $p > 3$ 是一个素数，有限域 GF(p) 上的椭圆曲线是一个称为由无穷远点 O 和满足同余方程 $y^2 = x^3 + ax + b$ 的点组成的集合。其中，$4a^3 + 27b^2 \neq 0 (\bmod\ p)$，即

$$E = \{O \cup (x, y) \mid (x, y) \in Z_p \times Z_p,\ y^2 = x^3 + ax + b (\bmod\ p)\}$$

椭圆曲线点集产生方法如下。

（1）对每个 x，$0 \leqslant x < (p-1)$，且 x 为整数，计算 $x^3 + ax + b (\bmod\ p)$。

（2）判定求出的值在模 p 下是否有平方根，如果有，那么求出两个平方根；如果没有，那么椭圆曲线上没有与 x 对应的点。

采用欧拉准则判别平方剩余：若 p 是一个奇数，则 Z 是模 p 的平方剩余的充要条件是 $Z^{\frac{(p-1)}{2}} \equiv 1 (\bmod\ p)$。

求解 Z 的两个模 p 的平方根：当 $p = 3 (\bmod\ 4)$ 时，若 Z 是模 p 的平方剩余，则 $\pm Z^{\frac{(p+1)}{4}} (\bmod\ p)$ 是 Z 的两个模 p 的平方根。

例 8.1　求解椭圆曲线 $y^2 = x^3 + x + 6 (\bmod\ 11)$ 上的点。

（1）当 $x = 0$ 时，$z = x^3 + x + 6 = 6$，$z^{\frac{(p-1)}{2}} = 6^5 = 3$，因此不是平方剩余。

（2）当 $x = 1$ 时，$z = x^3 + x + 6 = 8$，$z^{\frac{(p-1)}{2}} = 8^5 = 10$，因此不是平方剩余。

（3）当 $x = 2$ 时，$z = x^3 + x + 6 = 5$，$z^{(p-1)/2} = 5^5 = 1$，因此是平方剩余。

z 的平方剩余（平方根）为 $\pm 5^{\frac{(p+1)}{4}} = \pm 5^3 = \pm 4$。因此，方程的两个根为 4 和 7。即可得到，点（2，4）和（2，7）为椭圆曲线上的两个点。

通过计算得到 Z_{11} 上椭圆曲线 $y^2 = x^3 + x + 6$ 中的点，椭圆曲线上的点分布如表 8.1 所示。

表 8.1　椭圆曲线上的点分布

x	$x^3 + x + 6(\bmod 11)$	是否为模 11 的平方剩余	y
0	6	不是	
1	8	不是	
2	5	是	4，7

x	$x^3 + x + 6 (\mathrm{mod}\,11)$	是否为模 11 的平方剩余	y
3	3	是	5, 6
4	8	不是	
5	4	是	2, 9
6	8	不是	
7	4	是	2, 9
8	9	是	3, 8
9	7	不是	
10	4	是	2, 9

$E_{11}(1，1)$上椭圆曲线的点分布如表 8.2 所示。

表 8.2　$E_{11}(1，1)$上椭圆曲线的点分布

(2, 4)	(3, 5)	(5, 2)	(7, 2)	(8, 3)	(10, 2)
(2, 7)	(3, 6)	(5, 9)	(7, 9)	(8, 8)	(10, 9)

通过计算还可以得到 $E_{23}(1，1)$椭圆曲线点集，如表 8.3 所示，具体计算过程留给读者自行学习。

表 8.3　$E_{23}(1，1)$椭圆曲线点集

(0, 1)	(0, 22)	(1, 7)	(1, 16)	(3, 10)	(3, 13)	(4, 0)	(5, 4)	(5, 19)
(6, 4)	(6, 19)	(7, 11)	(7, 12)	(9, 7)	(9, 16)	(11, 3)	(11, 20)	(12, 4)
(12, 19)	(13, 7)	(13, 16)	(17, 3)	(17, 20)	(18, 3)	(18, 20)	(19, 5)	(19, 18)

8.1.2　椭圆曲线上的运算

1. 椭圆曲线上的运算规则

设椭圆曲线的无穷远点为 O，则椭圆曲线上的点对于如下定义的"$\oplus$"运算构成一个群。

（1）$O \oplus O = O$。

（2）$P \oplus O = P$。

（3）若 $P = (x，y)$，则 $P \oplus (-P) = O$，即 P 的逆 $-P = (x，-y)$。

（4）若 $P = (x_1，y_1)$，$Q = (x_2，y_2)$，则 $R = P \oplus Q = (x_3，y_3)$。

$$\begin{cases} x_3 = -x_1 - x_2 + \lambda^2 \\ y_3 = -y_1 + \lambda(x_1 - x_3) \end{cases}$$

其中，

$$\lambda = \begin{cases} \dfrac{y_2 - y_1}{x_2 - x_1}，& P \neq Q \\ \dfrac{3x_1^2 + a}{2y_1}，& P = Q \end{cases} \tag{8.1}$$

（5）对于所有的点 P 和 Q，满足加法交换律 $P \oplus Q = Q \oplus P$。

（6）对于所有的点 P、Q 和 R，满足加法结合律 $(P \oplus Q) \oplus R = P \oplus (Q \oplus R)$。

椭圆曲线上的乘法规则如下。

（1）若 k 为整数，则对于点 P 有：$kP = P \oplus P \oplus P \oplus \cdots \oplus P$（$k$ 个 P 相加）。

（2）若 s 和 t 为整数，则对于点 P 有：$(s+t)P = sP \oplus tP$，$s(tP) = (st)P$。

例 8.2　在椭圆曲线 $E_{23}(1, 1)$ 上，若 $P = (3, 10)$，$Q = (9, 7)$，计算 $P \oplus Q$。

已知 $P = (3, 10)$，$Q = (9, 7)$，则 $\lambda = \dfrac{7-10}{9-3} = \dfrac{-3}{6} = \dfrac{-1}{2} \equiv \dfrac{22}{2} = 11 (\mathrm{mod}\, 23)$，所以 $x_3 = 11^2 - 3 - 9 =$ $109 \equiv 17 (\mathrm{mod}\, 23)$，$y_3 = 11 \cdot (3-17) - 10 = -164 \equiv 20 (\mathrm{mod}\, 23)$，得到 $P \oplus Q = (17, 20) \in E_{23}(1, 1)$。

例 8.3　若 $P = (3, 10)$ 为椭圆曲线 $E_{23}(1, 1)$ 上的一点，求 $2P$。

因为 $2P = P \oplus P$，所以 $\lambda = \dfrac{3 \cdot 3^2 + 1}{2 \times 10} = \dfrac{5}{20} = \dfrac{1}{4} = 6 (\mathrm{mod}\, 23)$，则 $x_3 = 6^2 - 3 - 3 = 30 \equiv 7 (\mathrm{mod}\, 23)$，$y_3 = 6 \cdot (3-7) - 10 = -34 \equiv 12 (\mathrm{mod}\, 23)$，得到 $2 \cdot P = (7, 12)$。

2. 椭圆曲线上"$\oplus$"的几何意义

椭圆曲线上"$\oplus$"的几何意义如图 8.2 所示。

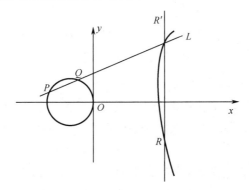

图 8.2　椭圆曲线上"$\oplus$"的几何意义

设 P，$Q \in E_p$，所谓 $P \oplus Q$ 是指这样一个点 R，设 L 是 P，Q 两点的连线，若 $P = Q$，则退化为 P 点的切线，L 和椭圆曲线相交于 R'，过 R' 垂直于 x 轴的直线交椭圆曲线于 R，则 R 称为 $P \oplus Q$。

3. 椭圆曲线的阶

椭圆曲线的阶即椭圆曲线中元素的个数，如 $|E_{11}(1, 6)| = 13$，$|E_{23}(1, 1)| = 28$。

定义 8.2　椭圆曲线上元素的阶：设 E 是有限域 Z_p 上的椭圆曲线，$P \in E$，称满足 $nP = O$ 的最小正整数 n 为元素 P 的阶，记为 $\mathrm{ord}(P)$。

定义 8.3　生成元（本原元）：设 E 是有限域 Z_p 上的椭圆曲线，$G \in E$，若 $\mathrm{ord}(G) \in |E_p(a, b)|$，称 G 为 $E_p(a, b)$ 的生成元。

椭圆曲线 $E_{11}(1, 6)$ 上的点分布如表 8.4 所示。

表 8.4　椭圆曲线 $E_{11}(1, 6)$ 上的点分布

(2, 4)	(3, 5)	(5, 2)	(7, 2)	(8, 3)	(10, 2)
(2, 7)	(3, 6)	(5, 9)	(7, 9)	(8, 8)	(10, 9)

对于点 $G=(2, 7)$，分别计算 $1G$、$2G$、$3G$、$4G$、$5G$、$6G$、$7G$、$8G$、$9G$、$10G$、$11G$、$12G$、$13G$，验证 G 的生成元，计算和验证过程作为练习题，留给读者自行学习。

8.1.3　椭圆曲线上的离散对数问题

定义 8.4　设 $p>3$ 是一个素数，E 是有限域 Z_p 上的椭圆曲线，G 是 $E_p(a, b)$ 的生成元，$Y \in E_p(a, b)$，对于 Y 和 G，求满足方程 $xG=Y$，$0 \leq x \leq \mathrm{ord}(G)-1$ 的唯一整数 x，称为椭圆曲线上的离散对数问题。

假设 $\mathrm{ord}(G)=n$，目前针对椭圆曲线上离散对数问题的分析方法如下。

（1）Pohlig-Hellman 方法。设 l 是 n 的最大素因子，则算法复杂度为 $O\left(l^{1/2}\right)$。

（2）BSGS 方法。时间复杂度和空间复杂度均为 $(\pi n / 2)^{1/2}$。

（3）Pollard 方法。算法复杂度为 $(\pi n / 2)^{1/2}$。

（4）并行 Pollard 方法。设 r 为平行处理器个数，算法复杂度降至 $(\pi n / 2)^{1/2} / r$。

（5）MOV-方法。把超奇异椭圆曲线及具有相似性质的曲线的 ECDLP 降到有限域 Z_p 的小扩域上的离散对数问题，计算复杂度为亚指数级。

（6）GHS-方法。利用 Weil 下降技术求解扩张次数为合数的二元扩域上椭圆曲线离散对数问题，将 ECDLP 转化为超椭圆曲线离散对数问题，而求解高亏格的超椭圆曲线离散对数存在亚指数级计算复杂度算法。

因此，对于一般曲线的离散对数问题，目前的求解方法计算复杂度都为指数级，未发现有效的亚指数级计算复杂度的分析方法。而对于某些特殊曲线的离散对数问题，存在亚指数级计算复杂度算法，选择曲线时，应避免使用易受上述方法分析的密码学意义上的弱椭圆曲线。本章将在 8.2.4 节对 MOV 规约法进行简要介绍。

8.1.4　ECC

1993 年，Menezes 和 Vanstone 设计了一种椭圆曲线公钥密码体制 ECC（Eliptic Curve Cryptosystem）。设 E 是有限域 $\mathrm{GF}(p^m)$ 或 $\mathrm{GF}(p)$ 上的椭圆曲线，这里 p 是素数，m 是正整数，已知 E 对运算"$\oplus$"构成一个群，椭圆曲线公钥密码体制主要包括三个过程：选取参数、加密过程和解密过程。

选取参数：选取一条椭圆曲线 $E_p(a, b)$，将明文消息通过编码嵌入曲线上得到点 $M = P_m$（嵌入方式有多种，可以参考有关文献），取 $E_p(a, b)$ 的生成元 G，其中 G 和 $E_p(a, b)$ 为公开

参数，任意选取 $x \in (1, \text{ord}(G))$ 为私钥，计算 $Y = xG$ 为公钥。

加密过程：任意选取 k ，密文为 $c = (c_1, c_2)$ ，其中 $c_1 = kG$ ， $c_2 = M \oplus kY$ 。

解密过程：

$$c_2 - xc_1 = M \tag{8.2}$$

其中，"–"为 $\oplus$ 的逆过程，且由加密算法和解密算法的过程可得 $c_2 - xc_1 = c_2 - xkG = c_2 - kY = M$ ，从而验证解密的正确性。

例 8.4　参数选取：取 $p = 11$ ，椭圆曲线为 $y^2 = x^3 + x + 6$ ， $E_p(1, 6)$ 的一个生成元是 $G = (2, 7)$ ，私钥 $d = 7$ ，用户 A 的公钥为 $P = dG = (7, 2)$ ，明文 $M = (9, 1)$ 。

加密：明文 $M = (9, 1)$ ，用户 B 随机选取数 $k = 6$ ，由 $c_1 = kG = 6G = 6 \cdot (2, 7) = (7, 9)$ ， $c_2 = M + kP_A = (9, 1) + 6 \cdot (7, 2) = (6, 3)$ ，得密文为

$$c_3 = (c_1, c_2) = ((7, 9), (6, 3))$$

解密： $c_2 - dc_1 = (6, 3) - d(7, 9) = (6, 3) - 7 \cdot (7, 9) = (9, 1)$ 。

此处 $6 \cdot (7, 2)$ 椭圆曲线上的点乘运算也可表示为 6 个 $(7, 2)$ 相加。按照上述椭圆曲线上点的加法运算计算即可。同理可得 $7 \cdot (7, 9)$ 也是椭圆曲线上的点乘运算。

🔓 8.2　SM2 公钥密码体制

SM2 算法是一种椭圆曲线公钥密码算法，其密钥长度为 256bit。SM2 算法有基于素域和二元扩域的椭圆曲线。本节主要对基于素域椭圆曲线的 SM2 算法进行讲解。

8.2.1　算法描述

1. 参数选取

要保证 SM2 算法的安全性，就要使所选取的曲线能够抵抗各种已知的攻击，这就涉及选取安全椭圆曲线的问题。用于建立密码体制的椭圆曲线的主要参数有 p、a、b、G、n 和 h，其中 p 是有限域 $F(p)$ 中元素的数目；a、b 是方程中的系数，取值于 $F(p)$；G 为基点（生成元）；n 为点 G 的阶；h 是椭圆曲线上点的个数 N 除以 n 的结果，也称余因子。为了使所建立的密码体制有较好的安全性，这些参数的选取应满足如下条件。

（1）p 越大越安全，但计算速度会变慢，160 位可以满足目前的安全需求。

（2）为了防止 Pohlig-Hellman 算法的攻击，n 为大素数（ $n > 2^{160}$ ），对于固定的有限域 $F(p)$，n 应当尽可能大。

（3）因为 $x^3 + ax + b$ 无重复因子才可基于椭圆曲线 $E_p(a,b)$ 定义群，所以要求 $4a^3 + 27b^2 \neq 0(\text{mod } p)$ 。

（4）为了防止小步大步攻击，要保证 P 的阶 n 足够大，要求 $h \leq 4$ 。

（5）为了防止 MOV 规约法，不能选取超奇异椭圆曲线和异常椭圆曲线等两类特殊曲线。

2．椭圆曲线的阶和基点

对于有限域上随机的椭圆曲线，其阶的计算是一个相当复杂的问题，目前有效的计算方法有 SEA 算法和 Satoh 算法。

ECC 并不是运行在整个生成元素构成的群上，而是运行在由其基点 G 生成的子群中，为了提高曲线的安全性，选择的基点 G 的阶就是 $|E(F_P)|$ 的一个大素因子，其中 $|E_P(a, b)|$ 表示椭圆曲线 $E_P(a, b)$ 上点的个数。

8.2.2　密钥派生函数

密钥派生函数的作用是从一个共享的秘密比特串中派生出密钥数据，密钥派生函数需要调用杂凑函数，杂凑函数的输出比特长度为 v。在 SM2 算法中，密钥派生函数是通过输入比特串 $Z = x_2 \| y_2$ 和整数 len，从而得到一个长度为 len 的比特串，杂凑函数一般选用国密算法 SM3。

密钥派生函数的具体过程如下。

（1）初始化一个 32bit 长度的计数器 ct = 0x00000001。

（2）从 1 到 $\lceil \text{len}/v \rceil$，循环对 $Z \| ct$ 进行 Hash 运算，每进行一次 Hash 运算，ct 加一。

（3）若 len 为 v 的整数倍，则输出 $K = H_{a_1} \| H_{a_2} \| \cdots \| H_{a_{\lceil \text{len}/v \rceil}}$，其中 $\|$ 表示连接符。

（4）若 len 不是 v 的整数倍，$H_{a_{\lceil \text{len}/v \rceil}}$ 为 $H_{a_{\lceil \text{len}/v \rceil}}$（$H_{a_{\lceil \text{len}/v \rceil}}$ 表示为了使输出和 len 长度保持一致，需要对最后一个 Hash 值进行比特选取）最左边的 $\left(\text{len} - \left(v \times \lfloor \text{len}/v \rfloor \right) \right)$ bit，则输出 $K = H_{a_1} \| H_{a_2} \| \cdots \| H_{a_{\lceil \text{len}/v \rceil}}$。

8.2.3　SM2 算法加密和解密过程

现假设加密者用户 A 向解密者用户 B 发送数据，具体加密和解密过程如下所示。

1．初始化

首先需要根据 8.2.1 节的内容选定一条满足安全要求的椭圆曲线，通过随机数发生器产生用户 B 的私钥 $d_B \in [1, n-2]$，其中 n 为基点 G 的阶。其次通过 $P_B = d_B \cdot G$ 得到用户 B 的公钥，其中 G 为椭圆曲线的基点，(P_B, d_B) 即用户 B 的公私密钥对。

2．加密过程

假设要发送的消息为比特串 M，len 为 M 的比特长度。为了对明文 M 进行加密，作为加密者的用户 A 应进行以下运算步骤。

（1）用随机数发生器产生随机数 $k \in [1, n-1]$，其中 n 是椭圆曲线基点 G 的阶次。

（2）计算椭圆曲线点 $C_1 = [k]G = (x_1, y_1)$。

（3）计算椭圆曲线上的点 $S = [h]P_B$，其中 S 不能为无穷远点 O。

（4）计算椭圆曲线点 $[k]P_B = (x_2,\ y_2)$。

（5）计算 $t = \mathrm{KDF}(x_2 \| y_2,\ \mathrm{len})$，KDF 是密钥派生函数，输出长度是 len 的比特串，且密钥派生函数的结果不能为全 0。若结果为全 0，则需要重新选择随机数 k。

（6）计算 $C_2 = M \oplus t$。

（7）计算 $C_3 = \mathrm{Hash}(x_2 \| M \| y_2)$， Hash() 是密码杂凑函数。

（8）输出密文 $C = C_1 \| C_2 \| C_3$。

3．解密过程

由上述加密过程可知，密文中 C_2 的比特长度为 len，解密者 B 对密文 $C = C_1 \| C_2 \| C_3$ 进行解密，要完成以下运算。

（1）从 C 中取出比特串 C_1，验证 C_1 是否满足椭圆曲线方程，若不满足则解密错误。

（2）计算椭圆曲线点 $S = [h]C_1$，验证 S 是否为无穷远点，若为无穷远点则解密错误。

（3）计算 $[d_B]C_1 = (x_2,\ y_2)$。

（4）计算 $t = \mathrm{KDF}(x_2 \| y_2,\ \mathrm{len})$，验证 t 是否为全 0 比特串，若为全 0 则解密错误。

（5）从 C 中取出比特串 C_2，计算 $M' = C_2 \oplus t$；计算 $u = \mathrm{Hash}(x_2 \| M' \| y_2)$，从 C 中取出比特串 C_3，若 $u \neq C_3$，则解密错误。

（6）M' 即解密后的明文。

事实上：当接收方 B 用自己的私钥 d_B 进行运算时，可得

$$[d_B]C_1 = [d_B][k]G = [k][d_B]G = [k]P_B = (x_2,\ y_2) \tag{8.3}$$

从而可以保证加密和解密过程中密钥派生函数 KDF() 输出的 t 相同，因此由 $M' = C_2 \oplus t$ 可得明文 M'。

例 8.5 参数选取：取 $p = 11$，椭圆曲线为 $y^2 = x^3 + x + 6$，$E_p(1,\ 6)$ 的一个生成元是 $G = (2,\ 7)$，私钥 $d = 7$，A 的公钥为 $P = dG = (7,\ 2)$，明文 $M = (9,\ 1)$。

加密过程：由上述加密过程可知，明文加密后的数据存储在 C_2 部分。

用户 A 选取随机数 $k = 6$，则有 $C_1 = kG = 6G = 6(2,\ 7) = (7,\ 9)$，$kP_A = 6(7,\ 2) = (8,\ 2)$，

将式（8.2）代入密钥派生函数进行计算，假设密钥派生函数输出值为 $(1,\ 1)$，即 $t = \mathrm{KDF}((8,\ 2),\ 2) = (1,\ 1)$，则有密文 $C_2 = (9,\ 1) + (1,\ 1) = (10,\ 2)$。为了方便理解，这里的 $\oplus$ 是二维向量分量上的加法运算。

另外，C_3 主要通过 Hash 运算验证解密的正确性，因此本例不进行计算。

解密过程：用户 A 计算 $d_B C_1 = 7 \cdot (7,\ 9) = (8,\ 2)$，同样将式（8.2）代入密钥派生函数 $t = \mathrm{KDF}((8,\ 2),\ 2) = (1,\ 1)$，计算密钥派生函数输出值为 $(1,1)$。

从密文 $C = (C_1,\ C_2)$，得到 $C_2 = (10,\ 2)$，根据解密算法得到

$$M' = C_2 \,\widehat{\oplus}\, t = (10,\ 2)\,\widehat{\oplus}\,(1,\ 1) = (9,\ 1) \tag{8.4}$$

其中，$\widehat{\oplus}$ 为 $\oplus$ 的逆运算，为方便理解，这里的 $\widehat{\oplus}$ 就是二维向量分量上的减法运算。

8.2.4 安全性分析

SM2 算法的安全性基于 ECDLP 的难解性，它优于基于有限域乘法群上离散对数问题的密码体制，求解有限域上离散对数问题的指数筛因子分解法对 ECDLP 不适用。多年来，ECDLP 一直受到各国数学家的关注，目前还没有发现 ECDLP 的明显弱点，但也存在一些求解思路，大致分为两类：一类是利用一般曲线离散对数的攻击方法；另一类是对特殊曲线的攻击方法，如 MOV 规约法。这里简要介绍 MOV 规约法。

1993 年，Menezes、Okamoto 和 Vanstone 发表了将 ECDLP 规约到有限域上离散对数问题的有效解法，并以他们三个人的名字命名为 MOV 规约，这种方法只适用于超奇异椭圆曲线。MOV 规约法利用 Well-Paring 方法建立 GF(p) 上的椭圆曲线加法群与有限次扩域 GF(p^r) 上的乘法群之间的联系，也就是把计算椭圆曲线上离散对数问题转化为有限域上乘法群的离散对数问题的求解，那么攻击者就可以采用指数积分法等有效攻击方法求解。

椭圆曲线的离散对数问题被公认为比整数因子分解问题和基于有限域的离散对数问题难解得多，因此它的密钥长度大大减少了，这使得 ECC 成为目前已知公钥密码体制中安全强度最高的体制之一。

🔓8.3 本章小结

本章在介绍椭圆曲线相关原理的基础上，对 ECC 公钥密码体制进行了简单介绍。之后，在介绍素域上椭圆曲线概念的基础上，详细描述了 SM2 算法的原理、加密和解密过程及验证，并对 SM2 算法的安全性进行了分析。对我国公钥密码走向应用、形成自主知识产权的产品来说，SM2 算法可谓是一场技术雨，它不仅提供加密功能，还提供数字签名功能和密钥协商功能，可以方便地服务于电子邮件、电子转账、电子商务及办公自动化等系统。随着应用市场对密码产品的需求不断扩大，密码编码与密码破译的对抗将进一步激活，密码又面临新的考验。

🔓8.4 本章习题

1. 已知点 $G=(2，7)$ 在椭圆曲线 $E_{11}(1，6)$ 上，求 $2G$ 和 $3G$。
2. 有限域上一条椭圆曲线 $E_{19}(1, 1)$ 表示 $y^2 \equiv x^3 + x + 1 \pmod{19}$，求其上的所有点。
3. 若选用输出长度为 256 位的国密算法 SM3 作为杂凑函数，则当密钥派生函数中的 len 为 544 时，密钥派生函数共进行几次 Hash 运算，输出的比特串 K 中包含最后一次 Hash 运算结果的多少位？
4. SM2 算法的基础是什么，与 RSA 公钥密码体制相比有什么优点？

5．设素域 $F_5 = \{0,\ 1,\ 2,\ 3,\ 4\}$。参照本章例 8.5 构造加法、乘法示例，生成元及由生成元方幂表示素域中的元素。

6．利用椭圆曲线实现 ECC 密码体制，假设取 $p = 23$，$E_p(1,\ 1)$ 椭圆曲线为：$y^2 = x^3 + x + 1$，$E_p(1,\ 1)$ 的一个生成元是 $G = (6,\ 4)$，私钥 $d = 3$，明文 $M = (5,\ 4)$：

（1）计算 ECC 的加密过程；

（2）计算 ECC 的解密过程。

第 9 章 SM9 标识密码算法

SM9 是基于双线性对的身份标识的公钥密码算法，也称为标识密码，它可以把用户的身份标识用以生成用户的公、私密钥对，主要用于加密解密、数字签名、密钥交换、密钥封装等。SM9 标识密码算法的应用与管理不需要数字证书、证书库或密钥库，该算法于 2016 年发布为国家密码行业标准（GM/T 0044—2016）；2017 年 SM9 与 SM2 算法一同在 ISO/IEC 14888-3 进入补篇项目国际标准草案阶段；2018 年 11 月，也以正文形式随 ISO/IEC14888-3:2018《信息安全技术带附录的数字签名第 3 部分：基于离散对数的机制》最新一版发布。2018 年 4 月，国际标准化组织信息安全分技术委员会（ISO/IECJTC1/SC27）国际网络安全标准化工作会议在湖北省武汉市东湖国际会议中心召开，我国提出的《SM9-IBE 标识加密算法纳入 ISO/IEC18033-5》《SM9-KA 密钥协商协议纳入 ISO/IEC11770-3》等密码算法标准提案获得立项，我国密码专家被任命为项目报告人。

9.1 标识密码算法概述

9.1.1 基本概念

基于身份标识的密码系统（Identity-Based Cryptograph，IBC）是一种非对称的公钥密码体制。标识密码的概念由 Shamir 于 1984 年提出，其最主要的观点是系统中不需要证书，使用用户的标识如姓名、IP 地址、电子邮箱地址、手机号码等作为公钥。用户的私钥由密钥生成中心（Key Generate Center，KGC）根据系统主密钥和用户标识计算得出。用户的公钥由用户标识唯一确定，从而用户不需要第三方来保证公钥的真实性。但那时，标识密码的思想停留在理论阶段，并未出现具体的实施方案。

直到 2000 年以后，Boneh 和 Franklin，以及 Sakai、Ohgishi 和 Kasahara 两个团队独立提出用椭圆曲线配对构造标识公钥密码，引发了标识密码的新发展。利用椭圆曲线对的双线性性质，在椭圆曲线的循环子群与扩域的乘法循环子群之间建立联系，构成了双线性 DH、双线性逆 DH、判决双线性逆 DH、q-双线性逆 DH 和 q-Gap-双线性逆 DH 等难题。当椭圆曲线离散对数问题和扩域离散对数问题的求解难度相当时，可用椭圆曲线对构造出安全性和实现效率最优化的标识密码。

从抽象角度来看，双线性对的映射形式为

$$e : G_1 \times G_2 \to G_T$$

其中，G_1、G_2 是加法群；G_T 是乘法群。双线性对满足以下特性。

双线性性：对任意 $P \in G_1$，$Q \in G_2$，$n \in Z$，有 $e([n]P, Q) = e(P, [n]Q) = e(P, Q)^n$。

非退化性：一定存在 $P \in G_1$ 和 $Q \in G_2$，使得 $e(P, Q) \neq 1_{G_T}$，其中 1_{G_T} 表示 G_T 中的单位元。

可计算性：存在有效的多项式时间算法计算出双线性对的值。

例 9.1　设 G_1、G_2 是加法群，G_T 是乘法群，阶 $n = 13$，现有 $P_1 \in G_1$，$P_2 \in G_2$，$Q \in G_2$，并且 $Q = [2]P_2$，已知 $e(P_1, P_2) = 2$，求 $e([3]P_1, Q)$。

解：由双线性对的双线性特性可知

$$e([3]P_1, Q) = e([3]P_1, [2]P_2) = e(P_1, P_2)^{2 \times 3} = e(P_1, P_2)^6 = 2^6 (\mathrm{mod} 13) = 12$$

目前常使用如下 Miller 算法对双线性对进行运算。

设 F_{q^k} 上椭圆曲线 $E\left(F_{q^k}\right)$ 的方程为 $y^2 = x^3 + ax + b$，定义过 $E\left(F_{q^k}\right)$ 上点 U 和 V 的直线为 $g_{U, V}: E\left(F_{q^k}\right) \to F_{q^k}$，若过 U 和 V 两点的直线方程为 $\lambda x + \delta y + \tau = 0$，则令函数 $g_{U, V}(Q) = \lambda x_Q + \delta y_Q + \tau$，其中 $Q = \left(x_Q, y_Q\right)$。当 $U = V$ 时，$g_{U, V}$ 定义为过点 U 的切线；若 U 和 V 中有一个点为无穷远点 O，$g_{U, V}$ 就是过另一个点且垂直于 x 轴的直线。一般用 g_U 作为 $g_{U, -U}$ 的简写。

记 $U = \left(x_U, y_U\right)$，$V = \left(x_V, y_V\right)$，$Q = \left(x_Q, y_Q\right)$，$\lambda_1 = \dfrac{3x_V^2 + a}{2y_V}$，$\lambda_2 = \left(y_U - y_V\right) / \left(x_U - x_V\right)$，则有以下性质。

（1）$g_{U, V}(O) = g_{U, O}(Q) = g_{O, V}(Q) = 1$。

（2）$g_{V, V}(Q) = \lambda_1\left(x_Q - x_V\right) - y_Q + y_V$，$Q \neq O$。

（3）$g_{U, V}(Q) = \lambda_2\left(x_Q - x_V\right) - y_Q + y_V$，$Q \neq O$，$U \neq \pm V$。

（4）$g_{V, -V}(Q) = x_Q - x_V$，$Q \neq O$。

Miller 算法的计算步骤为：首先确定输入为椭圆曲线 E、E 上两点 P 和 Q、整数 c，然后设 c 的二进制表示是 $c_j \cdots c_1 c_0$，其最高位 c_j 为 1，并置 f 为 1，$V = P$，之后对 i 从 $j-1$ 至 0 依次计算 $f = f^2 \cdot g_{V, V}(Q) / g_{2V}(Q)$，$V = [2]V$，其中当 $c_i = 1$ 时，$f = f \cdot g_{V, P}(Q) / g_{V \oplus P}(Q)$，$V = V \oplus P$，最后输出 f。一般，称 $f_{P, c}(Q)$ 为 Miller 函数。

从线性对的种类来看，目前的常用双线性对有 Weil 对、Ate 对、R-ate 对等，而 SM9 标识密码算法主要使用在 BN 曲线上的 R-ate 对。BN 曲线是由 Barreto 与 Naehrig 提出的一种构造素域上适合对的常曲线方法，其方程为 $y^2 = x^3 + b$，其中 $b \neq 0$，嵌入次数 $k = 12$，曲线阶 r 也是素数。

基础特征 q，曲线阶 r，Frobenius 映射的迹 tr 可通过参数 t 来确定，即

$$q(t) = 36t^4 + 36t^3 + 24t^2 + 6t + 1$$
$$r(t) = 36t^4 + 36t^3 + 18t^2 + 6t + 1$$
$$\mathrm{tr}(t) = 6t^2 + 1$$

其中，$t \in Z$ 是任意使得 $q = q(t)$ 和 $r = r(t)$ 均为素数的整数，为了达到一定的安全级别，t 必须足够大，至少达到 63bit。

BN 曲线存在定义在 F_{q^2} 上的 6 次扭曲线 E'：$y^2 = x^3 + \beta b$，其中 $\beta \in F_{q^2}$，并且在 F_{q^2} 上既不是二次元也不是三次元，选择 β 使得 $r \big| \# E'(F_{q^2})$，G_2 中点可用扭曲线 E' 上的点来表示，即

$\varphi_6 : E' \to E : (x, \ y) \mapsto (\beta^{-1/3}x, \ \beta^{-1/2}y)$。因此，对的计算限制在 $E(F_q)$ 上点 P 和 $E'(F_{q^2})$ 上点 Q'。

π_q 为 Frobenius 自同态，$\pi_q : E \to E$，$\pi_q(x, \ y) = (x^q, \ y^q)$。

$\pi_{q^2} : E \to E$，$\pi_{q^2}(x, \ y) = (x^{q^2}, \ y^{q^2})$。

BN 曲线上 R-ate 对的计算步骤为：首先确定输入数据 $P \in E(F_q)[r]$，$Q \in E'(F_{q^2})[r]$，$a = 6t + 2$；其次令 $T = Q$，$f = 1$，将 a 转化为二进制数，并从右起第二位开始循环计算，若该位为 1，则 $f = f \cdot g_{T, \ Q}(P)$，$T = T \oplus Q$，否则 $f = f^2 \cdot g_{T, \ T}(P)$，$T = [2]T$；再次令 $Q_1 = \pi_q(Q)$，$Q_2 = \pi_{q^2}(Q)$，计算 $f = f \cdot g_{T, \ Q_1}(P)$，$T = T \oplus Q_1$；然后计算 $f = f \cdot g_{T, \ -Q_2}(P)$，$T = T \oplus -Q_2$；最后计算 $f = f^{(q^{12}-1)/r}$ 并输出结果。

在基于标识的公钥加密算法中，涉及 5 类辅助函数：密码杂凑函数、密码函数、密钥派生函数、分组密码算法、消息认证码函数。这 5 类辅助函数的强弱直接影响密钥封装机制和公钥加密算法的安全性。

1. 密码杂凑函数 $H_v(\ )$

定义 9.1　密码杂凑函数 $H_v(\ )$ 的输出是长度恰为 $v$bit 的杂凑值。SM9 标识密码算法中使用国家密码管理局批准的密码杂凑函数，如 SM3 密码杂凑算法。

2. 密码函数 $H_1(\ )$

密码函数 $H_1(Z, \ n)$ 的输入为比特串 Z 和整数 n，输出为一个整数 $h_1 \in [1, \ n-1]$。$H_1(Z, \ n)$ 需要调用密码杂凑函数 $H_v(\ )$，使用国家密码管理局批准的密码杂凑函数，如 SM3 密码杂凑函数。

密码函数 $H_1(Z, \ n)$ 如下。

输入：比特串 Z，整数 n。

输出：整数 $h_1 \in [1, \ n-1]$。

（1）初始化一个 32bit 构成的计数器 $ct = \text{0x00000001}$。

（2）计算 $\text{hlen} = 8 \times \lceil (5 \times (\log_2 n))/32 \rceil$。

（3）对 i 从 1 到 $\lceil \text{hlen}/v \rceil$ 计算 $H_{a_i} = H_v(\text{0x01} \| Z \| ct)$，之后 ct 加一。

（4）若 hlen/v 是整数，令 $H_{a_{\lceil \text{hlen}/v \rceil}} = H_{a_{\lceil \text{hlen}/v \rceil}}$，否则令 $H_{a_{\lceil \text{hlen}/v \rceil}}$ 为 $H_{a_{\lceil \text{hlen}/v \rceil}}$ 最左边的 $(\text{hlen} - (v \times \lfloor \text{hlen}/v \rfloor))$ bit。

（5）令 $H_a = H_{a_1} \| H_{a_2} \| \cdots \| H_{a_{\lceil \text{hlen}/v \rceil - 1}} \| H_{a_{\lceil \text{hlen}/v \rceil}}$，并将 H_a 的数据类型转换为整数。

（6）计算 $h_1 = (H_a \bmod (n-1)) + 1$。

3. 密钥派生函数

密钥派生函数 $\text{KDF}(Z, \ \text{klen})$ 参考 SM2 密钥派生函数。

4. 分组密码算法

分组密码算法包括加密算法 $\text{Enc}(K_1, \ m)$ 和解密算法 $\text{Dec}(K_1, \ c)$。$\text{Enc}(K_1, \ m)$ 表示用密钥

K_1 对明文 m 进行加密，其输出为密文比特串 c；$\mathrm{Dec}(K_1,\ c)$ 表示用密钥 K_1 对密文 c 进行解密，其输出为明文比特串 m 或 "错误"。密钥 K_1 的比特长度记为 K_1_len。

SM9 标识密码算法使用国家密码管理主管部门批准的分组密码算法，如 SM4 分组密码算法。

5．消息认证码函数

消息认证码函数 $\mathrm{MAC}(K_2,\ Z)$ 的作用是防止消息数据被非法篡改，它在密钥 K_2 的控制下，产生消息数据比特串 Z 的认证码，密钥 K_2 的比特长度记为 K_2_len。在本部分的基于标识的加密算法中，消息认证码函数使用密钥派生函数生成的密钥对密文比特串求取消息认证码，从而使解密者可以鉴别消息的来源并检验数据的完整性。

消息认证码函数需要调用密码杂凑函数。

设密码杂凑函数为 $H_v(\ )$，其输出是长度恰为 $v\,\mathrm{bit}$ 的杂凑值。

消息认证码函数 $\mathrm{MAC}(K_2,\ Z)$ 如下。

输入：比特串 K_2 （比特长度为 K_2_len 的密钥）、比特串 Z （待求取消息认证码的消息）。

输出：长度为 v 的消息认证码数据比特串 K。

步骤：$K = H_v(Z\,\|\,K_2)$。

9.1.2　困难问题

SM9 公钥加密算法是基于以下几种难解问题设计的。

（1）双线性逆 DH（BIDH）问题：对 $a,\ b\in[1,\ N-1]$，给定 $([a]P_1,\ [b]P_2)$，计算 $e(P_1,\ P_2)^{b/a}$ 是困难的。

（2）判定性双线性逆 DH（DBIDH）问题：对 a、b、$r\in[1,\ N-1]$，区分 $\left(P_1,\ P_2,\ [a]P_1,\ [b]P_2,\ e(P_1,\ P_2)^{b/a}\right)$ 和 $\left(P_1,\ P_2,\ [a]P_1,\ [b]P_2,\ e(P_1,\ P_2)^r\right)$ 是困难的。

（3）τ-双线性逆 DH（$\tau-\mathrm{BDHI}$）问题：对正整数 τ 和 $x\in[1,\ N-1]$，给定 $\left(P_1,\ [x]P_1,\ P_2,\ [x]P_2,\ [x^2]P_2\cdots[x^\tau]P_2\right)$，计算 $e(P_1,\ P_2)^{1/x}$ 是困难的。

（4）τ-Gap-双线性逆 DH（τ-Gap-BDHI）问题：对正整数 τ 和 $x\in[1,\ N-1]$，给定 $\left(P_1,\ [x]P_1,\ P_2,\ [x]P_2,\ [x^2]P_2\cdots[x^\tau]P_2\right)$ 和 DBIDH 确定算法，计算 $e(P_1,\ P_2)^{1/x}$ 是困难的。

以上难解性问题都意味着 G_1、G_2 和 G_T 上的离散对数问题难解，是 SM9 标识密码算法的重要安全性基础。

🔓9.2　SM9 标识密码算法概述

SM9 标识密码算法是一种基于双线性对的标识密码算法，它可以把用户的身份标识用以生成用户的公、私密钥对，主要用于数字签名、密钥交换、密钥封装与加密解密等。本节就参数选取与所用算法，以及加密和解密流程、安全性分析等方面，对 SM9 标识密码算法进行介绍。SM9 数字签名算法和 SM9 密钥交换协议相关内容在第 13 章和第 15 章中介绍。

9.2.1 参数选取

系统参数组包括曲线识别符 cid、椭圆曲线基域 F_q 的参数、椭圆曲线方程参数 a 和 b、扭曲线参数 β（若 cid 的低 4 位为 2）、曲线阶的素因子 N 和相对于 N 的余因子 cf、曲线 $E(F_q)$ 相对于 N 的嵌入次数 k、$E(F_{q^{d_1}})$（d_1 整除 k）的 N 阶循环子群 G_1 的生成元 P_1、$E(F_{q^{d_2}})$（d_2 整除 k）的 N 阶循环子群 G_2 的生成元 P_2、双线性对 e 的识别符 eid、（选项）G_2 到 G_1 的同态映射 ψ。

双线性对 e 的值域为 N 阶乘法循环群 G_T。

9.2.2 系统初始化

KGC 产生随机数 $ke \in [1, \ N-1]$ 作为加密主私钥，计算 G_1 中的元素 $P_{\text{pub}-e} = [ke]P_1$ 作为主公钥，则主密钥对为 $(ke, \ P_{\text{pub}-e})$。KGC 秘密保存 ke，公开 $P_{\text{pub}-e}$。

KGC 选择并公开用一个字节表示的私钥生成函数识别符 hid。

用户 B 的标识为 ID_B，为产生用户 B 的私钥 de_B，KGC 首先在有限域 F_N 上计算 $t_1 = H_1(\text{ID}_B \| \text{hid}, N) + ke$。若 $t_1 = 0$，则需要重新产生加密主私钥，计算和公开加密主公钥，并更新已有用户的加密私钥；否则计算 $t_2 = ke \cdot t_1^{-1}$，然后计算 $de_B = [t_2]P_2$。

9.2.3 加密和解密过程

1. 加密过程

设需要发送的消息为比特串 M，mlen 为 M 的比特长度，K_1_len 为分组密码算法中密钥 K_1 的比特长度，K_2_len 为函数 $\text{MAC}(K_2, \ Z)$ 中密钥 K_2 的比特长度。

为了加密明文 M 给用户 B，作为加密者的用户 A 应实现以下运算步骤。

（1）计算群 G_1 中的元素 $Q_B = \left[H_1\left(\text{ID}_B \| \text{hid}, \ N\right)\right]P_1 + P_{\text{pub}-e}$。

（2）产生随机数 $r \in [1, \ N-1]$。

（3）计算群 G_1 中的元素 $C_1 = [r]Q_B$，将 C_1 的数据类型转换为比特串。

（4）计算群 G_T 中的元素 $g = e\left(P_{\text{pub}-e}, \ P_2\right)$。

（5）计算群 G_T 中的元素 $w = g^r$，将 w 的数据类型转换为比特串。

（6）按加密明文的方法分类进行计算。

① 如果加密明文的方法是基于密钥派生函数的序列密码算法，那么首先计算整数 $klen = mlen + K_2\_\text{len}$；其次计算 $K = \text{KDF}(C_1 \| w \| \text{ID}_B, \ klen)$，令 K_1 为 K 最左边的 $mlen$ bit，K_2 为剩下的 K_2_len bit，若 K_1 为全 0 比特串，则重新选择随机数 r；最后计算 $C_2 = M \oplus K_1$。

② 如果加密明文的方法是结合密钥派生函数的分组密码算法，那么首先计算整数 $k\mathrm{len} = K_1\_\mathrm{len} + K_2\_\mathrm{len}$；其次计算 $K = \mathrm{KDF}(C_1 \| w \| \mathrm{ID}_B,\ k\mathrm{len})$，令 K_1 为 K 最左边的 K_1_len bit，K_2 为剩下的 K_2_len bit，若 K_1 为全 0 比特串，则重新选择随机数 r；最后计算 $C_2 = \mathrm{Enc}(K_1,\ M)$。

（7）计算 $C_3 = \mathrm{MAC}(K_2,\ C_2)$。

（8）输出密文 $C = C_1 C_3 C_2$。

2．解密过程

设 $m\mathrm{len}$ 为密文 $C = C_1 \| C_3 \| C_2$ 中 C_2 的比特长度，K_1_len 为分组密码算法中密钥 K_1 的比特长度，K_2_len 为函数 $\mathrm{MAC}(K_2,\ Z)$ 中密钥 K_2 的比特长度。为了对 C 进行解密，作为解密者的用户 B 应实现以下运算步骤。

（1）从 C 中取出比特串 C_1，将 C_1 的数据类型转换为椭圆曲线上的点，验证 $C_1 \in G_1$ 是否成立，若不成立则报错并退出。

（2）计算群 G_T 中的元素 $w' = e(C_1,\ \mathrm{de}_B)$，将 w' 的数据类型转换为比特串。

（3）按加密明文的方法分类进行计算。

① 如果加密明文的方法是基于密钥派生函数的序列密码算法，则首先计算整数 $k\mathrm{len} = m\mathrm{len} + K_2\_\mathrm{len}$；其次计算 $K' = \mathrm{KDF}(C_1 \| w' \| \mathrm{ID}_B,\ k\mathrm{len})$，令 K_1' 为 K' 最左边的 $m\mathrm{len}$ bit，K_2' 为剩下的 K_2_len bit，若 K_1' 为全 0 比特串，则报错并退出；最后计算 $M' = C_2 \oplus K_1'$。

② 如果加密明文的方法是结合密钥派生函数的对称密码算法，那么首先计算整数 $k\mathrm{len} = K_1\_\mathrm{len} + K_2\_\mathrm{len}$；其次计算 $K' = \mathrm{KDF}(C_1 \| w' \| \mathrm{ID}_B,\ k\mathrm{len})$，令 K_1' 为 K' 最左边的 K_1_len bit，K_2' 为剩下的 $K_2'\_\mathrm{len}$ bit，若 K_1' 为全 0 比特串，则报错并退出；最后计算 $M' = \mathrm{Dec}(K_1',\ C_2)$。

（4）计算 $u = \mathrm{MAC}(K_2',\ C_2)$，从 C 中取出比特串 C_3，若 $u \neq C_3$，则报错并退出。

（5）输出明文 M'。

9.2.4　安全性分析

从 1982 年 Goldwasser 和 Micali 的开创性工作开始，密码学界构造非对称密码算法系统时通常采用以下方法。首先定义密码算法系统应该满足的安全性模型 D，该模型应尽可能多地给予攻击者 A 发起攻击的能力。然后在定义的安全模型下，证明如果攻击者可以攻破构造的密码算法系统，那么存在一个利用攻击者 A 能力的（多项式时间）算法 R 可以求解某个计算问题 C。如果假定问题 C 的计算复杂度是高的（该计算问题没有多项式时间求解方法），算法 R 的存在保证了（只有多项式时间运算能力的）攻击者 A 是不存在的，即不存在一个攻击者使用模型 D 赋予的能力能够（在多项式时间内）攻破构造的密码算法系统。基于攻击者 A 构造算法 R 的过程就是证明密码算法系统安全性的过程。SM9 标识密码算法的构造和安全性分析也遵循这一基本方法。

SM9 公钥加密算法的安全性可以在 Boneh 和 Franklin 于 2001 年提出的标识加密算法安全性定义的模型下进行考量。基于这种安全性定义，在随机谕示模型下可以证明如果存在一个使用模型赋予的各种询问能力的攻击者攻破了 SM9 公钥加密算法，则存在求解双线性逆 DH（BIDH）问题、判定性双线性逆 DH（DBIDH）问题、τ-双线性逆 DH（τ-BDHI）问题、τ-Gap-双线性逆 DH（τ-Gap-BDHI）问题的算法。

然而上述问题都是难解的，也就是没有在多项式时间可以求解的算法。因此，SM9 标识密码算法具有重要的安全基础。

9.2.5 正确性证明

根据密码学相关知识，在加密和解密流程中，$C_2 = M \oplus K_1$，$M' = C_2 \oplus K_1'$，因此加密和解密成功的关键是 K_1 与 K_1' 是否相等。其中 $K = K_1 \| K_2$，$K' = K_1' \| K_2'$。而根据相关步骤可知，$K = \mathrm{KDF}(C_1 \| w \| \mathrm{ID_B}, k\mathrm{len})$，$K' = \mathrm{KDF}(C_1 \| w' \| \mathrm{ID_B}, k\mathrm{len})$，因此证明 w 与 w' 相等即可。在加密算法中，$w = g^r$，而 $g = e(P_{\mathrm{pub}-e}, P_2)$，根据双线性对的相关性质可得

$$g = e(P_{\mathrm{pub}-e}, P_2) = e([\mathrm{ke}]P_1, [\mathrm{ke}^{-1} \cdot t_1]\mathrm{de_B}) = e(P_1, \mathrm{de_B})^{t_1} = e(P_1, \mathrm{de_B})^{H_1(\mathrm{ID_B}\|\mathrm{hid}, N)+\mathrm{ke}} \tag{9.1}$$

$$C_1 = [r]Q_B = [r]\big(H_1(\mathrm{ID_B} \| \mathrm{hid}, N)P_1 + [\mathrm{ke}]P_1\big) \tag{9.2}$$

而在解密算法中

$$w' = e(C_1, \mathrm{de_B}) = e(P_1, \mathrm{de_B})^{r(H_1(\mathrm{ID_B}\|\mathrm{hid}, N)+\mathrm{ke})} = g^r = w \tag{9.3}$$

并且

$$u = \mathrm{MAC}(K_2', C_2) = \mathrm{MAC}(K_2, C_2) = C_3 \tag{9.4}$$

因此，可以成功得到明文。

🔓9.3 本章小结

SM9 标识密码算法是我国自主制定的一种标识密码算法，其在商用密码领域中将会得到广泛的应用，前景也会越来越广阔。本章在介绍标识密码算法及双线性对运算等运算函数的基础上，对 SM9 标识密码算法的加密和解密算法流程进行了描述，以及对其安全性进行了分析，最后对其正确性进行了证明。

🔓9.4 本章习题

1. 设 G_1、G_2 是加法群，G_T 是乘法群，阶 $n = 15$，现有 $P_1 \in G_1$，$P_2 \in G_2$，$Q \in G_2$，并且 $Q = [5]P_2$，已知 $e(P_1, P_2) = 2$，求 $e([4]P_1, Q)$。

2. 在 SM9 加密和解密算法中，$C_3 = \mathrm{MAC}(K_2, C_2)$，$u = \mathrm{MAC}(K_2', C_2)$，证明 $u = C_3$。

第 10 章　格理论密码

格（Lattice）是一种建立在偏序集合（Partially Ordered Set）上的代数结构，起源于 1611 年开普勒（Kepler）提出的关于容器内堆放等半径小球所达最大密度的猜想。格理论最初是作为一种密码分析工具被引入密码学的，用于分析背包密码体制、RSA 密码体制等。随着量子计算机的发展，基于格理论的密码算法已经成为密码学中研究的一个热点，由其衍生出的格基规约算法常被用来解决众多难题，同时也被应用于密码编码和密码分析。本章主要内容包括：格密码的基本概念、格上的计算困难问题、NTRU 密码体制、NTRU 算法分析。

10.1　格密码的基本概念

由于研究对象的不同，我们可以采用多种不同形式对格进行定义。设 v_1, v_2, …, v_m 是 n 维空间 $\mathbb{R}^n$ 上线性无关的向量，每个 n 维实向量 v 均可表示成 $v = a_1 v_1 + a_2 v_2 + \cdots + a_m v_m$，其中实数 a_1, a_2, …, a_m 由 v 唯一决定。

从几何学角度来描述，格是 n 维空间中规则排列的离散的无限点集，其形式化定义如下。

定义 10.1　设 v_1, v_2, …, v_m 线性无关，m 维格 $L(v_1, v_2, …, v_m)$ 是指由向量 v_1, v_2, …, v_m 生成的一个向量集，它的形式表示为

$$L(v_1, \ v_2, \ …, \ v_m) = \sum_{i=1}^{m} a_i v_i, \ a_i \in \mathbb{Z} \tag{10.1}$$

其中，$\{v_1, \ v_2, \ …, \ v_m\}$ 为格 L 的一组基，且记 $\mathrm{Dim}(L) = m$，m, n 分别为格 L 的维数和秩。当 $m = n$ 时，称格 L 是满维的。

格的基也可以用矩阵表示为

$$B = [v_1, \ v_2, \ …, \ v_m] \in \mathbb{R}^{n \times m} \tag{10.2}$$

使用矩阵表示后，格 L 可以表示为

$$L(B) = \{Bx, \ x \in \mathbb{Z}^m\} \tag{10.3}$$

其中，Bx 表示普通的矩阵与向量的乘法。从上述定义可以看出，格是由离散点组成的，由 (1, 1) 和 (0, 1) 为基生成的格如图 10.1 所示。

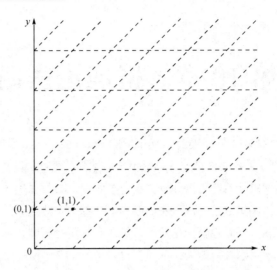

图 10.1　由（1，1）和（0，1）为基生成的格

定义 10.2（格的行列式）　令 $\langle v_i,\ v_j \rangle$ 表示向量 v_i 与 v_j 的内积，格 $L(v_1,\ v_2,\ \cdots,\ v_m)$ 的行列式定义为

$$\det(\boldsymbol{L}) = \det[\langle v_i,\ v_j \rangle_{1 \leqslant i,\ j \leqslant n}]^{\frac{1}{2}} \tag{10.4}$$

定义 10.3　向量范数是一个非负、齐次且满足三角不等式的函数，即函数 $\|\cdot\|$。范数满足如下特性。

（1）$\|x\| \geqslant 0$，仅当 $x = 0$ 时等号成立；

（2）$\|\alpha x\| = |\alpha| \cdot \|x\|$；

（3）$\|x + y\| \leqslant \|x\| + \|y\|$。

其中，$x,\ y \in \mathbb{R}^n$，$\alpha \in \mathbb{R}$。

定义 10.4　对任意 $p \geqslant 1$，向量 x 的 p-范数定义为

$$\|\boldsymbol{x}\|_p = (\sum_{i=1}^{n} x_i^p)^{1/p}$$

其中，$x = (x_1,\ x_2, \cdots x_n)$。

几个重要的范数描述如下。

（1）1-范数：$\|\boldsymbol{x}\|_1 = \sum_{i=1}^{n} x_i$；

（2）2-范数：$\|\boldsymbol{x}\|_2 = \sqrt{\sum_{i=1}^{n} x_i^2}$；

（3）∞-范数：$\|\boldsymbol{x}\|_\infty = \lim_{p \to \infty} \|\boldsymbol{x}\|_p = \max_{i=1}^{n} |x_i|$。

格中涉及的范数多为 2-范数，其对应的欧式距离为

$$\mathrm{dist}(\boldsymbol{x}, \boldsymbol{y}) = \|\boldsymbol{x} - \boldsymbol{y}\|_2 = \sqrt{\sum_{i=1}^{n} (x_i - y_i)^2} \tag{10.5}$$

从格的定义可以看出，格具有如下两个特点。

（1）离散。记 $(v_1, v_2, \cdots, v_m)$ 生成的实空间为

$$\mathrm{span}(v_1, v_2, \cdots, v_m) = \{\sum_{i=1}^{m} a_i v_i, \ a_i \in \mathbb{R}\} \qquad (10.6)$$

则 $L(v_1, v_2, \cdots, v_m)$ 仅仅是 $\mathrm{span}(v_1, v_2, \cdots, v_m)$ 中一些排列规整的离散点集。因此，$L(v_1, v_2, \cdots, v_m) \subset \mathrm{span}(v_1, v_2, \cdots, v_m)$。

（2）格基多样性

一个 m 维的实空间可以由任意 m 个线性无关的向量生成，同样一个格也可以采用不同的基来表示，但是从 m 维格中任意选出 m 个线性无关的向量却不一定能成为这个格的一组基。如图 10.2 所示，图中网格的节点均是 2 维格 $L(b_1, b_2)$ 的元素，且 b_1 和 b_4 的整数线性组合可以表示出格 $L(b_1, b_2)$ 中所有的节点，所以也可以将格表示为 $L(b_1, b_4)$。从图 10.2 中可以看出，向量 b_1 和 b_3 是线性无关的，但不能表示出格 $L(b_1, b_2)$ 中所有的点，如图中的 a 点。所以 $L(b_1, b_2) \neq L(b_1, b_3)$。

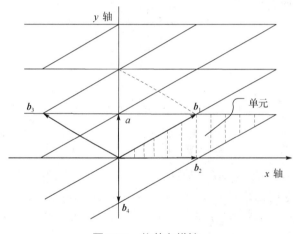

图 10.2　格基多样性

🔓 10.2　格上的计算困难问题

格上的计算困难问题主要包括最短向量问题（Shortest Vector Problem，SVP）、最近向量问题（Closest Vector Problem，CVP）、错误学习问题（Learning With Error，LWE）、最小整数解问题（Small Integer Solution Problem，SIS）。基于格的公钥密码体制是继 RSA、ECC 之后提出的新型公钥密码体制之一，它包括 NTRU 体制、Ajtai-Dwork 体制、GGH 体制等。这些体制的安全性基于求最短向量问题、求最近向量困难问题（CVP）等。

定义 10.5（SVP 问题）　对于给定格的一组基 $\boldsymbol{B} \in \mathbb{Z}_{n \times m}$，找到格中的一个非零向量 $\lambda = \boldsymbol{B}x(x \in \mathbb{Z}_m)$，使得对于任意的 $y \in \mathbb{Z}_m$，$y \neq 0$，满足 $\|\lambda\| \leqslant \|\boldsymbol{B}y\|$。

SVP 问题属于比较深奥的难题，随着格维度的增加，它们在计算上也越来越难解，即使是对 SVP 问题的近似解，也可以被认为是难解问题。一般来说，SVP 问题在特定的假设规约下被认为是 NP 难问题。

定义 10.6（CVP 问题） 对于给定格的一组基 $B \in \mathbb{Z}_{n \times m}$ 和一个任意的目标向量 $t \in \mathbb{Z}^n$，找到格中的一个非零向量 $\lambda = Bx$（$x \in \mathbb{Z}^m$），使得对于任意的非零向量 $y \in \mathbb{Z}^m$，满足 $\|\lambda - t\| \leqslant \|By - t\|$。

一般来说，SVP、CVP 问题在特定的假设规约下被认为是 NP 难的问题。在具体讨论上述两个 NP 问题时，可将其转换为其他三种不同的问题。

（1）搜索问题：寻找一个非零格向量 x，满足 $\|x\|$（CVP 中对应 $\|x - t\|$）最小；

（2）优化问题：在格中非零向量 x 上找到 $\|x\|$（CVP 中对应 $\|x - t\|$）的最小值；

（3）判决问题：给定有理数 $r > 0$，判断是否存在一个非零格向量 x 满足 $\|x\| \leqslant r$（CVP 中对应 $\|x - t\| \leqslant r$）的最小值。

上面三种问题的困难性是一致的，所以在实际情况中，针对具体的应用选择一种问题进行讨论。

定义 10.7（LWE 问题） 简单来说，LWE 问题就是求解近似随机线性方程组的解的问题。例如，

$$15x_1 + 14x_2 + 3x_3 + 2x_4 \approx 9(\mathrm{mod}\,17)$$
$$13x_1 + 13x_2 + 14x_3 + 6x_4 \approx 16(\mathrm{mod}\,17)$$
$$6x_1 + 10x_2 + 11x_3 + 4x_4 \approx 9(\mathrm{mod}\,17)$$
$$10x_1 + 11x_2 + 8x_3 + 12x_4 \approx 9(\mathrm{mod}\,17) \quad\quad (10.7)$$
$$\vdots$$
$$5x_1 + 8x_2 + 4x_3 + 11x_4 \approx 9(\mathrm{mod}\,17)$$

Regev 首次提出 LWE 这一概念，LWE 问题是区分有小量噪声干扰的随机线性方程组和均衡干扰的情况。这个问题已经被证明与 Worst-Case 格问题一样困难，近几年，它已经成为大量的加密应用程序的基础。不幸的是，由于 LWE 固有的二次使用开销，这些应用程序相当低效。开放的一个重要问题是 LWE 及其应用是否能够真正有效地利用其他代数结构，就像基于格的杂凑函数及相关的原语所做的那样。

定义 10.8（SIS 问题） 给定整数 q、矩阵 $A \in \mathbb{Z}_q^{m \times n}$ 和实数 β，寻找一个非零向量 $x \in \mathbb{Z}^m$，使得 $Ax = 0(\mathrm{mod}\,q)$，且 $\|x\| \leqslant \beta$。

1981 年 Van Emde Boas 证明 SVP 在 ∞-范数下是 NP 困难问题，并推测在任意 p-范数下是 NP 困难问题。在证明 SVP 的同时也证明了 CVP 是一个 NP 困难问题。1998 年，M.Ajtai 证明 SVP 在 2-范数下随机规约是一个 NP 困难问题。

一般来讲，大多数人会认为 CVP 难于 SVP，如 Goldrich 证明了如果可以解 CVP，那么可以以相同的逼近因子解 SVP。Goldrich 设计了一种将 CVP 转化为 SVP 的方法，但是这种方法并没有提出 CVP 和 SVP 困难性的新上限。

一个格可以用很多组不同基表示，一组给定的基向量通常都比格中最短向量大得多。而实际中往往只需要找一个长度不超过最短向量 γ 倍的向量，或距离目标向量不超过最小距离 γ 倍

的向量，而无须准确找到最短向量或最近向量本身，这就是近似最短向量问题（γ-SVP）和近似最近向量问题（γ-CVP）。

定义 10.9（γ-SVP 问题）　L 是 $\mathbb{R}^m$ 中的格，对任意的 $\gamma > 0$，求解格中的一个向量 V，使得对所有 $W \in L$，$\|V\| \leqslant \gamma \|W\|$ 成立，该问题称为 γ 阶最短向量问题。

定义 10.10（γ-CVP 问题）　L 是 $\mathbb{R}^m$ 中的格，对任意的 $X \in \mathbb{R}^m$，$\gamma > 0$，求解格中的一个向量 V，使得对所有 $W \in L$，$\|X - V\| \leqslant \gamma \|X - W\|$ 成立，该问题称为 γ 阶最近向量问题。

定义 10.11（μ-SVP 问题）　格 L 中只有唯一最短向量 v，并且其他长度不超过 v 长度 n^c 倍的向量都与 v 平行，则称 L 中的 SVP 问题为 μ-SVP 问题。

对于近似 NP 困难问题，当 $1 \leqslant \gamma \leqslant 2^{(\log n)^{1/(2-\varepsilon)}}$ 时，近似 SVP 问题和近似 CVP 问题仍然是 NP 困难的。格基规约算法具有很好的优势，密码学者希望在保持近似 SVP 问题和近似 CVP 问题的计算困难性的同时寻找近似因子 γ 的最大值，这样可以扩大它的应用范围。2007 年，Micciancio 证明当 $\gamma < \sqrt{2}$ 时，γ-SVP 问题是 NP 困难问题。2007 年，Arora 等证明当 $\gamma = (\log n)^c \sqrt{2}$，$c > 0$ 时，γ-CVP 问题是 NP 困难问题。D.Aharonov 证明当 $\gamma > \sqrt{n / \log n}$ 时，近似 SVP 问题不再是 NP 困难的。因为 SIS 困难问题可以规约到 SVP 困难问题，所以 SIS 困难问题可以认为是 NP 困难问题，因此基于 SIS 设计的密码算法是安全的。

1996 年，A-D 公钥加密体制的提出为公钥密码的研究指明一个新的方向，密码学者相继提出许多基于格中 NP 问题的公钥加密算法，包括 Cai-Cusick 体制、O.Regev 体制、GGH 体制和 NTRU 体制等。A-D 公钥密码体制是第一个证明安全性等价于最困难情形下 NP 计算难题的加密算法，即破解任意密文的困难性均等价于求解最困难解情形下的 μ-SVP 问题。O.Goldreich 等人在研究 A-D 公钥加密体制的基础上，于 1997 年提出可以有效避免 A-D 公钥加密体制中存在的缺陷的 GGH 体制，但其安全性却不能保证与格中困难问题等价。O.Regev 基于格中困难问题在 2004 年提出一个逐比特加密的公钥算法。

目前常见的基于格理论的密码算法有 LWE 算法、R-LWE 算法、Binary-LWE 算法、NTRU 算法等，其中 NTRU 算法由于其本身的诸多优点而得到广泛的研究和应用，下面着重讲解关于 NTRU 密码体制的具体内容。

🔓 10.3　NTRU 密码体制

1996 年，美国布朗大学的 Jeffrey Hoffstein、Jill Pipher 和 Joseph H. Silverman 三位数学教授发明了一种公钥密码体制 NTRU。相对于基于离散对数的 ElGamal 和基于大数分解的 RSA 等公钥密码体制而言，NTRU（Number Theory Research Unit）密码体制的安全性建立在一个大维数格中寻找最短向量的数学难题 SVP，可以抵抗量子计算机攻击。NTRU 密码体制自从被提出后就备受关注，目前已正式成为 IEEEP1363 标准及美国金融服务行业标准。

NTRU 算法主要包括密钥产生、加密过程、解密过程。

1．密钥产生

NTRU 算法涉及 3 个公开参数 (N, p, q)，通常情况下 $p = 3$，$q = 2^k$，$N-1$ 是多项式的最高次数。NTRU 算法构建在商环 $Z[x]/(x^N - 1)$ 上，$L(a, b)$ 表示环中具有 a 个系数为 1，b 个系数为 -1，其余系数均为 0 的全体整系数多项式。

首先，随机选取两个多项式 $f \in L(d_f + 1, d_f)$ 和 $g \in L(d_g, d_g)$，其中 $d_f, d_g \in Z$ 且需要保证 f 存在逆元 f_p 和 f_q，使得 $f \otimes f_p = 1 \pmod p$，$f \otimes f_q = 1 \pmod q$；其次，计算 $h(x) = p f_q \otimes g \pmod q$；最后，生成 NTRU 算法的公钥为 (N, p, q, h)，私钥为 f 和 f_p。

其中，环上多项式之间的运算定义如下。假设多项式 f，g 的系数分别表示为 $f = [a_0, a_1, \cdots, a_{N-1}] \in R$，$g = [b_0, b_1, \cdots, b_{N-1}] \in R$，则

$$f + g = \sum_{i=0}^{N-1} (a_i + b_i) X^i$$

$$f \otimes g = \sum_{i+j=k \pmod N} a_i b_j X^k, \quad k = 0, 1, 2, \cdots, N-1$$

关于多项式是否存在逆元，可以将多项式系数构造成一个循环的矩阵，然后根据线性代数相关知识，求解矩阵行列式的值，根据行列式是否为 0 判断多项式的逆是否存在。

2．加密过程

首先，将明文消息 m 编码为对应的多项式 $m(x)$；其次，用户选取随机多项式 $r \in L(d_r, d_r)$，$d_r \in Z$；最后，计算 $c = [pr \otimes h + m(x)] \pmod q$，则 c 即所求密文。

3．解密过程

首先，解密者得到密文 $c = [pr \otimes h + m(x)] \pmod q$；其次，利用私钥 f 计算 $a \equiv c \otimes f \pmod q$；再次，计算 $m'(x) = a \otimes f_p$；最后，计算明文 $m(x) \equiv m'(x) \pmod p$。

事实上

$$\begin{aligned}
m'(x) &= a \otimes f_p \pmod p = [c \otimes f \pmod q \otimes f_p] \pmod p \\
&= [(pr \otimes h + m(x)) \otimes f \pmod q \otimes f_p] \pmod p \\
&= [pr \otimes h \otimes f \pmod q \otimes f_p] \bmod p + [m(x) \otimes f \pmod q \otimes f_p] \pmod p \\
&= [m(x) \otimes f \pmod q \otimes f_p] \pmod p \\
&= m(x)
\end{aligned}$$

NTRU 算法只进行多项式环上的乘法和求模运算，对比传统公钥密码算法的模幂运算，其运算速度有大幅度提高。同时，NTRU 的密钥产生算法比较简单，使得它有着非常广阔的应用前景。

下面通过一个简单的例子说明 NTRU 算法如何对一段消息进行加密和解密。

（1）密钥产生。

首先，选取参数 $N = 11$，$p = 3$，$q = 32$；其次，随机选取两个多项式 $f = -1 + x + x^2 - x^4 + x^6 + x^9 - x^{10}$，$g = -1 + x^2 + x^3 + x^5 - x^8 - x^{10}$；再次，根据扩展欧几里得算法进行求解 f_p，f_q 得

$$f_p = 1 + 2x + 2x^3 + 2x^4 + x^5 + 2x^7 + x^8 + 2x^9 \pmod 3$$
$$f_q = 5 + 9x + 6x^2 + 16x^3 + 4x^4 + 15x^5 + 16x^6 + 22x^7 + 20x^8 + 18x^9 + 30x^{10} \pmod{32}$$

最后，求解 h 得

$$h = pf_q \otimes g = 8 - 7x - 10x^2 - 12x^3 + 12x^4 - 8x^5 + 15x^6 - 13x^7 + 12x^8 - 13x^9 + 16x^{10} \pmod{32}$$

则私钥为

$$f = -1 + x + x^2 - x^4 + x^6 + x^9 - x^{10}$$
$$f_p = 1 + 2x + 2x^3 + 2x^4 + x^5 + 2x^7 + x^8 + 2x^9 \pmod 3$$

公钥为

$$(11,\ 3,\ 32,\ 8 - 7x - 10x^2 - 12x^3 + 12x^4 - 8x^5 + 15x^6 - 13x^7 + 12x^8 - 13x^9 + 16x^{10} \pmod{32})$$

（2）加密过程。

首先，假设需要加密的消息经编码后为 $m(x) = -1 + x^3 - x^4 - x^8 + x^9 + x^{10}$；其次，随机选取多项式 $r = -1 + x^2 + x^3 + x^4 - x^5 - x^7$，这里 $d_r = 3$；最后，计算 c 得

$$c = [r \otimes h + m(x)] \pmod q$$
$$= 14 + 11x + 26x^2 + 24x^3 + 14x^4 + 16x^5 + 30x^6 + 7x^7 + 25x^8 + 6x^9 + 19x^{10} \pmod{32}$$

（3）解密过程。

首先，计算 $a \equiv c \otimes f \pmod q = 3 - 7x - 10x^2 - 11x^3 + 10x^4 + 7x^5 + 6x^6 + 7x^7 + 5x^8 - 3x^9 - 7x^{10}$；其次，为了便于计算，改变解密过程中的计算顺序，计算 $m'(x) = a(x) \pmod 3 = -x - x^2 + x^3 + x^4 + x^5 + x^7 - x^8 - x^{10} \pmod 3$；最后，计算 $m(x) = m'(x) \otimes f_p = -1 + x^3 - x^4 - x^8 + x^9 + x^{10}$。

10.4　NTRU 算法分析

本节首先阐述 NTRU 算法与格密码理论之间的关系；其次对 NTRU 密码体制进行安全性分析；最后讨论 NTRU 算法正确解密的条件。

10.4.1　NTRU 算法与格密码理论之间的关系

从加密体制表面来看，NTRU 算法的安全性基于两个互素的模数，但实际上，它的安全性是基于格中的 SVP 问题。NTRU 算法的公钥为 $h = h_0 + h_1x + \cdots + h_{n-1}x^{n-1}$，记作向量 $(h_0,\ h_1,\ h_2,\ \cdots,\ h_{n-1})$，私钥为 $\boldsymbol{f}(x) = (f_0,\ f_1,\ f_2,\ \cdots,\ f_{n-1})$，$\boldsymbol{g}(x) = (g_0,\ g_1,\ g_2,\ \cdots,\ g_{n-1})$。公钥 $\boldsymbol{h}(x)$ 生成的 $2n$ 维的格为

$$L(h) = \begin{pmatrix} \boldsymbol{H} & q\boldsymbol{I} \\ \boldsymbol{I} & 0 \end{pmatrix} = \begin{pmatrix} h_0 & h_{n-1} & h_{n-2} & \cdots & h_1 & q & 0 & 0 & \cdots & 0 \\ h_1 & h_0 & h_{n-1} & \cdots & h_2 & 0 & q & 0 & \cdots & 0 \\ \vdots & \vdots & \vdots & & \vdots & \vdots & \vdots & \vdots & & \vdots \\ h_{n-1} & h_{n-2} & h_{n-3} & \cdots & h_0 & 0 & 0 & 0 & \cdots & q \\ 1 & 0 & 0 & \cdots & 0 & 0 & 0 & 0 & \cdots & 0 \\ 0 & 1 & 0 & \cdots & 0 & 0 & 0 & 0 & \cdots & 0 \\ \vdots & \vdots & \vdots & & \vdots & \vdots & \vdots & \vdots & & \vdots \\ 0 & 0 & 0 & \cdots & 1 & 0 & 0 & 0 & \cdots & 0 \end{pmatrix} \quad (10.8)$$

由 $h(x) \otimes f(x) = g(x)(\bmod q)$ 可知 $h(x) \otimes f(x) = g(x) + qk$，存在 n 维向量 $k = (k_0, \ k_1, \ k_2, \ \cdots, \ k_{n-1})$ 满足

$$\begin{pmatrix} \boldsymbol{H} & q\boldsymbol{I} \\ \boldsymbol{I} & 0 \end{pmatrix} \begin{pmatrix} \boldsymbol{f}^{\mathrm{T}} \\ \boldsymbol{k}^{\mathrm{T}} \end{pmatrix} = \begin{pmatrix} \boldsymbol{g}^{\mathrm{T}} \\ \boldsymbol{f}^{\mathrm{T}} \end{pmatrix} \quad (10.9)$$

即

$$\begin{pmatrix} h_0 & h_{n-1} & h_{n-2} & \cdots & h_1 & q & 0 & 0 & \cdots & 0 \\ h_1 & h_0 & h_{n-1} & \cdots & h_2 & 0 & q & 0 & \cdots & 0 \\ \vdots & \vdots & \vdots & & \vdots & \vdots & \vdots & \vdots & & \vdots \\ h_{n-1} & h_{n-2} & h_{n-3} & \cdots & h_0 & 0 & 0 & 0 & \cdots & q \\ 1 & 0 & 0 & \cdots & 0 & 0 & 0 & 0 & \cdots & 0 \\ 0 & 1 & 0 & \cdots & 0 & 0 & 0 & 0 & \cdots & 0 \\ \vdots & \vdots & \vdots & & \vdots & \vdots & \vdots & \vdots & & \vdots \\ 0 & 0 & 0 & \cdots & 1 & 0 & 0 & 0 & \cdots & 0 \end{pmatrix} * \begin{pmatrix} f_0 \\ f_1 \\ \vdots \\ f_{n-1} \\ k_0 \\ k_1 \\ \vdots \\ k_{n-1} \end{pmatrix} = \begin{pmatrix} g_0 \\ g_1 \\ \vdots \\ g_{n-1} \\ f_0 \\ f_1 \\ \vdots \\ f_{n-1} \end{pmatrix}$$

由上述证明可知向量 (g, f) 在 $2n$ 维格 $L(h)$ 中。由 NTRU 算法参数选取规则可知，多项式 f 和 g 中系数为 1 和-1 的项相对于系数为 0 的项较少，这直接导致 f 和 g 的长度较短，因此找到格 $L(h)$ 中的最短向量就很有可能找到 (g, f)。

由格的构造特点可知，格 $L(h)$ 中任意向量 (α, β) 都满足 $h \otimes \beta = \alpha(\bmod q)$，根据 NTRU 算法解密时的特殊性可知，只要 (α, β) 足够短，即使 $(\alpha, \beta) \neq (g, f)$ 依然可以用来解密，获得明文 m，具体描述如下。

虽然上述格具有一定的特殊性，但到目前为止还没有理论证明特殊格中的 SVP 问题、CVP 问题或者近似 NP 困难问题的计算难度比普通格中的困难问题容易。

同时需要注意现有的大部分计算机的计算能力都很难超过对 400 维的格进行格基规约处理，n 维的公钥 h 生成的格是 $2n$ 维的，因此通常均认为公钥长度超过 200 的体制是安全的。

10.4.2　NTRU 算法安全性分析

目前基于格的公钥密码体制有 NTRU、GGH、Ajtai-Dwork 等，其安全性基于在一个大维数

格中寻找一个最短向量，或是针对一个给定的向量寻找与其最近向量的数学难题。对于这类困难问题的分析主要采用的方法是格基规约算法。

在 NTRU 密码体制中，对明文 m 进行加密，需要从环 $Z[x]/(x^N-1)$ 中选择多项式 f，g 作为私钥，公布的信息为 $(N,\ p,\ q,\ h)$，加密者根据公布的参数选取加密随机多项式 r，对明文进行加密后得到 $c=r\otimes h+m(\bmod q)$。

从上述论述中可以看出参与加密的隐私信息有 f，g 和 r，因此攻击 NTRU 算法的两种途径为：一是恢复 f 和 g；二是找到加密消息用的随机多项式 r。

1）强力攻击（Brute-Furce Attack）

1999 年，Coppersmith 和 Shamir 提出 NTRU 密码体制的攻击，主要思想是在一个整数格中寻找一个足够短的向量以代替私钥实现对密文的解密。通过对 NTRU 算法的分析可知，无须找到私钥 f 和 g 的本身就可完成解密，任意两个多项式 A 和 $B\in R$，只要满足：① $A^{-1}\otimes B=h(\bmod q)$；② A 和 B 的系数足够小，从而使 $pr\otimes B+A\otimes m$ 的系数在 $-q/2$ 和 $q/2$ 之间就可能替代 f 和 g 实现解密成功。具体描述如下。

在 NTRU 密码体制中，对于公钥 $h=f_q^{-1}\otimes g$，密文 $c=pr\otimes h+m(\bmod q)$，当 $(a,\ b)$ 足够小，以至于可保证 $pr\otimes a+m\otimes b$ 的系数都在区间 $(-q/2,\ q/2)$ 内，$pr\otimes a+m\otimes\beta(\bmod q)$ 与 $pr\otimes a+m\otimes\beta$ 相等，然后计算 $(pr\otimes a+m\otimes\beta)\otimes\beta_p^{-1}(\bmod p)=pr\otimes a\otimes\beta_p^{-1}+m\beta\otimes\beta_p^{-1}(\bmod p)=m(\bmod p)$，即可破解密文 c，获得明文 m。

f 和 g 的系数只在-1，0 和 1 之间选取，攻击 NTRU 算法时只需要在 L_f 中搜索 f 的所有可能值，并计算 $g=f\otimes h(\bmod q)$，检查 g 的系数是否在-1，0 和 1 之间。

在对多项式 f 进行搜索时，搜索的次数取决于参数 L_f 的大小，即小于 $C_N^{d_f}C_{N-d_f}^{d_f-1}$。如果 $d_g<d_f$，且 h 在环 $Z[x]/(x^N-1)$ 中有逆元，简单的办法就是在 L_g 中搜索 g 的所有可能值，并计算 $f=h^{-1}\otimes g(\bmod q)$，检查多项式 f 的系数是否只有-1，0 和 1。

2）中间相遇攻击（Meet in the Middle Attack）

中间相遇攻击是强力攻击的一种，它的主要思路是将 f 拆分为 f_1 和 f_2，即 $f=f_1+f_2$，这可以将搜索 f 的困难问题转为搜索 f_1 和 f_2，采用这种方法能够降低强力攻击的上界。中间相遇攻击的运行时间可近似表示为

$$O\left(\sqrt{C_N^{d_f}C_{N-d_f}^{d_f-1}}\right)$$

3）多次发送攻击

这种攻击方法的前提是明文 m 被加密发送了 n 次，且每次均使用相同的公钥 h，h 在环中有逆元，这个过程不要求每次采用相同的随机多项式。第 i 次发送的密文为 $c_i=r_i\otimes h+m(\bmod q)$，计算 $c_i-c_1=(r_i-r_1)\otimes h(\bmod q)$，则 $r_i-r_1=(c_i-c_1)\otimes h^{-1}(\bmod q)$，可通过上式恢复出随机多项式 r_i 的部分系数。

10.4.3　NTRU 算法正确解密的条件

　　NTRU 算法是一种构建在环上的公钥密码体制，其安全性基于在大维数格中寻找最短向量的数学难题。然而该体制存在一个明显的缺陷，在参数选取不当的情况下容易造成解密失败。

　　在 NTRU 算法解密过程中，要实现正确解密，就必须保证模 q 运算对 $pr \otimes g + f \otimes m$ 不起作用，也就是说要求多项式 $pr \otimes g + f \otimes m$ 的系数在区间 $[-q/2, \ q/2)$ 上，$f \otimes c (\mathrm{mod}\, q)$ 的运算结果为 $pr \otimes g + f \otimes m$，当系数不在区间时，模 q 就起作用。而作为解密方，先计算 $a = c \otimes f (\mathrm{mod}\, q)$，再计算 $a \otimes f_p (\mathrm{mod}\, p)$，$a \otimes f_p (\mathrm{mod}\, p) \neq m (\mathrm{mod}\, p)$ 的概率很大，就会造成解密失败。

　　一般而言，NTRU 算法的设计者主要通过选择合理的参数来避免解密错误，而没有从理论角度对 NTRU 算法解密错误的发生进行定量的分析，也就是说没有分析解密错误的发生与参数选择之间的关系。保证 NTRU 算法解密正确的充分条件是 NTRU 密码体制算法的参数应满足 $0 < 2d_f - 1 < q/2 - p(d_r + d_g)$。

🔓10.5　本章小结

　　本章首先讲述了格的密码理论知识，包括格密码的基本概念及格上的计算困难问题；其次重点介绍基于格理论的 NTRU 密码体制；最后对 NTRU 算法进行了安全性分析。

🔓10.6　本章习题

　　1. 在 NTRU 密码体制中，假设 $N = 3$，$f = 2 - x + 3x^2$，$g = 1 + 2x - x^2$，求解 $f + g$，$f \otimes g$。

　　2. 在 NTRU 密码体制中，假设 $N = 7$，$q = 11$，$f = 3 + 2x^2 - 3x^4 + x^6$，求解 f 模 q 的逆是否存在。

　　3. 在 NTRU 密码体制中，假设 $N = 7$，$q = 2$，$f = 1 + x^2 - x^4 - x^6$，求解 f 模 q 的逆是否存在。

第 11 章 密码杂凑函数

密码杂凑函数又称密码散列函数或 Hash 函数，该函数将一个任意长的比特串映射到一个固定长的比特串。密码杂凑函数是密码学的一个重要分支，在数字签名和消息完整性检测等方面有广泛的应用。

🔓 11.1 密码杂凑函数概述

人们通常将杂凑函数的函数值 $H(M)$ 称为杂凑码，它是基于消息中所有比特的函数，因此提供了一种错误检测能力，即改变消息中任何一个比特或几个比特都会使杂凑码发生改变。

11.1.1 杂凑函数的性质

杂凑函数的目的是为需要认证的数据产生一个"指纹"。为了实现对数据的认证，杂凑函数应满足下列 3 个性质。

（1）为一个给定的输出找出能映射到该输出的一个输入在计算上是困难的。

（2）为一个给定的输入找出能映射到同一输出的另一个输入在计算上是困难的。

（3）要发现不同的输入映射到同一输出在计算上是困难的。

（1）给出了杂凑函数单向性的概念，（2）和（3）给出了杂凑函数无碰撞性的概念。

定义 11.1（单向性） 设 H 是一个杂凑函数，如果对于任意给定的 z，寻找满足 $H(x) = z$ 的消息 x 在计算上是不可行的，那么称 H 是单向的（One-Way）。

定义 11.2（弱无碰撞） 设 H 是一个杂凑函数，给定一个消息 x，如果寻找另外一个与 x 不同的消息 x' 使得 $H(x) = H(x')$ 在计算上是不可行的，那么称 H 关于消息 x 是弱无碰撞的（Weakly Collision-Free）。

定义 11.3（强无碰撞） 设 H 是一个杂凑函数，如果寻找两个不同的消息 x 和 x' 使得 $H(x) = H(x')$ 在计算上是不可行的，那么称 H 是强无碰撞的（Strongly Collision-Free）。

如果杂凑函数对不同的输入可产生相同的输出，那么称该函数具有碰撞性。可以证明，如果一个杂凑函数 H 不是单向的，那么 H 一定不是强无碰撞的；如果一个杂凑函数 H 是强无碰撞的，那么 H 一定是单向的。

11.1.2　迭代型杂凑函数的结构

大多数杂凑函数，如 MD5、SHA1、SM3 的结构都是迭代型的，迭代型杂凑函数的结构如图 11.1 所示。其中函数的输入 M 被分为 L 组，即 Y_0，Y_1，…，Y_{L-1}，每组的长度为 $b$bit，如果最后一个分组的长度不够，则需要对其进行填充。最后一个分组中还包括整个函数输入的长度值，这将使得攻击者的攻击更为困难，即攻击者若想成功地产生假冒的消息，就必须保证假冒消息的杂凑值与原消息的杂凑值相同，而且假冒消息的长度也要与原消息的长度相等。

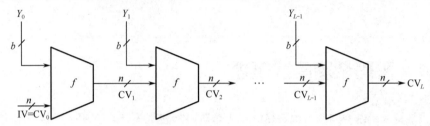

图 11.1　迭代型杂凑函数的结构

图 11.1 中，IV 为初始变量；CV 为链接变量；Y_i 为第 i 个输入数据块；f 为压缩算法；n 为杂凑码的长度；b 为输入消息块的长度；$CV_0 = IV$，IV 为初始变量；$CV_i = f(CV_{i-1},\ Y_{i-1})$，$1 \leqslant i \leqslant L$；$H(M) = CV_L$。

算法中的压缩函数 f 的输入有两项，一项是上一轮（第 $i-1$ 轮）输出的 $n$bit 值 CV_{i-1}，称为链接变量，另一项是算法在本轮（第 i 轮）的 $b$bit 输入分组 Y_i。本轮 f 的输出为 $n$bit 值 CV_i，CV_i 又作为下一轮的输入。

算法开始时还需要对链接变量指定一个初始变量 IV，最后一轮输出的链接变量 CV_L 即最终产生的杂凑值。

算法的核心技术是设计无碰撞的压缩函数 f，而攻击者对算法攻击的重点是 f 的内部结构。因为 f 和分组密码都是由若干轮处理过程组成的，所以对 f 的攻击需要通过对各轮之间的位模式的分析来进行，分析过程通常需要先找出 f 的碰撞。f 是压缩函数，其碰撞是不可避免的，因此在设计 f 时就应保证找出其碰撞在计算上是不可行的。

🔓11.2　MD5 杂凑算法

MD5 杂凑算法是由 Ron Rivest 于 1992 年 10 月作为 RFC 提出的，是 1990 年 4 月公布的 MD4 的改进版本。

11.2.1　算法描述

MD5 杂凑算法框图如图 11.2 所示。算法的输入为任意长的消息（图 11.2 中为 $k$bit），分为

512bit 的分组，输出为 128bit 的消息摘要。

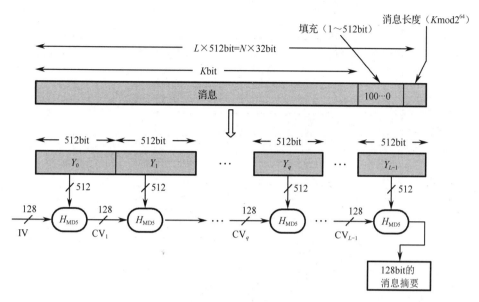

图 11.2　MD5 杂凑算法框图

MD5 杂凑算法具体介绍如下。

（1）消息填充。对消息填充，使得其比特长在模 512 下为 448bit，即填充后消息的长度为 512bit 的某一倍数减 64bit，留出的 64bit 在（2）中使用。消息填充是必须的，即使消息的长度已经满足需求，仍需要填充。例如，消息长为 448bit，则需要填充 512bit，使其长度变为 960bit，因此填充的比特数大于或等于 1bit 而小于或等于 512bit。填充方式是固定的，即第 1 位为 1，其后各位皆为 0。

（2）附加消息的长度。用（1）留出的 64bit 以 Little-Endian 方式来表示消息被填充前的长度。若消息长度大于 2^{64}，则以 2^{64} 为模数取模。Little-Endian 方式是指按数据的最低有效字节（或最低有效位）优先的顺序存储数据，即将最低有效字节（或最低有效位）存于低地址字节（或位）。与 Little-Endian 方式相反的存储方式称为 Big-Endian 方式。

前两步执行完后，消息的长度为 512bit 的倍数（设为 L 倍），则可将消息表示为分组长为 512bit 的一系列分组 Y_0，Y_1，$\cdots$，Y_{L-1}，而每一组又可以表示为 16 个 32bit 长的字，这样消息中的总字数为 $N = L \times 16$，因此消息又可按字表示为 $M[0, \cdots, N-1]$。

（3）对 MD 缓冲区初始化。算法使用 128bit 的缓冲区以存储中间结果和最终杂凑值，缓冲区可表示为 4 个 32bit 的寄存器（A，B，C，D），每个寄存器都以 Little-Endian 方式存储数据，其初值为（以存储方式）A=01234567，B=89ABCDEF，C=FEDCBA98，D=76543210，实际为 67452301，EFCDAB89，98BADCFE，10325476。

（4）以分组为单位对消息进行处理。每一分组 $Y_q (q = 0, \cdots, L-1)$ 都经过压缩函数 H_{MD5} 处理。H_{MD5} 是算法的核心，其中又有 4 轮处理过程，MD5 杂凑算法分组处理过程如图 11.3 所示。

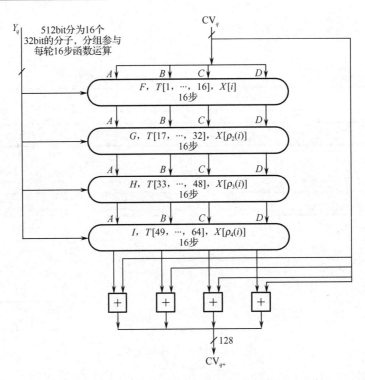

图 11.3　MD5 杂凑算法分组处理过程

H_{MD5} 的 4 轮处理过程结构相同，但所用的逻辑函数不同，分别表示为 F、G、H、I。每轮输入为当前处理的消息分组 Y_q 和缓冲区的当前值 A、B、C、D，输出仍放在缓冲区中以产生新的 A、B、C、D。每轮处理过程还需要加上常数表 T 中四分之一个元素，分别为 $T[1, \cdots, 16]$，$T[17, \cdots, 32]$，$T[33, \cdots, 48]$，$T[49, \cdots, 64]$。表 T 中有 64 个元素，第 i 个元素 $T[i]$ 为 $2^{32} \times abs(\sin(i))$ 的整数部分，其中 sin 为正弦函数，i 以弧度为单位，$abs(\sin(i))$ 大于 0 小于 1，因此 $T[i]$ 可以由 32bit 的字表示。第 4 轮的输出再与第 1 轮的输入 CV_q 相加，相加时将 CV_q 看作 4 个 32bit 的字，每个字与第 4 轮输出的对应的字按模 2^{32} 相加，相加的结果即 H_{MD5} 的输出。

（5）输出。消息的 L 个分组都被处理完后，最后一个 H_{MD5} 的输出即产生的消息摘要。

步骤（3）～（5）的处理过程可总结为

$$CV_0 = IV$$

$$CV_{q+1} = CV_q + RF_I[Y_q, \ RF_H[Y_q, \ RF_G[Y_q, \ RF_F[Y_q, \ CV_q]]]] \tag{11.1}$$

$$MD5 = CV_L$$

其中，IV 为步骤（3）所取的缓冲区 A、B、C、D 的初始变量；Y_q 为消息的第 q 个 512bit 的分组；L 为消息经过步骤（1）和步骤（2）处理后的分组数；CV_q 为处理消息的第 q 个分组时输入的链接变量（前一个压缩函数的输出）；RF_x 为使用基本逻辑函数 x 的轮函数；+为对应字的模 2^{32} 加法；MD5 为最终杂凑值。

11.2.2　MD5 杂凑算法的压缩函数

压缩函数 H_{MD5} 中有 4 轮处理过程，每轮又对缓冲区 A、B、C、D 进行 16 步迭代运算。MD5 杂凑算法的压缩函数一步迭代如图 11.4 所示。

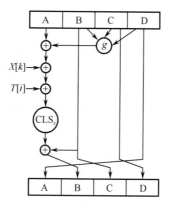

图 11.4　MD5 杂凑算法的压缩函数一步迭代

$$a \leftarrow b + \mathrm{CLS}_s\left(a + g\left(b,\ c,\ d\right) + X\left[k\right] + T\left[i\right]\right) \tag{11.2}$$

其中，a、b、c、d 为缓冲区的 4 个字，运算完成后再循环右移 1 个字，即得这一步迭代的输出；g 是逻辑函数 F、G、H、I 之一；CLSs 是循环左移 s 位。

$T[i]$ 与 s 的值参照表 11.1～表 11.4，+为模 2^{32} 加法。$X[k]=M[q \times 16+k]$，即消息第 q 个分组中的第 k 个字（$k=1,\ \cdots,\ 16$）。4 轮处理过程中，每轮以不同的次序使用 16 个字，其中在第 1 轮以字的初始次序使用，第 2 轮至第 4 轮分别对字的次序 i 进行置换后得到一个新次序，然后以新次序使用 16 个字。3 个置换分别为

$$\begin{aligned}
\rho_2\left(i\right) &= \left(1+5i\right) \bmod 16 \\
\rho_3\left(i\right) &= \left(5+3i\right) \bmod 16 \\
\rho_4\left(i\right) &= 7i \bmod 16
\end{aligned} \tag{11.3}$$

4 轮处理过程分别使用不同的逻辑函数 F、G、H、I，每个逻辑函数的输入为 3 个 32bit 的字，输出是一个 32bit 的字，其中运算为逐比特的逻辑运算，即输出的第 n 个比特是 3 个输入的第 n 个比特的函数。设 X、Y 和 Z 是 3 个 32bit 的输入变量，输出是一个 32bit 的变量，则这 4 个逻辑函数 F、G、H、I 定义为

$$\begin{aligned}
F(X,\ Y,\ Z) &= (X \wedge Y) \vee (\neg X \wedge Z) \\
G(X,\ Y,\ Z) &= (X \wedge Z) \vee (Y \wedge \neg Z) \\
H(X,\ Y,\ Z) &= X \oplus Y \oplus Z \\
I(X,\ Y,\ Z) &= Y \oplus (X \vee \neg Z)
\end{aligned} \tag{11.4}$$

其中，$\wedge$、$\vee$、$\neg$、$\oplus$ 分别表示与、或、非和异或逻辑运算。

表 11.1 F-轮参数表

i	k	s	$T_F[i]$	i	k	s	$T_F[i]$
1	0	7	0xD76AA478	9	8	7	0x698098D8
2	1	12	0xE8C7B756	10	9	12	0x8B44F7AF
3	2	17	0x242070DB	11	10	17	0xFFFF5BB1
4	3	22	0xC1BDCEEE	12	11	22	0x895CD7BE
5	4	7	0xF57C0FAF	13	12	7	0x6B901122
6	5	12	0x4787C62A	14	13	12	0xFD987193
7	6	17	0xA8304613	15	14	17	0xA679438E
8	7	22	0xFD469501	16	15	22	0x49B40821

表 11.2 G-轮参数表

i	k	s	$T_G[i]$	i	k	s	$T_G[i]$
1	1	5	0xF61E2562	9	9	5	0x21E1CDE6
2	6	9	0xC040B340	10	14	9	0xC33707d6
3	11	14	0x265E5A51	11	3	14	0xF4D50D87
4	0	20	0xE9B6C7AA	12	8	20	0x455A14ED
5	5	5	0xD62F105D	13	13	5	0xA9E3E905
6	10	9	0x02441453	14	2	9	0xFCEFA3F8
7	15	14	0xD8A1E681	15	7	14	0x676F02D9
8	4	20	0xE7D3FBC8	16	12	20	0x8D2A4C8A

表 11.3 H-轮参数表

i	k	s	$T_H[i]$	i	k	s	$T_H[i]$
1	5	4	0xFFFA3942	9	13	4	0x289B7EC6
2	8	11	0x8771F681	10	0	11	0xEAA127FA
3	11	16	0x6D9D6122	11	3	16	0xD4EF3085
4	14	23	0xFDE5380C	12	6	23	0x04881D05
5	1	4	0xA4BEEA44	13	9	4	0xD9D4D039
6	4	11	0x4BDECFA9	14	12	11	0xE6DB99E5
7	7	16	0xF6BB4B60	15	15	16	0x1FA27CF8
8	10	23	0xBEBFBC70	16	2	23	0xC4AC5665

表 11.4 I-轮参数表

i	k	s	$T_I[i]$	i	k	s	$T_I[i]$
1	0	6	0xF4292244	7	10	15	0xFFEFF47D
2	7	10	0x411AFF97	8	1	21	0x85845DD1
3	14	15	0xAB9423A7	9	8	6	0x6FA87E4F
4	5	21	0xFC93A039	10	15	10	0xFE2CE6E0
5	12	6	0x655B59C3	11	6	15	0xA3014314
6	3	10	0x8F0CCC92	12	13	21	0x4E0811A1

i	k	s	$T_I[i]$	i	k	s	$T_I[i]$
13	4	6	0xF7537E82	15	2	15	0x2AD7D2BB
14	11	10	0xBD3AF235	16	9	21	0xEB86D391

11.2.3　MD5 杂凑算法的安全性

MD5 杂凑算法的性质即杂凑码中的每个比特是所有输入比特的函数，因此获得了很好的混淆效果，从而避免随机选择两个具有相同杂凑值消息的情况出现。

目前对 MD5 杂凑算法的攻击已取得以下结果。

（1）对单轮 MD5 杂凑算法使用差分密码分析，可在合理的时间内找出具有相同杂凑值的两个消息，但这种攻击还未成功推广到 4 轮 MD5 杂凑算法。

（2）可找出一个消息分组和两个相关的链接变量（缓冲区变量 A、B、C、D），使得算法产生相同的输出，目前这种攻击还未成功推广到整个算法。

（3）已成功地对单个长度为 512bit 的消息分组找出了碰撞，即可找出另一个消息分组，使得算法对两个消息分组的长度为 128bit 的输出相同。目前这种攻击还未成功推广到在有初始变量 IV 时对整个消息运行该算法的情况。

因此，从密码分析的角度来看，MD5 杂凑算法被认为是易受攻击的。而从穷举搜索的角度来看，第 Ⅱ 类生日攻击需要进行 $O(2^{64})$ 次运算，因此认为 MD5 杂凑算法易受第 Ⅱ 类生日攻击的威胁。综上所述，必须寻找新的杂凑算法，以使其产生的杂凑值更长，且抵抗已知密码分析攻击的能力更强。下面要介绍的 SHA-3 就是这样的一个算法。

🔓11.3　SHA-3 杂凑算法

近年来，传统常用的杂凑函数，如 MD4、MD5、SHA-0、SHA-1、RIPENMD 等已被成功攻击。NIST 分别在 2005 年、2006 年举行了两届杂凑函数研讨会，并于 2007 年正式宣布在全球范围内征集新的下一代杂凑函数。新一代的杂凑函数被称为 SHA-3 杂凑算法，作为新的安全杂凑函数，其用以增强现有的 FIPS 180-2 标准。算法的提交于 2008 年 10 月结束，NIST 分别于 2009 年和 2010 年举行两轮会议，筛选出 5 个算法（BLAKE、Grøstl、JH、Keccak、Skein）进入终轮。2012 年 10 月，NIST 宣布 Keccak 算法为新一代的杂凑函数，称为 SHA-3 杂凑算法。

SHA-3 杂凑算法是由 ST 微电子公司的 Bertoni、Daemen、Assche 和 NXP 半导体公司的 Peeters 共同设计提交的杂凑函数，它使用了基于海绵（Sponge）构造的 Sponge 函数。

11.3.1　算法描述

SHA-3 杂凑算法是一种采用密封海绵结构（Hermetic Sponge Strategy，HSS）的安全杂凑算法，与多数杂凑算法所采用的经典的 Merkle-Damgard 结构不同。它由特定的填充函数和置换函数（轮函数）Keccak-f 组成，海绵结构如图 11.5 所示。图 11.5 中，P 为输入，Z 为输出，f 为置换函数，r 为分组长度，c 为容量。海绵结构是针对一个固定置换 f 的迭代过程。置换输入/输出的二进制串为状态，其长度 $b=r+c$，b 为轮函数的宽度，其中 r 为比特率，又称外部状态；c 为容量，称内部状态。算法的初始状态为全零。Keccak 规定 $b = 25 \times 2^l$，$l = 0, 1, \cdots, 6$，因此 b 有 $\{25, 50, 100, 200, 400, 800, 1600\}$ 共 7 种规模，在提交 SHA-3 的 Keccak 算法中 $b = 1600$bit，即 l 取 6。

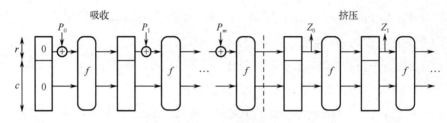

图 11.5　海绵结构

海绵结构分为吸收（Abstracting）和挤压（Squeezing）两个阶段。第一阶段为吸收阶段，各消息块依次进入轮函数，此阶段不产生任何输出。当所有消息块吸收完毕后进入第二阶段，即挤压阶段，在此阶段根据需求可输出任意长度的摘要。

（1）吸收阶段。输入消息经过填充，分为长度为 r 的各块 $p_1, \cdots, p_i, \cdots, p_m$，每块分别与各次置换的输入状态的 r 长外部状态异或，而 c 长内部状态保持不变，形成作为本次置换 f 的输入。Keccak 的填充方式为：首先添加一个 1，之后添加数个 0，最后添加一个 1，即填充方式为 $10\cdots01$，其中 0 的个数应使填充后的长度是消息分组长度的最小整数倍。

（2）挤压阶段。根据需要的输出长度，从各次置换的输出中分别提取 $z_1, \cdots, z_i$ 各子串，连接后形成算法输出。实际上海绵结构可以产生任意长度的输出。

按照 NIST 要求，算法输出长度分为 224bit、256 bit、384 bit 和 512bit，Keccak 算法的消息块长度 r 是根据输出长度变化的，即当输出长度为 512bit 时 r 为 576bit；当输出长度为 384bit 时 r 为 832bit；当输出长度为 256bit 时 r 为 1088bit；当输出长度为 224bit 时 r 为 1152bit。

11.3.2　Keccak-f 置换

Keccak-f 置换共有 7 种，用 Keccak-$f[b]$ 表示，其中置换宽度 $b \in \{25, 50, 100, 200, 400, 800, 1600\}$，$b = 25 \times 2^l$，$l = 0, 1, 2, \cdots, 6$。参加 SHA-3 杂凑算法竞赛的 Keccak 算法统一采用 Keccak-$f[1600]$ 置换。Keccak 算法中置换 f 的输入表示为 $5 \times 5 \times 2^l$ 的 3 位比特数组 $a[x][y][z]$，称为状态

数组。当 b 为 1600 时，数组大小为 $5\times5\times64(l=6)$。为了方便，keccak 算法将该数组分为片（slice）（各 $5\times5\times1$ bit）、面（plane）（各 $5\times1\times2^l$ bit）、板（sheet）（各 $1\times5\times2^l$ bit）、道（lane）（各 $1\times1\times2^l$ bit）、行（row）（各 $5\times1\times1$ bit）和列（column）（各 $1\times5\times1$ bit）单元。Keccak 算法的 state 结构如图 11.6 所示。置换就是分别对这些单元的各比特进行 $12+2l$ 轮迭代运算。

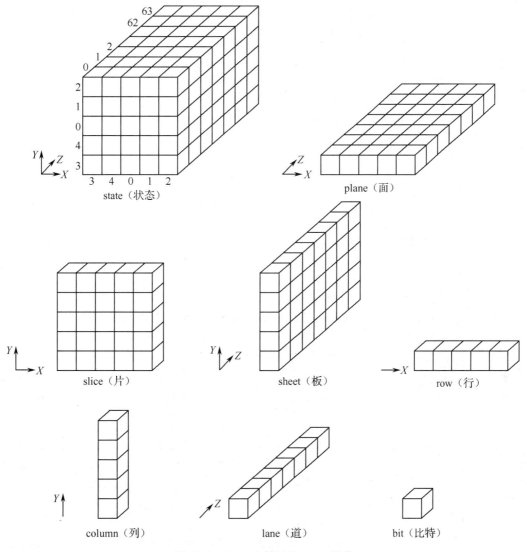

图 11.6　Keccak 算法的 state 结构

Keccak-f[1600]的结构如图 11.7 所示，通过不同的 r、c 组合实现不同版本参数的 Keccak 算法，它们的不同组合会对安全和性能产生影响。c 和 r 的组合不同，生成的杂凑值也不同，而不是简单地减小了输出的长度，这是 Keccak 算法最终能够胜出的很重要的一个原因。

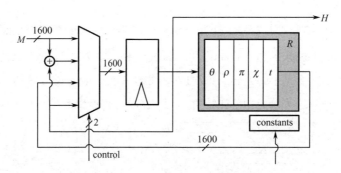

图 11.7 Keccak-f[1600]的结构

置换 f 可视为 SP 结构，每一迭代的轮函数为 5 个变换的复合：$R = \tau \circ \chi \circ \pi \circ \rho \circ \theta$，它们分别对三维数组的不同方向进行变换，以达到混淆和扩散的目的。这 5 个变换如下所示：

$$\theta : a[x][y][z] \leftarrow a[x][y][z] \oplus \sum_{y=0}^{4} a[x-1][y][z] \oplus \sum_{y=0}^{4} a[x+1][y][z-1]$$

这一变换是将每比特附近的两 column 比特之和迭加到该比特上，即 θ 变换将状态中的每一比特更新为其本身和其左边和右后方两列共 11bit 的异或值（x 和 y 的坐标都是模 5 的）。

$\rho : a[x][y][z] \leftarrow a[x][y][z - \dfrac{(t+1)(t+2)}{2}]$，其中，$0 \leqslant t < 24$，满足 $\begin{pmatrix} 0 & 1 \\ 2 & 3 \end{pmatrix}^{t} \begin{pmatrix} 1 \\ 0 \end{pmatrix} = \begin{pmatrix} X \\ Y \end{pmatrix}$ 矩阵元素为 GF（5）中元素，且 $x = y = 0$ 时 $t = -1$。

这一变换是针对每个 z 方向 lane 的比特循环移位，即使每一 lane 沿 z 轴方向移动，移动的距离为 $t(x, y) = \dfrac{(t+1)(t+2)}{2}$。$\rho$ 的移位距离表如表 11.5 所示。

表 11.5 ρ 的移位距离表

	$x=0$	$x=1$	$x=2$	$x=3$	$x=4$
$y=0$	0	1	62	28	27
$y=1$	36	44	6	55	20
$y=2$	3	10	43	25	39
$y=3$	41	45	15	21	8
$y=4$	18	2	61	56	14

$\pi : a[x][y][z] \leftarrow a[x'][y'][z']$，$\begin{pmatrix} x \\ y \end{pmatrix} = \begin{pmatrix} 0 & 1 \\ 2 & 3 \end{pmatrix} \begin{pmatrix} x' \\ y' \end{pmatrix}$，其中，矩阵元素为 GF(5) 中的元素。

这一变换是针对每个 $(x-y)$ 平面的 slice 的比特移位，π 对 xOy 平面上的坐标位置为 (x', y') 的比特进行位置变换，新位置由 (x, y) 指定。

$$\chi : a[x][y][z] \leftarrow a[x][y][z] \oplus (\neg a[x+1][y][z] \wedge a[x+2][y][z])$$

这是针对每个 x 方向的 row 的非线性运算，等效为 5×5 的 S 盒。

$$\tau : a[0][0][z] \leftarrow a[0][0][z] + RC[i]$$

这一变换是加轮常数 RC 逐比特进行，且每轮 i 的轮常数不同。

输入数据经过填充处理封装成 r bit 的数据，与 state 的初值（默认为 0）进行异或后封装成

1600 位的消息进入 Keccak-f[1600]，再经过 R 循环迭代执行后输出杂凑值，其中迭代次数 nr 由置换宽度 b 决定，它们之间的约束关系为 nr=12+2l，其中 2^l =b/25。Keccak-f[1600]的 R 循环将执行 24 次，每个 R 循环只有最后一步的循环常数值不同。根据版本要求，从经过迭代置换后的 state 值中取出相应长度的信息摘要即杂凑值。

11.3.3　Keccak 算法的性能分析

1．迭代结构

Keccak 算法采用的海绵结构具有可证明安全性和良好的适应性，与多数具有明显压缩函数结构的算法不同，海绵结构采用了大状态的固定置换。在假设置换是理想的情况下，可证明该结构与随机谕言模型是不可区分的，区分复杂度的下界为 $2^{\frac{c}{2}}$（c 为容量，也称安全参数)。这就保证了算法具有抵抗一般性攻击（结构上的攻击）的能力。这种可证明性与第 3 轮其他几种候选算法类似，都是将算法安全性归结于置换或压缩函数的安全性之上。与此同时，海绵结构可以输出任意长度，适用能力较强。

2．置换

Keccak 的置换中的运算都是比特级的（逻辑运算），这些运算可使截断差分、积分攻击等不易发生，并且便于硬件实现。除了加常数运算 τ，其他运算都具有平移不变性即对称性，这使算法具有良好的适用性和实现性能。在安全性上，χ 是唯一的非线性部件，为一个可逆的 S 盒，代数次数仅为 2，这将便于分析差分和线性特性，便于加入防护措施以防止差分能量攻击。但其逆 S 盒具有不同的性质，θ 是为了实现 slice 之间的扩散性；π 是为了打乱水平和垂直方向的规律性；τ 是为了打破整个置换的对称性，保证各轮的变换不同并防止不动点。

3．整体安全性能

Keccak 算法具有较大的安全余量。碰撞和近似碰撞的结果最能反映杂凑算法的安全性，Keccak 算法的 24 轮中（当时）只发现 5 轮的近似碰撞。区分攻击能够反映算法随机性的性能，评选当时仅发现 Keccak 算法的 12 轮区分器。而针对 Keccak 算法的原像攻击方面仅有很少轮数且复杂性很高的结果。Keccak 算法用同一个置换产生所有输出长度的摘要输出，好处是易于实现简便变型算法，但是为了保证安全性，消息分块要随输出长度变化，而且摘要越长执行速度越慢。进入第 2 轮后，Keccak 算法进行了一些修改：轮数由 12+l 增至 12+2l；224bit 输出对应的消息块长度从 1024bit 增到 1152bit，256bit 输出对应的消息块长度从 1024bit 增到 1088bit，以达到原像安全。在进入第 3 轮后 Keccak 算法简化了填充方式。

🔒11.4　消息认证码与 HMAC 算法

信息安全一方面要实现消息的保密传送，使其可以抵抗被动攻击，如窃听攻击等；另一方面要防止攻击者对系统进行主动攻击，如伪造或篡改消息内容等。认证是对抗主动攻击的主要方法，它对于开放网络中各种信息系统的安全性发挥着重要的作用。

认证可分为实体认证（Entity Authentication）和消息认证两种。实体认证用来验证实体的身份，消息认证用来验证消息的真实性。消息认证的作用主要有两个：一个是验证消息来源的真实性，一般称为信息源认证；另一个是验证消息在传输和存储过程中是否被伪造、篡改等。

11.4.1 消息认证码

消息认证码是指消息被一密钥控制的公开函数作用后产生的用作认证符的固定长度的数值，也称为密码校验和，此时需要通信双方 A 和 B 共享密钥 k。设 A 欲发送给 B 的消息是 M，A 首先计算 $\mathrm{MAC} = C_k(M)$，其中 $C_k(\bullet)$ 是密钥控制的公开函数，然后向 B 发送 M、MAC，B 收到消息后进行与 A 相同的计算，求得一个新的 MAC，并与收到的 MAC 比较。MAC 的基本使用方式如图 11.8 所示。

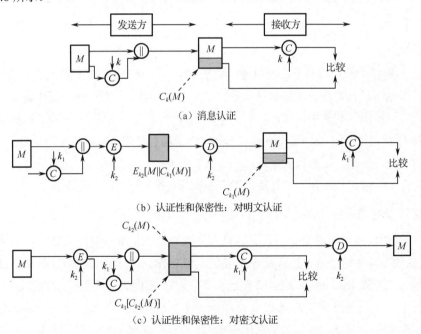

（a）消息认证

（b）认证性和保密性：对明文认证

（c）认证性和保密性：对密文认证

图 11.8　MAC 的基本使用方式

如果仅收发双方知道 k，且 B 计算得到的 MAC 与收到的 MAC 一致，那么这一系统就实现了以下功能。

（1）接收方相信发送方发来的消息未被篡改，这是因为攻击者不知道密钥，所以不能在篡改消息后相应地篡改 MAC，而如果仅篡改消息，那么接收方计算的新 MAC 将与收到的 MAC 不同。

（2）接收方相信发送方不是冒充的，这是因为除收发双方外再无其他人知道密钥，因此其他人不可能计算出自己发送的消息的正确的 MAC。

上述过程中，因为消息本身在发送过程中是明文形式，所以这一过程只提供了认证性，未提供保密性。为提供保密性可在 MAC 函数以后（见图 11.8（b））或以前（见图 11.8（c））进行一次加密，而且加密密钥也需要被收发双方共享。图 11.8（b）所示的使用方式为 M 与 MAC 链接后再被整体加密，图 11.8（c）所示的使用方式为 M 先被加密再与 MAC 链接后发送。通常希望直接对明文进行认证，图 11.8（b）所示的使用方式更为普遍。

11.4.2　HMAC 算法

近年来，人们越来越多地使用杂凑函数来设计 MAC，因为密码杂凑函数的软件执行速度通常比对称分组密码算法要快。目前已经提出了许多基于杂凑函数的消息认证算法，其中 HMAC 算法（RFC2104）是实际中使用最多的方案。

RFC2104 列举了 HMAC 算法的设计目标如下。

（1）可不经修改而使用现有的杂凑函数，特别是那些易于软件实现的、源代码可方便获取且免费使用的杂凑函数。

（2）其中镶嵌的杂凑函数可易于替换为更快或更安全的杂凑函数。

（3）保持镶嵌的杂凑函数的最初性能，不因用于 HMAC 算法而使其性能降低。

（4）以简单的方式使用和处理密钥。

（5）在对镶嵌的杂凑函数合理假设的基础上，易于分析 HMAC 算法用于认证时的密码强度。

前两个目标是 HMAC 算法被人们普遍接受的主要原因，这两个目标是将杂凑函数当作一个黑盒使用，这种方式有以下两个优点。

（1）杂凑函数的实现可作为实现 HMAC 算法的一个模块，这样一来，HMAC 算法代码中很大一块就可事先准备好，无须修改就可使用。

（2）如果 HMAC 要求使用更快或更安全的杂凑函数，那么只需要用新模块代替旧模块，如用实现 SHA-3 的模块代替 MD5 的模块。

最后一条设计目标则是 HMAC 算法优于其他基于杂凑函数的 MAC 的一个主要方面，HMAC 算法在其镶嵌的杂凑函数具有合理密码强度的假设下，可证明是安全的。

HMAC 算法框图如图 11.9 所示，其中 H 为嵌入的杂凑函数（如 MD5、SHA-3）；M 为 HMAC 算法的输入消息（包括杂凑函数所要求的填充位）；$Y_i(0 \leqslant i \leqslant L-1)$ 为 M 的第 i 个分组；L 为 M 的分组数；b 是一个分组中的比特数；n 为由嵌入的杂凑函数所产生的杂凑值的长度；k 为密钥，若密钥长度大于 b，则将密钥输入杂凑函数中产生一个长度为 n bit 的密钥；k^+ 为左边经填充 0 后的 k，k^+ 的长度为 b bit；ipad 为 $b/8$ 个 00110110；opad 为 $b/8$ 个 01011010。

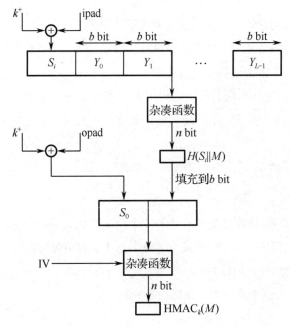

图 11.9   HMAC 算法框图

算法的输出可表示为 $\mathrm{HMAC}_k = H[(k^+ \oplus \mathrm{opad}) \| H[(k^+ \oplus \mathrm{ipad}) \| M]]$。

算法的运行过程可描述如下。

（1）k 的左边填充 0 以产生一个 b bit 长的 k^+（例如，k 的长度为 160bit，b =512，则需要填充 44 个零字节 0x00）。

（2）k^+ 与 ipad 逐比特异或以产生 b bit 的分组 S_i。

（3）将 M 链接到 S_i 后。

（4）将 H 作用于步骤（3）产生的数据流。

（5）k^+ 与 opad 逐比特异或，以产生 b bit 长的分组 S_0。

（6）将步骤（4）得到的杂凑值链接在 S_0 之后。

（7）将 H 作用于步骤（6）产生的数据流并输出最终结果。

注：k^+ 与 ipad 逐比特异或及 k^+ 与 opad 逐比特异或的结果是将 k 中的一半比特取反，但两次取反的比特的位置不同。而 S_i 和 S_0 通过杂凑函数中压缩函数的处理，相当于以伪随机方式从 k 产生两个密钥。

在实现 HMAC 时，可预先求出下面两个量（HMAC 算法的有效实现如图 11.10 所示，虚线以左为预计算）：$f(\mathrm{IV}, (k^+ \oplus \mathrm{ipad}))$；$f(\mathrm{IV}, (k^+ \oplus \mathrm{opad}))$。

其中，$f(\mathrm{cv}, \mathrm{block})$，在图 11.10 是中用 f 表示杂凑函数中的压缩函数，其输入是 n bit 的链接变量和 b bit 的分组，输出是 n bit 的链接变量。这两个量的预先计算只在每次更改密钥时才需要进行。事实上这两个预先计算的值用于作为杂凑函数的初始变量 IV。

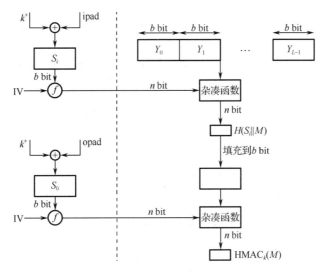

图 11.10　HMAC 算法有效实现

🔓 11.5　杂凑函数安全性分析

一个杂凑函数 H 需要满足下面 3 条基本的安全性原则。

（1）抗原像性（单向性）：给定杂凑值 h，找到消息 M 使得 $h=H(M)$ 在计算上是不可行的。

（2）抗第二原像性（抗弱碰撞性）：给定杂凑值 $h=H(M)$，找到消息 $M' \neq M$，使得 $H(M') = h$ 在计算上是不可行的。

（3）抗碰撞性（抗强碰撞性）：找到两个不同的消息 M、M'，使得 $H(M) = H(M')$ 在计算上是不可行的。

针对上述 3 条原则可以提出 3 种攻击方法，即原像攻击、第二原像攻击和碰撞攻击。一个杂凑函数抵抗原像攻击、第二原像攻击或碰撞攻击的能力主要取决于杂凑值的比特数 n。不管杂凑函数是如何设计的，攻击者都可以通过尝试 2^n 个不同的消息找到给定杂凑值的原像或第二原像，或依据生日攻击通过尝试 $2^{n/2}$ 个不同的消息找到一对碰撞消息。因此，若找到原像或第二原像的计算复杂度低于 2^n，或者找到碰撞对的计算复杂度低于 $2^{n/2}$，则认为该杂凑算法是可破的。

11.5.1　生日攻击

寻找杂凑函数 $H: M \rightarrow T$ 的碰撞对的基本方法是生日攻击，即找到两个不同的消息 $M^{(0)}$、$M^{(1)}$，使得 $H(M^{(0)}) = H(M^{(1)})$，具体的算法描述如下。

（1）随机选取集合 M 的一个子集 Ω。

（2）以 Ω 中的每个元素作为杂凑函数 H 的输入，得到集合 $H(\Omega) = \{H(x): x \in \Omega\}$。

（3）对集合 $H(\Omega)$ 中的元素 $H(x)$，根据其大小进行快速排序，寻找 Ω 中使得 $H(x)=H(y)$ 成

立的不同元素 x 和 y。若存在 x 和 y，且 $x \neq y$，使得 $H(x)=H(y)$，则输出（x，y），算法终止；否则，攻击失败。

由上述算法的描述可知，生日攻击的计算量为 $|\Omega|+|\Omega|\log|\Omega|$（$|\Omega|$ 为集合 Ω 的元素个数），存储量为 $|\Omega|$，且至少找到一个碰撞对的成功率为

$$1-\mathrm{e}^{-\frac{|\Omega|^2}{2|T|}}$$

因此，当 $|\Omega|=\sqrt{|T|}$ 时，生日攻击算法的成功率为 $1-\mathrm{e}^{-\frac{1}{2}} \approx 0.393$。故对于 $n\mathrm{bit}$ 的理想杂凑函数，找到一对碰撞消息的计算量和存储量均约为 $O(2^{n/2})$。

11.5.2 Keccak 算法的安全性分析现状

Keccak 算法成为 SHA-3 杂凑算法获胜者之后，必然会引起更多的关注和分析。目前关于 Keccak 算法的攻击方式主要有：利用差分技术的碰撞攻击和部分碰撞攻击；利用 Biclique 等技术的原像或第二原像攻击；区分攻击等。

1．碰撞和近似碰撞攻击

国外学者从已有的 2 轮低重量的状态差分开始，反向扩展 1 轮产生目标状态差分，再由目标差分算法从初始变量开始进行正向 1 轮扩展，产生了 4 轮 Keccak-224 实际碰撞用时 2～3min，产生 4 轮 Keccak-256 实际碰撞用时 15～30min；产生 5 轮近似碰撞（只差 5bit、10bit）耗时几天时间。2013 年又采用目标内部差分算法提高了上述结果：对 5 轮的 Keccak-256 产生了碰撞攻击，复杂度为 2^{115}；并结合 Squeez 攻击产生了 3 轮 Keccak-512 实际性攻击，4 轮 Keccak-384 的碰撞，复杂度为 2^{147}。

国外学者提出了有效产生给定重量的 $Keccak\text{-}f[1600]$ 的所有差分路径的方法，利用计算机程序搜索得到了重量为 36 时 3 轮的所有差分轨迹，确认了重量为 32 时 3 轮轨迹是最轻的，指出 6 轮的轨迹中重量都不小于 74；还提出了一种将变换的性质和差分轨迹重量相关联的新技术，在恒等映射时，采用有效的状态表示方法，构建了 in-kernel 轨迹。

2．原象攻击

国外学者采用中间相遇的方法，提出了 2 轮 Keccak-224 和 Keccak-256 的原像和第二原像攻击，时间复杂度为 2^{33}，存储复杂度为 2^{29}，这是一种可以实际实现的攻击。

3．区分攻击（随机性攻击）

国外学者采用零和子集划分的方式对 Keccak 算法进行了区分攻击。零和区分攻击可以看作积分攻击的推广，即利用输入和输出的和为零的子集进行区分攻击。他们针对 Keccak 算法的 17 轮、19 轮和 20 轮置换产生了零和划分，复杂度分别为 2^{1370}、2^{1461} 和 2^{1586}。他们还提出了针对全轮 Keccak 算法置换的零和划分，复杂度为 2^{1575}，可以看出这种攻击的复杂度是很大的。

国外学者找到了 Keccak 算法目前最好的（重量最轻的）5 轮差分路径，针对 θ 变换的零和

特性，利用 Unaligned Rebound 技术，构造了 8 轮区分器，复杂度为 $2^{491.47}$，这比零和区分器的复杂度小很多。这里的 "Unaligned" 是指 Keccak 算法不像存在截断差分的 AES 那样容易处理 Rebound 过程，因为其 1 个活跃行经过 1 轮后会影响多个 slice。

国外学者采用旋转攻击方法，提出了 5 轮 Keccak 算法的区分攻击，复杂度仅为 2^{12}，但是对于更多轮数则遇到了较大困难。另外，这一攻击方式与其他区分攻击的不同之处在于：可以产生 4 轮原像攻击，复杂度为理论值的 $1/2^6$。

11.5.3 SM3 的安全性分析现状

我国在 2010 年发布了 SM3 密码杂凑算法，该算法将作为我国最新的商用密码加密标准。SM3 密码杂凑算法的压缩函数与 SHA-256 算法的压缩函数极其相似，都采用 MD 结构，但是 SM3 密码杂凑算法的压缩函数更为复杂。

目前针对 SM3 密码杂凑算法的攻击方法为利用原像攻击对约减轮的 SM3 密码杂凑算法进行攻击，在攻击中也用到了中间相遇攻击的思想。已有专家利用该方法成功对 28 轮 SM3 密码杂凑算法进行了攻击，在这一过程中还用到了部分匹配、消息补偿等技术和算法的初始结构来完善中间相遇原像攻击方法。

国外学者利用碰撞攻击对约减轮的 SM3 密码杂凑算法进行了攻击，该方法的思想来自对 SHA-2 算法的碰撞攻击，通过对 SHA-2 算法碰撞攻击方法的扩展与完善来将其应用到 SM3 密码杂凑算法当中。在该攻击过程中通过设置合理的初始差分和差分特征来实现对约减轮的 SM3 密码杂凑算法的碰撞攻击。虽然 SM3 密码杂凑算法比 SHA-2 算法要复杂，但该方法仍然实现了对 SM3 密码杂凑算法的 20 轮攻击。

国内密码专家利用中间相遇的攻击方法对 28 轮 SM3 算法进行了成功的攻击。在使用中间相遇攻击方法时会用到伪原像攻击方法的思想，该思想在国内密码专家的完善下取得了很大突破。通过这些专家的不断努力最终实现了 28 轮的 SM3 密码杂凑算法的消息匹配。

11.6 本章小结

本章主要介绍了杂凑函数和消息认证码。关于杂凑函数主要介绍了 MD5 杂凑算法和 SHA-3 杂凑算法的原理，关于消息认证码着重讲解了基于杂凑函数的 HMAC 算法。

11.7 本章习题

1. MD5 杂凑算法的输入是最大长度小于（ ）bit 的消息，输出长度为（ ）bit 的消息。

2. 用 MD5 杂凑算法处理 ASCII 码序列 "iscbupt"。MD5 杂凑算法第 1 轮逻辑函数为

$F(X，Y，Z)=(X \wedge Y) \vee (\neg X \wedge Z)$，设 $i=1$ 时 A=10325476、B=D6D99BA5、C=EFCDAB89、D=98BADCFE，$T[1]$=D76AA478，s=7，试计算第 1 轮第 1 步结束后寄存器 A、B、C、D 中存储的值。

3. 设 SHA-3 杂凑算法的部分输入如下图所示，试计算下图中 13、33、11、31，4 个数据经过 θ 置换之后的结果。

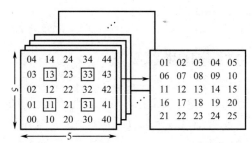

4. 设 a_1、a_2、a_3、a_4 是长度为 32bit 的字中的 4 个字节，a_i 可看作由二进制数表示的 $0 \sim 255$ 中的整数，在 Big-Endian 结构中，该字表示整数 $a_1 2^{24} + a_2 2^{16} + a_3 2^8 + a_4$，在 Little-Endian 结构中，该字表示整数 $a_4 2^{24} + a_3 2^{16} + a_2 2^8 + a_1$。MD5 杂凑算法使用 Little-Endian 结构，因消息的摘要值不应依赖于算法所用的结构，所以在 MD5 杂凑算法中为了对以 Big-Endian 结构存储的两个字 $X = x_1 x_2 x_3 x_4$ 和 $Y = y_1 y_2 y_3 y_4$ 进行模 2 加法运算，必须对这两个字进行调整，试说明如何调整。

5. 设 H_1 是一个从 $(Z_2)^{2n}$ 到 $(Z_2)^n$ 的杂凑函数，这里 $n \geqslant 1$，$Z_2 = \{0，1\}$。对任意整数 $i \geqslant 2$，按下述方式定义一个从 $(Z_2)^{2^i n}$ 到 $(Z_2)^n$ 的杂凑函数 H_i：对任意 $x \in (Z_2)^{2^i n}$，设 $x = x_1 \| x_2$，其中 $x_1，x_2 \in (Z_2)^{2^{i-1} n}$，定义 $H_i(x) = H_1(H_{i-1}(x_1) \| H_{i-1}(x_2))$。假设 H_1 是强抗碰撞的，试证明 H_i 也是强抗碰撞的。

第 12 章　SM3 密码杂凑算法

2010 年 12 月，国家密码管理局发布了《SM3 密码杂凑算法》。《SM3 密码杂凑算法》于 2012 年发布为密码行业标准（GM/T 0004—2012），2016 年发布为国家标准（GB/T 32905—2016）。2014 年，我国提出将 SM3 密码杂凑算法纳入 ISO/IEC 标准的意见。2017 年 4 月，SM3 密码杂凑算法进入最终国际标准草案阶段，SC27 工作组投票通过后将正式成为 ISO/IEC 国际标准。2018 年 10 月，含有我国《SM3 密码杂凑算法》的 ISO/IEC 10118-3：2018《信息安全技术杂凑函数第 3 部分：专用杂凑函数》第 4 版由 ISO 发布，《SM3 密码杂凑算法》正式成为国际标准。

SM3 密码杂凑算法可用于数字签名、完整性保护、安全认证、口令保护等。在实现上，SM3 密码杂凑算法运算速率高、支持跨平台的高效实现，具有较好的实现效能。

12.1　算法基础

SM3 密码杂凑算法的初始变量 IV 共 256bit，用于确定压缩函数寄存器的初态，具体值为 IV=7380166F，4914B2B9，172442D7，DA8A0600，A96F30BC，163138AA，E38DEE4d，B0FB0E4E。

对 SM3 密码杂凑算法的常量 T_j 定义为

$$T_j = \begin{cases} 79CC4519, & 0 \leqslant j \leqslant 15 \\ 7A879D8A, & 16 \leqslant j \leqslant 63 \end{cases} \tag{12.1}$$

F_2^n 表示所有 n 元组 $(a_1, \cdots, a_n)$，$a_i \in F_2$ 构成的集合，f 为从 F_2^n 到 F_2 的映射，这里 F_2 表示含有两个元素的有限域，则称 f 是一个 n 元布尔函数，记作 $f(x)$，$x \in F_2^n$。SM3 密码杂凑算法的布尔函数定义为

$$FF_j(X,Y,Z) = \begin{cases} X \oplus Y \oplus Z, & 0 \leqslant j \leqslant 15 \\ (X \wedge Y) \vee (X \wedge Z) \vee (Y \wedge Z), & 16 \leqslant j \leqslant 63 \end{cases} \tag{12.2}$$

$$GG_j(X,Y,Z) = \begin{cases} X \oplus Y \oplus Z, & 0 \leqslant j \leqslant 15 \\ (X \wedge Y) \vee (\neg X \wedge Z), & 16 \leqslant j \leqslant 63 \end{cases} \tag{12.3}$$

对 SM3 密码杂凑算法的置换函数定义为

$$P_0(X) = X \oplus (X <<< 9) \oplus (X <<< 17)$$
$$P_1(X) = X \oplus (X <<< 15) \oplus (X <<< 23)$$

其中，X、Y、Z 为字；$\wedge$、$\vee$、$\neg$ 和 $\oplus$ 分别表示与、或、非和异或操作；$<<<k$ 表示循环左移 $k$bit 运算。

🔓 12.2　算法描述

SM3 密码杂凑算法基于 MD 结构，杂凑函数 H 可将一个任意有限比特长度的消息 m 压缩到某一固定长度为 n bit 的杂凑值 h，即 $H(m)=h$。SM3 密码杂凑算法是对长度为 l bit ($l<2^{64}$) 的消息 m 进行填充和迭代压缩生成杂凑值，杂凑值长度为 256bit。

12.2.1　消息填充与扩展

假设消息 m 的长度为 l bit。首先将比特"1"添加到消息的末尾，再添加 k 个"0"，k 为满足 $l+1+k=448(\bmod 512)$ 的最小的非负整数。然后再添加一个 64bit 的比特串，该比特串是明文消息长度 l 的二进制数表示。填充后消息 m' 的比特长度为 512 的倍数。

例 12.1　对消息"abc"，首先将它转换成位字符串 01100001 01100010 01100011，其长度 $l=24$，经填充得到 512bit 的比特串为

$$\underbrace{01100001\ 01100010\ 01100011\ 100\cdots00}_{423\text{bit}}\underbrace{00\cdots011000}_{64\text{bit}}$$

l 的二进制数表示

将填充后的消息 m' 按 512bit 进行分组，设为 $m'=B^{(0)}B^{(1)}\cdots B^{(n-1)}$，其中 $n=(l+k+65)/512$。将消息分组 $B^{(i)}$ 按照以下方式扩展成 132 个字，即 $W_0,W_1,\cdots,W_{67},W_0',W_1',\cdots,W_{63}'$。

（1）将消息分组 $B^{(i)}$ 划分为 16 个字 $W_0,W_1,\cdots,W_{15}$。

（2）执行循环生成 $W_{16},W_{17},\cdots W_{67}$；

　　for $j=16$ to 67

$$W_j \leftarrow P_1(W_{j-16}\oplus W_{j-9}\oplus(W_{j-3}<<<15))\oplus(W_{j-13}<<<7)\oplus W_{j-6} \qquad (12.4)$$

　　endfor

（3）执行循环生成 $W_0',W_1',\cdots,W_{63}'$；

　　　　for $j=0$ to 63

$$W_j'=W_j\oplus W_{j+4} \qquad (12.5)$$

　　　　endfor

SM3 消息扩展过程如图 12.1 所示。

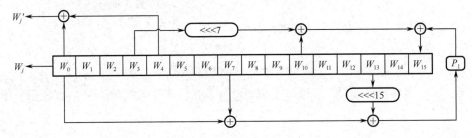

图 12.1　SM3 消息扩展过程

12.2.2　压缩函数

令 A、B、C、D、E、F、G、H 为字寄存器，SS1、SS2、TT1、TT2 为中间变量，压缩函数 $V^{i+1} = \mathrm{CF}(V^{(i)},\ B^{(i)})$，$0 \leqslant i \leqslant n-1$，具体过程如下。

$$\mathrm{ABCDEFGH} \leftarrow V^{(i)}$$
$$\text{for } j = 0 \text{ to } 63$$
$$\mathrm{SS1} \leftarrow ((\mathrm{A} <<< 12) + \mathrm{E} + (T_j <<< j)) <<< 7$$
$$\mathrm{SS2} \leftarrow \mathrm{SS1} \oplus (\mathrm{A} <<< 12)$$
$$\mathrm{TT1} \leftarrow \mathrm{FF}_j(\mathrm{A},\ \mathrm{B},\ \mathrm{C}) + \mathrm{D} + \mathrm{SS2} + W_j'$$
$$\mathrm{TT2} \leftarrow \mathrm{GG}_j(\mathrm{E},\ \mathrm{F},\ \mathrm{G}) + \mathrm{H} + \mathrm{SS1} + W_j$$
$$\mathrm{D} \leftarrow \mathrm{C}$$
$$\mathrm{C} \leftarrow \mathrm{B} <<< 9 \qquad\qquad (12.6)$$
$$\mathrm{B} \leftarrow \mathrm{A}$$
$$\mathrm{A} \leftarrow \mathrm{TT1}$$
$$\mathrm{H} \leftarrow \mathrm{G}$$
$$\mathrm{G} \leftarrow \mathrm{F} <<< 19$$
$$\mathrm{F} \leftarrow \mathrm{E}$$
$$\mathrm{E} \leftarrow P_0(\mathrm{TT2})$$
$$\text{endfor}$$
$$V^{(i+1)} \leftarrow \mathrm{ABCDEFG} \oplus V^{(i)}$$

其中，+是 $\mathrm{mod}2^{32}$ 算术加运算；← 是左向赋值运算符。

SM3 压缩函数过程如图 12.2 所示。

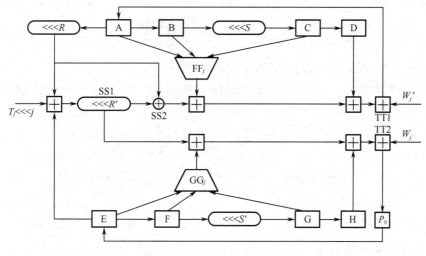

图 12.2　SM3 压缩函数过程

12.2.3　迭代过程

对 m' 按照下列方式进行迭代：

$$\text{for } i = 0 \text{ to } (n-1)$$
$$V^{(i+1)} = \text{CF}(V^{(i)}, B^{(i)}); \tag{12.7}$$
$$\text{endfor}$$

其中，CF 为压缩函数；$V^{(0)}$ 为 256bit 初始变量 IV；$B^{(i)}$ 为填充后的消息分组；迭代压缩的结果为 $V^{(n)}$。

$\text{ABCDEFGH} \leftarrow V^{(n)}$，输出 256bit 的杂凑值 $y = \text{ABCDEFGH}$。

🔓 12.3　设计原理

SM3 密码杂凑算法的设计主要遵循以下原则。

（1）能够有效抵抗比特追踪法及其他分析方法。

（2）软硬件实现需求合理。

（3）在保障安全性的前提下，综合性能指标与 SHA-256 同等条件下相当。

12.3.1　压缩函数的设计

1．设计原则

压缩函数的设计需要有强雪崩效应，即消息的微小变化会对杂凑值的改变产生巨大影响。另外为了使函数具有结构清晰等特点，需采用以下设计技术。

（1）消息双字介入。输入的双字消息从消息扩展算法产生的消息字中选出。为了使介入的消息尽快产生雪崩效应，采用模 2^{32} 算术加运算和 P 置换等。

（2）每一步操作将上一步介入的消息比特非线性迅速扩散，每一个消息比特快速地参与下一步的扩散和混合。

（3）采用的混合方法来自不同群运算，模 2^{32} 算术加运算、异或运算、3 元布尔函数和 P 置换。

（4）在保证算法安全性的前提下，为兼顾算法的简洁和软件智能卡实现的有效性，非线性运算主要采用布尔运算和算术加运算。

（5）压缩函数参数的选取应使压缩函数满足扩散的完全性、雪崩速度快的特点。

2．P_0 置换的参数选取

P_0 置换参数的选取需要排除位移间距较短、位移数为字节倍数和位移数都为合数的情况，综合考虑算法设计的安全性、软件和智能卡实现的效率，选取移位常量为 9 和 17。

3．布尔函数的选取

布尔函数的作用主要是用于防止比特追踪、提高算法的非线性特性和减少差分特征的遗传等。因此，布尔函数的选取需要满足以下要求。

（1）0～15 步布尔函数采用全异或运算，以防止比特追踪法分析。

（2）16～63 步布尔函数采用非线性运算，提高算法的非线性特性。同时，需要满足差分分布均匀的条件，与压缩函数中的移位运算结合，以减少输入和输出间的差分特征遗传。

（3）布尔函数必须是非退化和 0、1 平衡布尔函数。

（4）布尔函数形式必须清晰、简洁，易于实现。

4．循环移位常量 R 和 R' 的选取

循环移位常量 R 和 R' 的选取需要满足以下要求。

（1）当变量 x 遍历 0～15 时，$R \cdot x \bmod 32$、$R' \cdot x \bmod 32$、$(R+R') \cdot x \bmod 32$ 在 0～32 均匀分布，使消息扩散更加均匀。

（2）与循环移位常量 S 和 S' 及 P_0 置换相结合，使算法对消息比特的扩散速度加快。

5．循环移位常量 S 和 S' 的选取

循环移位常量 S 和 S' 的作用是加速消息比特扩散，增加布尔函数 3 个输入变量间的混合，S 和 S' 的选取需要满足以下要求。

（1）S 和 S' 差的绝对值在 8 左右，且 S' 为素数，S 为间距较远的奇数，使消息扩散更加均匀。

（2）与循环移位常量 R 和 R' 相结合，使算法对消息比特的扩散速度加快。

（3）所选的 S 和 S' 便于 8bit 智能卡实现。

（4）S 和 S' 与 P_0 置换的循环移位参数所产生的作用（尤其是雪崩效应）不相互抵消。

6．加法常量的选取

加法常量起随机化作用。对模 2^{32} 算术加运算而言，加法常量可以减少输入和输出间的线性和差分遗传概率。对加法常量的选取需要满足以下要求。

（1）加法常量的二进制表示中 0、1 基本平稳。

（2）加法常量的二进制表示中最长 1 游程小于 5，0 游程小于 4。

（3）加法常量的数学表达形式明确，便于记忆。

12.3.2 消息扩展算法的设计

消息扩展算法将 512bit 的消息分组扩展成 4224bit 的消息分组。通过 LFSR 来实现消息扩展，在较少的运算量下达到较好的扩展效果。消息扩展算法在 SM3 密码杂凑算法中的作用主要是加强消息比特间的相关性，减小通过消息扩展弱点对杂凑算法攻击的可能性。消息扩展算法有以下要求。

（1）消息扩展算法满足保熵性。

（2）对消息进行线性扩展，使扩展后的消息之间具有良好的相关性。

（3）具有较快的雪崩效应。

（4）适合软硬件和智能卡实现。

🔓 12.4 算法特点

SM3 密码杂凑算法压缩函数整体结构与 SHA-256 相似，但是增加了多种新的设计技术，包括增加 16 步全异或操作、消息双字介入、增加快速雪崩效应的 P 置换等。SM3 密码杂凑算法能够有效地避免高概率的局部碰撞，抵抗强碰撞性的差分分析、弱碰撞性的线性分析和比特追踪法等密码分析。

SM3 密码杂凑算法合理使用字加运算，构成进位加 4 级流水，在不显著增加硬件开销的情况下，采用 P_0 置换，加速了算法的雪崩效应，提高了运算效率。同时，SM3 密码杂凑算法采用了适合 32bit 微处理器和 8bit 智能卡实现的基本运算，具有跨平台实现的高效性和广泛的适用性。

🔓 12.5 安全性分析

目前已公开发表的针对 SM3 密码杂凑算法的安全性分析主要集中在碰撞攻击、原像攻击和区分攻击 3 个方面。比特追踪法是寻找杂凑算法碰撞最常用的方法，原像攻击主要采用中间相遇攻击及其改进方法，区分攻击主要是使用飞去来器攻击。

根据我国密码专家的研究结果，SM3 密码杂凑算法与其他杂凑标准 SHA-1、SHA-256、和 Keccak 进行了对比，SM3 密码杂凑算法和其他杂凑标准对比如表 12.1 所示。其中步（轮）数表示能够攻击成功的最大步（轮）数，百分比表示攻击成功的步（轮）数占算法总步（轮）数的比值。

表 12.1　SM3 密码杂凑算法和其他杂凑标准对比

算　　法	攻击类型	步（轮）数	百分比/%
SM3	碰撞攻击	20	31
	原像攻击	30	47
	区分攻击	37	58
SHA-1	碰撞攻击	80	100
	原像攻击	62	77.5
SHA-256	碰撞攻击	31	48.4
	原像攻击	45	70.3
	区分攻击	47	73.4
Keccak-256	碰撞攻击	5	20.8
	原像攻击	2	8
	区分攻击	24	100

续表

算　　法	攻击类型	步（轮）数	百分比/%
Keccak-512	碰撞攻击	3	12.5
	区分攻击	24	100

从表 12.1 可以得出：在碰撞攻击方面，SM3 密码杂凑算法的攻击百分比仅比 Keccak 算法高，比其他杂凑标准都低，在 SHA 类算法中最低，仅占总步数的 31%；在原像攻击方面，SM3 密码杂凑算法的攻击百分比仅比 Keccak 算法高，比其他杂凑标准都低，在 SHA 类算法中最低，占总步数的 47%；在区分攻击方面，SM3 密码杂凑算法均比其他杂凑标准低，仅占 58%，约占总步数的一半。这些分析结果体现了 SM3 密码杂凑算法的高安全性。

🔓12.6　**本章小结**

SM3 密码杂凑算法为国产密码杂凑算法，其消息分组长度为 512bit，输出摘要长度为 256bit，适用于数字签名与验证、消息认证码的生成与验证及随机数的生成。本章对 SM3 密码杂凑算法进行了介绍，包括算法基础和详细的算法描述，并介绍了算法的设计原理、算法特点和安全性分析。

当前，SM3 密码杂凑算法已成为我国电子认证、网络安全通信、云计算与大数据安全等领域的基础性密码算法。截至 2017 年 8 月，支持 SM3 密码杂凑算法的商用密码产品已达 1400 多款，包括安全芯片、终端设备和应用系统等多种类型，为促进商用密码发展、保障我国网络与信息安全发挥了巨大作用。

🔓12.7　**本章习题**

1. SM3 密码杂凑算法的分组长度是多少？杂凑值长度是多少？

2. 输入消息"abcd"的 ASCII 码表示为"61626364"，求其填充后的消息（用十六进制数表示）。

3. 写出以下 512bit 的消息填充后的消息。

  61626364 61626364 61626364 61626364 61626364 61626364 61626364 61626364

  61626364 61626364 61626364 61626364 61626364 61626364 61626364 61626364

4. 对消息"abc"，求扩展后 W_{16}、W_{17}、W_{18}、W_{19} 的值。

5. 对消息"abc"，求扩展后 W_{20}、W_{21}、W_{22}、W_{23} 的值。

6. 对消息"abc"，求扩展后 W'_{16}、W'_{17}、W'_{18}、W'_{19} 的值。

7. 当 $j=0$ 时，求 $T_j <<< 7$ 的值。

8. 对压缩函数，求当 $j=0$ 时，$A <<< 12$ 的值。

9. 对压缩函数，求当 $j=1$ 时，B、C、D 的值。

第 13 章　数字签名

数字签名是一种以电子形式给一个消息签名的方法，只有信息发送方才能进行签名。信息发送方进行签名后将产生一段任何人都无法伪造的一段数字串，这段特殊的数字串同时也是对签名真实性的一种证明。电子信息在传输过程中，通过数字签名来达到与传统手写签名相同的效果。数字签名由公钥密码发展而来，它在网络安全，包括身份认证、数据完整性、不可否认性及匿名性等方面有着重要应用。

🔓 13.1　数字签名方案的基本概念

13.1.1　数字签名方案的形式化定义及特点

数字签名是指签名者使用私钥对签名的杂凑值进行密码运算得到的结果，并且该结果只能用签名者的公钥进行验证，用于确认待签名数据的完整性、签名者身份的真实性和签名者行为的抗抵赖性。

一般数字签名方案包括 3 个过程，即系统的初始化过程、签名产生过程和签名验证过程。在系统的初始化过程中要产生数字签名中用到的一切参数，有公开的，也有私密的。在签名产生过程中用户利用给定的算法对消息 m 产生签名 $sig(m)$，这种签名过程可以公开也可以不公开。在签名验证过程中，验证者利用公开验证方法对给定消息的签名进行验证，得出签名的有效性。

下面给出数字签名的形式化定义。

系统的初始化过程：产生数字签名方案中的基本参数（M、S、K、SIG、VER），其中，M 为消息集合，S 为签名集合，K 为密钥集合，SIG 为签名算法集合，VER 为验证算法集合。

签名产生过程：对于密钥集合 K，有签名算法 $\mathrm{sig}_K \in \mathrm{SIG}$，$\mathrm{sig}_K: M \to S$，对消息 $m \in M$，有 $s \in S$，将签名消息组 (m, s) 发送到签名验证者。

签名验证过程：当签名验证者收到签名消息组 (m, s) 后，对于密钥集合 K，有验证算法 $\mathrm{ver}_K \in \mathrm{VER}$，且 $\mathrm{ver}_K: M \times S \to \{T, F\}$，$\mathrm{ver}_K(m, s) = \begin{cases} T, & s = \mathrm{sig}_K(m) \\ F, & s \neq \mathrm{sig}_K(m) \end{cases}$，若 $\mathrm{ver}_K(m, s)=T$，则签名有效；否则，签名无效。

对于密钥集合 K，签名算法 sig_K 和验证算法 ver_K 是容易计算的。一般情况下，sig_K 可以是公开的也可以是不公开的，而 ver_K 是公开的。同时还要求，对任意的消息 m，攻击者从签名集合 S 中选取 s 使得 $\mathrm{ver}_K(x, y)=T$ 是非常困难的，也就是说，攻击者对消息 m 产生有效签名 s 是不可能的。

密码学中消息认证的作用是保护通信双方以防止第三方的攻击，然而却不能保护通信双方中的一方防止另一方的欺骗、伪造或签名。通信双方之间也可能有多种形式的欺骗，如通信双方 A 和 B（设 A 为发方，B 为收方）使用消息认证码的基本方式通信，则可能发生以下欺骗。

（1）B 伪造一个消息并使用与 A 共享的密钥产生该消息的认证码，然后声称该消息来自 A。

（2）因为 B 有可能伪造 A 发来的消息，所以 A 可以对自己发过的消息予以否认。

这两种欺骗在实际的网络安全应用中都有可能发生。例如，在电子资金传输中，收方增加收到的资金数，并声称这一数目来自发方。又如，用户通过电子邮件向其证券经纪人发送对某笔业务的指令，以后这笔业务赔钱了，用户就可否认曾发送过相应的指令。因此，在收发双方未建立起完全的信任关系且存在利害冲突的情况下，只进行单纯的消息认证是不行的。数字签名技术则可以有效解决这一问题。类似于手书签名，数字签名应具有以下特性。

（1）数字签名是可信的，任何人都可以验证签名。

（2）数字签名是不可伪造的。除了合法的签名者，其他任何人伪造其签名是困难的。

（3）数字签名是不可复制的。对一个消息的签名不能通过复制变成另一个消息的签名值。若对一个消息的签名是从别处复制得到的，则任何人都可以发现消息与签名值之间没有对应关系，从而可以拒绝签名的消息。

（4）数字签名的消息是不可改变的。经过签名的消息不能被篡改，一旦签名的消息被篡改，任何人都可以发现消息与签名值之间没有对应关系。

（5）数字签名是不可否认的。每个签名值都对应唯一的签名消息组 (m, s)，因为签名私钥由签名者唯一拥有，所以签名者不能否认自己的签名。

由上述 5 种特性可知，数字签名为网络上的各种行为提供了安全保障。在金融领域，银行实现了手写屏等无纸化柜台形式，用户使用 U-key 进行网上支付；在互联网公司中，支付宝数字证书、腾讯微信支付的数字证书都使用了数字签名技术。因此，为了便于算法的工程实现和更加符合实际应用，一般要求算法满足：能够验证签名产生者的身份，以及产生签名的日期和时间；能用于证实被签消息的内容；数字签名可由第三方验证，从而能够解决通信双方的争议。

也就是说，高质量的数字签名应满足以下要求。

（1）签名的产生必须使用发送方独有的一些信息以防止伪造和否认。

（2）签名的产生应较为容易。

（3）签名的识别和验证应较为容易。

（4）对已知的数字签名构造一个新的消息或对已知的消息构造一个假冒的数字签名在计算上都是不可行的。

13.1.2　数字签名方案的分类

1. 依据数学困难问题分类

基于数学难题的不同，可以将数字签名方案分为基于大数分解问题、基于离散对数问题与将二者结合的混合数字签名方案。例如，众所周知的 RSA 数字签名方案基于大数分解问题，

ElGamal 数字签名方案和 DSA 数字签名方案都基于离散对数问题。我国自主研发的国密算法中有两种数字签名算法，即 SM2 和 SM9 都基于椭圆曲线离散对数困难问题。另外，基于格上困难问题设计的数字签名方案近几年也发展迅速，本书的第 10 章已详细介绍，此处不再赘述。

2．依据特殊用途分类

当普通的数字签名方案不能满足某些用户的签名需求时，需要用到特殊的数字签名方案。主要常见的数字签名方案有以下几种。

（1）盲签名。盲签名是指签名者不知道代签名文件内容时使用的数字签名。这种签名方式在电子货币系统中具有很广泛的应用。

（2）门限签名。在门限签名中，如果一个群体中有 n 个人，那么至少需要 p 个人签名才视为有效签名。通常采用共享密钥的方式来实现门限签名，即将密钥分割。例如，分成 m 份，则其中必须有大于 p 份的子密钥都被选择并且组合到一起，才有可能重现密钥。这种签名在密钥托管中得到广泛应用。

（3）群签名。在群签名中，一个群体由多个成员组成，某个成员可以代表整个群体来进行数字签名，而且该成员作为签名者可以被验证。

（4）代理签名。在代理签名中，密钥的所有者可以将签名权力授予第三方，获得签名权力的第三方可以进行数字签名。

（5）双重签名。在双重签名中，签名者希望有个中间人在他与验证者之间进行验证授权操作。它可以巧妙地把发送给不同接收者的两条消息联系起来，而且又很好地保护了消费者的隐私。

上述 5 种数字签名方案都是在基本的签名方案之上发展而来的，因此本章只介绍基本的数字签名方案。因为 RSA 数字签名方案应用最为广泛，所以下面以 RSA 数字签名方案为例说明数字签名的产生过程。按照 13.1.1 节给出的数字签名方案的形式化定义，RSA 数字签名方案分为 3 个部分：系统的初始化过程、签名产生过程和签名验证过程。

（1）系统的初始化过程。选两个保密的大素数 p 和 q，计算 $n = p \times q$，$\varphi(n) = (p-1)(q-1)$；选一个整数 e，满足 $1 < e < \varphi(n)$，且 $\gcd(\varphi(n), e) = 1$；计算 d，满足 $de \equiv 1 \bmod \varphi(n)$；以 $\{e, n\}$ 为公钥，d 为签名私钥。

（2）签名产生过程。设消息为 M，对其签名为 $S \equiv M^d \bmod n$，并将 (M, S) 发送给签名验证者。

（3）签名验证过程。接收方在收到消息 M 和签名 S 后，验证 $M \equiv S^e \bmod n$ 是否成立。若成立，则发送方的签名有效；若不成立，则发送方的签名无效。

RSA 数字签名方案是目前使用比较普遍的一种数字签名方案，其安全性主要是基于大数分解难题。但不难发现，上述 RSA 数字签名方案也存在如下一些缺陷。

（1）因为对任意 $y \in \mathbb{Z}_n$，任何人都可以计算

$$x = y^e \bmod n \tag{13.1}$$

所以任何人都可以伪造对签名消息 x 的签名 y。

（2）若消息 x_1 和 x_2 的签名分别是 y_1 和 y_2，则任何人只要知道 x_1、y_1、x_2、y_2 就可以伪造

对消息 x_1x_2 的签名 y_1y_2，这是因为在 RSA 数字签名方案中有

$$\text{sig}_K(x_1x_2) = \text{sig}_K(x_1)\text{sig}_K(x_2) \tag{13.2}$$

（3）因为要签名的消息 $x \in \mathbb{Z}_n$，所以每次只能对 $\lfloor \log_2 n \rfloor$ bit 长的消息签名。在实际应用中，要签名的消息都比较长，因此应用 RSA 数字签名算法时，只能对消息先进行分组，然后对每组消息分别进行签名。这样做使得签名值变长，签名速度变慢。

在接下来的 3 节中，会分别介绍 3 种数字签名算法。其中重点介绍了我国国密算法 SM2 与 SM9，这两种算法已经正式通过并成为国际标准，它们代表着我国在网络空间安全领域所取得的重大成就。

13.2　DSS

DSS 是由美国 NIST 公布的联邦信息处理标准 FIPS PUB 186，此标准采用的算法称为 DSA。DSS 最初于 1991 年公布，在考虑了公众对其安全性的反馈意见后，于 1993 年公布了其修改版。DSA 安全性基于有限域求离散对数的困难性，算法描述如下。

1．系统的初始化过程

选择长度为 160bit 的素数 q（ $2^{159} < q < 2^{160}$ ），并选取长度为 512～1024bit 的素数 p，满足 $q \mid p-1$，选择 $g \equiv h^{(p-1)/q} \bmod p$，其中 h 满足 $1 < h < p-1$，且 $h^{(p-1)/q} \bmod p > 1$，用户 A 选择 $1 \sim q$ 中的随机数 x 作为其私钥，并计算 $y \equiv g^x \bmod p$，用户的公钥为（p，q，g，y）。

2．签名产生过程

用户为待签消息选取随机秘密数 k，k 是满足 $0 < k < q$ 的随机数。用户对消息 M 的签名为（r，s），其中 $r \equiv (g^k \bmod p) \bmod q$，$s \equiv [k^{-1}(H(M)+xr)] \bmod q$，$H(M)$ 是根据 SHA-1 求出的杂凑值。

3．签名验证过程

设接收方收到的消息为 M'，签名为（r'，s'）。计算

$$w \equiv (s')^{-1} \bmod q, \quad u_1 \equiv \left[H(M')w\right] \bmod q$$
$$u_2 \equiv r'w \bmod q, \quad v \equiv [(g^{u1}y^{u2}) \bmod p] \bmod q$$

检查 $v=r'$ 是否成立，若成立，则认为签名有效。这是因为若（M'，r'，s'）=（M，r，s），则有

$$v \equiv [(g^{H(M)w}g^{xrw}) \bmod p] \bmod q \equiv [g^{(H(M)+xr)s^{-1}} \bmod p] \bmod q \tag{13.3}$$
$$\equiv (g^k \bmod p) \bmod q \equiv r$$

DSA 算法中的 4 个函数分别为

$$s \equiv f_1\big[H(M),\ k,\ x,\ r,\ q\big] \equiv [k^{-1}(H(M)+xr)] \bmod q$$

$$r \equiv f_2(k,\ p,\ q,\ g) \equiv (g^k \bmod p) \bmod q$$

$$w \equiv f_3(s',\ q) \equiv (s')^{-1} \bmod q \tag{13.4}$$

$$v \equiv f_4(y,\ q,\ g,\ H(M'),\ w,\ r')$$

$$\equiv [(g^{H(M')w)\ \bmod q} y^{r'w\ \bmod q})\ \bmod p] \bmod q$$

由于离散对数的困难性，攻击者从 r 恢复 k 或从 s 恢复 x 都是不可行的。还有一个问题值得注意，即签名产生过程中的运算主要是求 r 的模指数运算 $r = (g^k \bmod p) \bmod q$，而这一运算与待签的消息无关，因此能被预先计算。事实上，用户可以预先计算出很多 r 和 k^{-1} 以备以后的签名使用，从而可大大加快产生签名的速度。

例 13.1 设 $p = 23$，$q = 11$，其中，$(p-1)/q = 2$。选择随机数 $h = 12$，计算 $g \equiv h^{(p-1)/q} \bmod p \equiv 12^2 \bmod 23 \equiv 6$。

因为 $g \neq 1$，所以 g 生成 $\mathbb{Z}_p^*$ 中的一个 q 阶循环子群。接着选择随机数 $x = 10$ 满足 $1 \leqslant x \leqslant q-1$，并计算

$$y \equiv g^x \bmod p$$
$$\equiv 6^{10} \bmod 23 \tag{13.5}$$
$$\equiv 4$$

则公钥为 $(p = 23,\ q = 11,\ g = 6,\ y = 4)$，私钥为 $(x = 10)$。

选取随机数 $k = 9$，计算

$$r \equiv (g^k \bmod p) \bmod q$$
$$\equiv (6^9 \bmod 23) \bmod 11 \tag{13.6}$$
$$\equiv 5$$

然后计算 $k^{-1} \bmod q = 5$。假设 $H(M) = 13$，计算

$$s \equiv [k^{-1}(H(M)+xr)] \bmod q$$
$$\equiv 5 \times (13 + 10 \times 5) \bmod q \tag{13.7}$$
$$= 7$$

因此，消息 m 的签名为 $(r = 5,\ s = 7)$。

签名接收者计算 $w \equiv (s')^{-1} \bmod q \equiv 8$，$u_1 \equiv [H(M')w] \bmod q \equiv 13 \times 8 \bmod 11 \equiv 5$，$u_2 \equiv r'w \bmod q \equiv 5 \times 8 \bmod 11 \equiv 7$。然后计算

$$v \equiv [(g^{u_1} y^{u_2})\ \bmod p] \bmod q$$
$$\equiv (6^5 \times 4^7 \bmod 23) \bmod 11 \tag{13.8}$$
$$\equiv 5 = r$$

因此，接收该签名。

🔓 13.3 SM2 数字签名方案

SM2 数字签名方案是一种基于椭圆曲线的签名方案，主要适用于商用密码应用中的数字签名和验证，可满足多种密码应用中的身份认证和数据完整性、真实性的安全需求，其安全性基于 ECDLP 的难解性。

在 SM2 数字签名方案中，每个签名者都有一个公钥和一个私钥，其中私钥用于产生签名，验证者用签名者的公钥验证签名。作为签名者的用户 A 具有长度为 entlenA bit 的可辨别标识 ID_A，记 $ENTL_A$ 是由整数 entlenA 转换而成的两个字节。在 SM2 数字签名算法中，签名者和验证者都需要用密码杂凑函数求得用户 A 的杂凑值 Z_A，即

$$Z_A = H_{256}\left(ENTL_A \| ID_A \| a \| b \| x_G \| y_G \| x_A \| y_A\right) \tag{13.9}$$

其中，a、b 为椭圆曲线方程参数；x_G、y_G 为基点 G 的坐标；x_A、y_A 为公钥 P_A 的坐标。

下面阐述 SM2 数字签名方案的实现过程。

1. 系统的初始化过程

首先需要选定满足安全要求的椭圆曲线，在签名产生之前，要用密码杂凑函数对 $\overline{M}$（包含 Z_A 和待签消息 M）进行压缩，即 $e = H_v\left(\overline{M}\right)$，其中 $\overline{M} = Z_A \| M$；在签名验证过程之前，要用密码杂凑函数对 $\overline{M}'$（包含 Z_A 和验证消息 M'）进行压缩，即 $e' = H_v\left(\overline{M}'\right)$，其中 $\overline{M}' = Z_A \| M'$，验证消息 M' 即待签消息 M。

对于签名者 A 来说，其私钥 d_A 由随机数发生器产生，且 $d_A \in [1, n-2]$，其中 n 为基点 G 的阶；其公钥 P_A 根据 $P_A = d_A \cdot G$ 得到，$\left(P_A, d_A\right)$ 即所需要的公私密钥对。

2. 签名与验证过程

签名者 A 首先需要用随机数发生器产生 $k \in [1, n-1]$，并与椭圆曲线的基点 G 相乘得到椭圆曲线点 $(x_1, y_1) = [k]G$。然后签名者 A 根据 $r = (e + x_1) \bmod n$ 计算出 r，并利用自己的私钥 d_A 和 r 计算 $s = \left((1+d_A)^{-1} \cdot (k - r \cdot d_A)\right) \bmod n$，则 (r, s) 即消息 M 的签名。

接收方 B 收到签名者 A 的消息 M 和签名 (r, s) 后，利用 A 的公钥 P_A，根据 $\left(x_1', y_1'\right) = [s']G + [t]P_A$ 计算出 $\left(x_1', y_1'\right)$，其中 $t = (r' + s') \bmod n$，(r', s') 即收到的签名 (r, s)。然后根据 $R = \left(e' + x_1'\right) \bmod n$ 计算出 R，检验 $R = r'$ 是否成立。若成立，则签名有效；否则，签名无效。

例 13.2 举例说明 SM2 数字签名方案的实现过程。

（1）系统的初始化过程。假设椭圆曲线为 $E_{23}(1, 4)$，参数分别为 $p = 23$，$G = (0, 2)$，$n = 29$，$d_A = 9$，$P_A = d_A G = (4, 7)$，密码杂凑函数 Hash 运算输入为 M，运算结果为 2。

（2）签名产生过程。选取随机数 $k = 3$，计算

$$\left(x_1,\ y_1\right) = kG = 3\left(0,\ 2\right) = \left(11,\ 9\right)$$

$$r = \left(2 + x_1\right) \bmod n = 13 \bmod 29 = 13 \tag{13.10}$$

$$s = \left[\left(1 + d_A\right)^{-1} \cdot \left(k - r \cdot d_A\right)\right] \bmod n = \left[10^{-1} \times \left(3 - 117\right)\right] \bmod 29 = 6$$

因此，对 M 的签名为 $(13,\ 6)$。

（3）签名验证过程。验签者得到签名后进行如下计算，即

$$t = \left(r' + s'\right) \bmod n = 19 \bmod 29 = 19$$

$$\left(x_1,\ y_1\right) = [s']G + [t]P_A = 6\left(0,\ 2\right) + 19\left(4,\ 7\right) \bmod 29 = \left(11,\ 9\right) \tag{13.11}$$

$$R = \left(e' + x_1'\right) \bmod n = 13 \bmod 29 = 13$$

因此，$R = r'$，签名验证正确。

3．正确性证明

SM2 数字签名方案的正确性证明如下。

因为

$$P_A = d_A G \tag{13.12}$$

所以

$$
\begin{aligned}
\left(x_1',\ y_1'\right) &= [s']G + [t]P_A \\
&= \left(\left(1 + d_A\right)^{-1}\left(k - r \cdot d_A\right)\right)G + r'P_A + s'P_A \\
&= \frac{kG - r \cdot d_A \cdot G}{1 + d_A} + \frac{r'P_A + r' \cdot d_A \cdot P_A}{1 + d_A} + \frac{kP_A - r \cdot d_A \cdot P_A}{1 + d_A} \\
&= \frac{kG + kP_A}{1 + d_A} = kG = \left(x_1,\ y_1\right)
\end{aligned}
\tag{13.13}
$$

可知 $x_1' = x_1$，从而 $R = \left(e' + x_1'\right) \bmod n = r'$。

4．安全性分析

针对数字签名算法的最强攻击行为是自主选择消息攻击（Adaptively Chosen-Message Attacks）。攻击者成功破解签名算法的标志如下。

① 完全攻破（Total Break），即攻击者获得签名私钥，可以对任意消息伪造签名。

② 一般性伪造（Universal Forgery），即攻击者建立一个有效的算法来模仿签名，模仿签名的成功率很高。

③ 存在性伪造（Existential Forgery），即攻击者利用已有消息/签名对，可以生成新的消息/签名对，新的消息/签名对与原有消息/签名对具有相关性，攻击者不能自主选择。

其中，存在性伪造是最弱的攻击目标。若攻击者采用最强的攻击行为仍不能达成最弱的攻击目标则称该数字签名算法是安全的。SM2 数字签名算法属于广义 ElGamal 数字签名范畴，此

类数字签名算法的安全性分析在此不再赘述。

密钥替换攻击是指攻击者拥有公钥及该公钥对应的消息、签名对,并试图生成另一个公钥,使得用新生成的公钥验证消息、签名对仍然是有效的。针对密钥替换攻击,SM2 数字签名算法采用将签名者 ID、公钥和源消息一起进行 Hash 运算,从而在保证 Hash 算法安全的前提下,可以有效抵抗密钥替换攻击。

13.4　SM9 数字签名方案

SM9 数字签名方案利用了椭圆曲线对实现基于标识的数字签名算法。该算法的签名者持有一个标识和一个相应的签名私钥,该签名私钥由密钥生成中心通过签名主私钥和签名者的标识结合产生的。签名者用自身签名私钥对数据产生数字签名,验证者用签名的标识验证签名的有效性。

13.4.1　算法初始化与相关函数

系统参数的选取参考本教材的 9.2.1 节。

在基于标识的 SM9 数字签名算法中,利用了密码杂凑函数、随机数发生器等一些辅助函数,详细内容参考本教材的 9.2.2 节。

13.4.2　系统签名主密钥和用户签名密钥的产生

密钥生成中心 KGC(Key Generation Center)产生的随机数 $\mathrm{ks} \in [1, N-1]$ 作为加密主私钥,计算 G_2 中的元素 $P_{\mathrm{pub}-s} = [\mathrm{ks}]P_2$ 作为主公钥,则主密钥对为 $(\mathrm{ks}, P_{\mathrm{pub}-s})$。KGC 秘密保存 ks,公开 $P_{\mathrm{pub}-s}$。

KGC 选择并公开用一个字节表示的私钥生成函数识别符 hid。

用户 A 的标识为 $\mathrm{ID_A}$,为产生用户 A 的签名私钥 $\mathrm{ds_A}$,KGC 首先在有限域 F_N 上计算 $t_1 = H_1(\mathrm{ID_A} \parallel \mathrm{hid}, N) + \mathrm{ks}$,若 $t_1 = 0$,则需重新生成加密主私钥,计算和公开加密主公钥,并更新已有用户的加密私钥。否则,计算 $t_2 = \mathrm{ks} \cdot t_1^{-1}$,然后计算 $\mathrm{ds_A} = [t_2]P_1$ 为签名用户的私钥。

13.4.3　签名及验签

设待签名的消息为比特串 M,为了获取消息 M 的数字签名 (h, S),签名者需执行以下步骤。

(1)计算群 G_T 中的元素 $g = e(P_1, P_{\mathrm{pub}-s})$,产生随机数 $r \in [1, N-1]$。

(2)计算群 G_T 中的元素 $w = g^r$,将 w 的数据类型转换为比特串。

(3)计算整数 $h = H_2(M \parallel w, N)$,计算整数 $l = (r-h) \bmod N$。

（4）若 $l = 0$ 则重新选取随机数 r，在得出整数 l 之后，计算群 G_1 中的元素 $S = [l]\mathrm{ds_A}$，最终得到消息 M 的签名为 $(h，S)$。其中，$\mathrm{ds_A}$ 为签名者私钥。

为了检验收到的消息 M' 及其数字签名 $(h'，S')$，验证者需执行以下步骤。

（1）应首先检验 $h' \in [1，N-1]$ 是否成立，若不成立则验证不通过。

（2）将 S' 的数据类型转换为椭圆曲线上的点。

（3）检验 $S' \in G_1$ 是否成立，若不成立则验证不通过，若成立，则计算群 G_T 中的元素 $g = e(P_1，P_{\mathrm{pub}-s})$ 及群 G_T 中的元素 $t = g^{h'}$。

（4）计算整数 $h_1 = H_1(\mathrm{ID_A} \| \mathrm{hid}，N)$，并计算群 G_2 中的元素 $P = [h_1]P_2 + P_{\mathrm{pub}-s}$。

（5）计算 $u = e(S'，P)$ 与 $w' = u \cdot t$，将 w' 的数据类型转化为比特串。

（6）计算整数 $h_2 = H_2(M' \| w'，N)$，检验 $h_2 = h'$ 是否成立，若成立则验证通过；否则验证不通过。

13.4.4　正确性及安全性分析

由签名验证过程可知，验证通过的条件是 $h_2 = h'$，而 $h = H_2(M \| w，N)$，$h_2 = H_2(M' \| w'，N)$，由密码函数 H_2 的定义可知，验证通过的条件实际上就是检验 $w = w'$ 是否成立。

在数字签名生成算法中有

$$w = g^r = e(P_1，P_{\mathrm{pub}-s})^r = e(P_1，P_2)^{\mathrm{ks} \cdot r}$$

根据数字签名验证算法有

$$w' = ut = e(s'，P)g^{h'}$$

假设 $(h'，s')$ 为 m 的数字签名，那么 $(h'，s') = (h，s)$，因此

$$s' = [l]\mathrm{ds_A} = [l][t_2]P_1 = [l \cdot t_2]P_1，\quad P = [h_1]P_2 + P_{\mathrm{pub}-s}$$

根据双线性对的性质，可得

$$w' = e(s'，P)g^{h'} = e([l \cdot t_2]P_1，[h_1]P_2 + [\mathrm{ks}]P_2)e(P_1，P_2)^{\mathrm{ks} \cdot h}$$
$$= e(P_1，P_2)^{l \cdot t_2(h_1 + \mathrm{ks}) + \mathrm{ks} \cdot h}$$

因为，$t_1 = H_1(\mathrm{ID_A} \| \mathrm{hid}，N) + \mathrm{ks} = h_1 + \mathrm{ks}$，$t_2 = \mathrm{ks} \cdot t_1^{-1}$，所以

$$w' = e(P_1，P_2)^{l \cdot t_2(h_1 + \mathrm{ks}) + \mathrm{ks} \cdot h} = e(P_1，P_2)^{l \cdot \mathrm{ks} + \mathrm{ks} \cdot h} = e(P_1，P_2)^{\mathrm{ks} \cdot (l+h)} \tag{13.14}$$

由 $l = (r - h) \bmod N$ 得

$$w = w'$$

因此，验证通过。

在随机谕示模型下，可以证明 SM9 数字签名算法的安全性。2003 年 Cha 和 Cheon 提出了标识签名算法安全的定模型，称为基于标识的适应性选择消息攻击下具有存在性不可伪造的安全模型。

基于上述安全性模型的定义，在随机谕示模型下，可以证明如果存在一个使用模型赋予的

各种询问能力的攻击者攻破 SM9 数字签名算法，则存在一个多项式算法可以求解 τ-DHI 问题。因此证明了 SM9 的安全性。

13.5　数字签密

在密码体制中，加密用来保证信息的机密性，数字签名可以确保消息的认证性、完整性和不可否认性，两者独立存在，并分别被研究。而数字签密能同时实现加密和数字签名的功能，具有唯一性、高效性和安全性，可以简化需要同时达到保密和认证要求的密码协议的设计。数字签密算法可以形式化定义为以下几部分。

1．系统的初始化过程

KGC 产生收发双方的公私密钥对。设发送方的密钥对为(pk_s , sk_s)，接收方的密钥对为(pk_r , sk_r)。

2．签密过程

输入一个明文消息 m、一个发送方的私钥 sk_s 和一个接收方的公钥 pk_r，然后输出一个密文 c，签密算法可表示为 c=signcrypt(m, sk_s , pk_r)。

3．解签密过程

输入一个密文、一个发送方的公钥 pk_s 和一个接收方的私钥 sk_r 。最后可以输出一个明文消息 m 或者解签密的错误符号（密文是不合法的）。解签密算法可以表示为 m=unsigncrypt(c, pk_s , sk_r)。

算法必须满足签密体制的一致性约束。如果 c=signcrypt(m, sk_s , pk_r)，那么一定满足 m=unsigncrypt(c, sk_r , pk_s)。

签密是同时实现消息传递机密性和认证性的方法，一个安全的签密算法满足以下特性。

（1）机密性，即攻击者想要从密文中获知明文的部分信息是不可行的。

（2）不可伪造性，即攻击者产生一个合法的密文是不可行的。

（3）不可否认性，即发送者不可否认自己对消息进行过签密。

13.6　本章小结

本章介绍了密码学中的数字签名技术，其中着重介绍了数字签名方案设计的思路和要求，并对现阶段国内外著名的数字签名方案进行了详细介绍。SM2 数字签名算法与同是基于离散对数困难问题的 ECDSA 方案相比，其实现效率更高。SM9 数字签名算法由于其双线性对的结构，安全性很高，并且随着计算能力的增长，双线性对的运算速度也会进一步提升。因此，SM2 数字签名算法与 SM9 数字签名算法有着很广泛的应用前景。

🔓 13.7　本章习题

1．在 DSS 数字签名标准中，取 $p=83=2\times41+1$，$q=41$，$h=2$，则有 $g=4\bmod83$；若取私钥 $x=57$，则公钥 $y=g^x=4^{57}=77\bmod83$。在对消息 $M=56$ 签名时，选择 $k=23$，计算签名并进行验证。

2．在 DSA 数字签名算法中，参数 k 泄露会产生什么后果？

3．给定参数 $p=11$，原根 $a=2$，选择合适的公私密钥对，给出明文 $m=5$，叙述 ElGamal 签名过程，并进行验证。

4．数字签名的基本原理是什么？

5．设在一个 RSA 公钥密码体制服务系统中，分析以下情况。

（1）签证机关给用户 A 建立的 RSA 公钥密码体制如下：选取 $p=7$，$q=11$，若解密密钥 $d=43$，则加密密钥 e 是什么？在公共服务器上公布的公开密钥是什么？交给 A 保存的是什么？

（2）签证机关给用户 B 建立的 RSA 公钥密码体制如下：选取 $p=5$，$q=19$，若加密密钥 $e=25$，则解密密钥 d 是什么？

（3）B 想把消息 $m=68$ 秘密发送给 A，求形成的密文。

（4）如果 A 对 m 进行签名再发送给 B，求 B 得到的签名。

（5）B 如何验证此签名？

6．对于 RSA 数字签名方案，假设模 $N=824737$，公钥 $e=26959$。

（1）已知消息 m 的签名是 $s=8798$，求消息 m。

（2）数据对 $(m，s)=(167058，366314)$ 是有效的消息-签名对吗？

（3）已知两个有效的消息-签名对 $(m，s)=(629489，445587)$ 与 $(m'，s')=(203821，229149)$，求 $m\times m'$ 的签名。

7．DSS 数字签名标准中指出，如果 A 在利用 DSA 数字签名算法对一个消息进行签名时出现 $s=0$ 的情况，那么 A 应该秘密选取另外一个 k，并重新计算对消息的签名，这是为什么？

第 14 章　身份认证

密码技术主要包括加密保护技术和安全认证技术，保密通信和身份认证是密码学的主要任务。身份认证又称识别（Identification）、实体认证或身份证实（Identity Verification），是证实一个实体与其所声称的身份是否相符的过程。本章主要内容包括身份认证概述、基于口令的身份认证、基于对称密码的认证、基于公钥密码的认证、零知识证明、认证协议等。

14.1　身份认证概述

为了更好实现网络资源共享并落实安全政策，需要提供可追究责任的机制。这里涉及 3 个概念：认证（Authentication）、授权（Authorization）和审计（Auditing），或称 AAA 或 3A。

（1）身份认证又称身份鉴别，通过鉴别和确认用户的身份，防止攻击者假冒合法用户获取非授权等访问权限。

（2）授权是指在属性管理系统中，将主体与角色绑定的过程。当用户身份被确认合法后，赋予该用户进行文件和数据操作的权限。

（3）审计是指系统记录用户操作历史的过程，以便防止产生纠纷的时候，用户为自己所做的操作推卸责任。

认证、授权和审计之间的关系如图 14.1 所示。

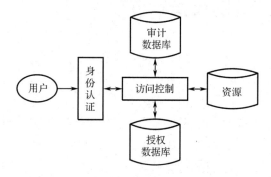

图 14.1　认证、授权和审计之间的关系

在现实生活中，我们个人的身份主要通过各种证件来进行确认，如身份证、户口本、护照等。在计算机网络信息系统中，各种计算资源（如文件、数据库、应用系统）同样需要认证保护机制，确保这些资源被合法使用。

在大多数情况下，认证机制与授权和记账紧密结合在一起。身份认证是对网络中的主体进行验证的过程，用户必须提供他的身份证明。身份认证往往是许多应用系统中安全保护的第一道设防，它的失败可能会导致整个系统失败。

身份认证系统包含下列 3 项主要组成元件。

（1）认证服务器（Authentication Server，AS）。负责用户身份认证，存放用户私钥、认证方式及用户认证相关的其他信息。

（2）认证系统客户端（Authentication Client）。认证系统客户端是用户登录的设备或系统，该设备或系统中配备可与 AS 协同工作的认证协议。在有些情况下，AS 与认证系统客户端是集成在一起的。

（3）认证设备（Authenticator）。认证设备是产生或计算密码的软硬件设备。

对于不同的应用场景，可以选择不同的认证交换机制。

（1）对等主体与通信手段均可信。可以通过口令证实对等主体身份，该口令能防止出错，但不能防止恶意攻击。

（2）对等主体可信、通信手段不可信。可以通过口令与加密联合进行认证，防止主动攻击。针对可能存在的重放攻击，需要双方通过参数进行握手，或采用可信时钟作为时间戳。

（3）对等主体不可信、通信手段可信。可以使用抗抵赖服务机制，如数字签名机制、公证机制等。

（4）对等主体、通信手段均不可信。可以采用加密与抗抵赖服务机制相结合的方式进行身份认证和数据保护。

在计算机网络中，除了智能卡、生物认证，通常采用 3 种方式实现身份认证：一是基于口令的身份认证；二是基于密码体制（对称和非对称）的单向、双向身份认证；三是基于零知识证明的身份认证。

🔓14.2 基于口令的身份认证

口令认证是一种常用的主动认证方式，基本思路是系统分别与每个用户共享一个关联口令，即用户与认证系统共享的秘密。

基于口令的身份认证又分为如下几种方式。

（1）基于杂凑函数。基于杂凑函数的口令认证方式是利用杂凑函数对用户口令进行 Hash 运算，获得相应的 Hash 值。当用户进行身份认证时，用户将口令传送给计算机，计算机通过杂凑函数计算口令的 Hash 值，并与系统存储的对应 Hash 值进行匹配。该方式的优点是计算机中存储的是口令的 Hash 值，不再是明文口令表，减小了攻击者侵入系统窃取口令的威胁。

（2）掺杂口令。掺杂口令是一种更为安全的口令保护方式。该方式引入随机字符串 Salt，将其与口令连接在一起，再用杂凑函数对其运算，然后将 Salt 值和 Hash 值存入主机中。该方式具有更高的安全性，可以抵御攻击者对整个口令文件进行字典攻击。

（3）一次性口令。静态密码存在易被监听、窃取、猜中的安全隐患，为此引入动态口令（Dynamic Password），又称一次性口令 OTP（One-Time Password）。一次性口令的具体实现思路：用户请求登录时，服务器产生一个随机数发送给用户，用户将口令和随机数作为杂凑函数的参数计算 Hash 值，并将结果返回给服务器，服务器用同样的方法计算 Hash 值，然后通过匹配验证用户身份。该方式在每次登录过程中传送的信息都不同，提高了登录过程的安全性。

目前各类计算资源主要依靠固定口令方式保护。这种以固定口令为基础的认证方式存在很多问题，易遭受口令攻击，具体攻击类型包括网络数据流窃听、认证信息截取/重放、字典攻击、穷举攻击、窥探等。

14.3　基于对称密码的身份认证

安全可靠的通信不仅需要对消息的本身进行认证，还应该建立一些规范的协议对数据来源的可靠性、通信实体的真实性加以认证，以防止欺骗、伪装等攻击。

身份认证协议分为单向认证和双向认证。如果通信的双方需要一方被另一方鉴别身份，那么这种认证过程是一种单向认证。如果通信的双方需要互相认证对方的身份，那么为双向认证。据此，认证协议主要可以分为单向认证协议（One-Way Authentication Protocol）和双向认证协议（Mutual Authentication Protocol）。根据采用的密码体制的不同，又可分为基于对称密码的单向认证和基于公钥密码的双向认证。

14.3.1　基于对称密码的单向认证

基于对称密码算法的认证依靠一定协议下的数据加密和解密处理，通信双方共享一个密钥，该密钥在询问-应答协议中处理或加密信息交换。采用对称加密体制为通信双方建立共享的密钥时，需要有一个可信的密钥分配中心 KDC，网络中每个用户都与 KDC 有一个共享的密钥，称为主密钥。KDC 为通信双方建立一个短期内使用的临时密钥，称为会话密钥，用主密钥加密会话密钥，然后分配给相应的用户。

A 和 B 分别表示用户 A 和用户 B，KDC 表示密钥分配中心。ID_A、ID_B 分别表示用户 A 和用户 B 的身份标识，N_1 为用户 A 产生的随机数，M 为明文消息，K_S 为会话密钥，E_{K_A} 和 E_{K_B} 分别表示用户 A 和用户 B 与 KDC 共享的密钥加密算法。基于对称密码的单向认证具体流程如下。

（1）A → KDC：$ID_A \| ID_B \| N_1$。用户 A 向密钥分配中心 KDC 发出会话密钥请求。请求消息由两个数据项组成，一个是用户 A 和用户 B 的身份，另一个是本次请求的唯一识别符 N_1。通常 N_1 为一次性随机数，可以是时间戳、计数器或随机数，可防止重放攻击或字典攻击。

（2）KDC → A：$E_{K_A}[K_S \| ID_B \| N_1 \| E_{K_B}[K_S \| ID_A]]$。KDC 响应用户 A 的请求，为了确保响应内容的保密性，采用用户 A 与 KDC 共享的密钥对其进行加密。用户 A 收到 KDC 响应后，对其解密，并验证响应内容中的 N_1 与其请求内容中的一次性随机数 N_1 是否匹配，可防止篡改或重放攻击，同时可以确信消息来自 KDC。

（3）A → B：$E_{K_B}[K_S \| ID_A] \| E_{K_S}[M]$。用户 A 将（2）中的解密消息 $E_{K_B}[K_S \| ID_A]$ 及会话密

钥加密的消息 $E_{K_S}[M]$ 发送给用户 B。用户 B 收到消息后，用与 KDC 共享的密钥加密消息 $E_{K_B}[K_S\|ID_A]$ 获取会话密钥，然后用会话密钥解密来自用户 A 发送的消息 M。因为会话密钥 K_S 和用户 A 的身份 ID_A 使用用户 B 与 KDC 共享的密钥加密，所以用户 B 可以确信该会话密钥由 KDC 生成，并且用于与用户 A 通话。

14.3.2　基于对称密码的双向认证

对于双向认证，A、B 两个用户在建立共享密钥时需要考虑的核心问题是保密性和实时性。为了防止会话密钥的伪造或泄露，会话密钥在通信双方之间交换时应为密文形式，因此通信双方事先就应该有共享密钥或秘密协商。实时性在防止重放攻击方面起着重要的作用，实现实时性的方法之一是对交换的每条消息均加上一个序列号，对于一条新消息仅当它有正确的序列号时才被接收。但这种方法的不足是要求每个用户分别记录与其他每个用户交换消息的序列号，从而增加了用户的负担，因此序列号方法一般不用于认证和密钥交换。保证消息的实时性常用以下两种方法。

（1）时间戳。如果用户 A 收到的消息包括一个时间戳，且在用户 A 看来这一时间戳充分接近自己的当前时刻，用户 A 才认为收到的消息是新的并接受它。这种方案要求所有各方的时钟是同步的，该方法不能用于面向连接的应用过程。

（2）询问-应答。用户 A 向用户 B 发出一个一次性随机数作为询问，如果收到用户 B 发来的消息（应答）也包含一个正确的一次性随机数，用户 A 就认为用户 B 发来的消息是新的并接受。询问-应答方法不适合于无连接的应用过程，因为在无连接传输之前需要经询问-应答这一额外的握手过程。

以著名的 Needham-Schroeder 认证协议为例，协议的目的是使得通信双方能够互相证实对方的身份，并且为后续的加密通信建立一个会话密钥。这里需要建立一个称为鉴别服务器的可信权威机构（密钥分配中心 KDC），与每个用户分别共享一个秘密密钥。若用户 A 欲与用户 B 通信，则用户 A 向鉴别服务器申请会话密钥。在会话密钥的分配过程中，双方身份得以鉴别。Needham-Schroeder 的认证过程如下。

（1）A → KDC：$ID_A\|ID_B\|N_1$。
（2）KDC → A：$E_{K_A}[K_S\|ID_B\|N_1\|E_{K_B}[K_S\|ID_A]]$。
（3）A → B：$E_{K_B}[K_S\|ID_A]$。
（4）B → A：$E_{K_S}[N_2]$。
（5）A → B：$E_{K_S}[f(N_2)]$。

其中 KDC 是密钥分配中心，N_1、N_2 是一次性随机数，K_A、K_B 分别是用户 A 和用户 B 与 KDC 之间共享的密钥，K_S 是由 KDC 分配给用户 A 和用户 B 的会话密钥，E_X 表示使用密钥 X 加密。

协议的目的是由 KDC 为用户 A、用户 B 安全地分配会话密钥 K_S 并实现用户 A、用户 B 的双向认证。用户 A 在步骤（2）中安全地获得了 K_S，而步骤（3）中的消息仅能被用户 B 解读，因此用户 B 在步骤（3）中安全地获得了 K_S。步骤（4）中用户 B 向用户 A 示意自己已掌握 K_S，N_2 用于向用户 A 询问自己在步骤（3）收到的 K_S 是否为一个新的会话密钥。步骤（5）中用户 A 对用户 B 的询问做出应答，一方面表示自己已掌握 K_S，另一方面由 $f(N_2)$ 回答了 K_S 的新鲜性。

显然，步骤（4）和步骤（5）用于防止重放攻击。假设攻击者在上一次执行协议时截获步骤（3）中的消息，如果双方没有步骤（4）和步骤（5）两步握手过程，攻击者可以将上次截获的消息在这次执行过程中重放，用户 B 就无法检查出自己得到的 K_S 是否为重放的旧密钥。

🔓 14.4　基于公钥密码的身份认证

公钥密码体制不仅可以对发送的消息提供保密性，还可以对消息源提供认证性。如果消息发送者拥有消息接收者的公钥，那么发送者可以使用接收者公钥加密消息以确保其保密性。私钥拥有者也可以用自己的私钥签名消息，拥有该私钥对应的公钥的接收者能够验证信息的完整性和消息的来源，即实现可认证性。因此，公钥密码体制在密钥传输、密钥分配、数字签名、身份认证等方面有着更明显的优势。

14.4.1　基于公钥密码的单向认证

PK_A、PK_B 表示用户 A 和用户 B 的公钥，ID_A、ID_B 分别为用户 A 和用户 B 的身份标识。基于公钥密码的单向认证流程如下。

（1）$A \rightarrow B$：$E_{PK_B}[PK_A \| ID_A]$。用户 A 采用用户 B 的公钥加密用户 A 的公钥 PK_A 及身份标识 ID_A，然后将加密后的消息发送给用户 B。只有用户 B 能够解密消息，实现数据保密性。

（2）$B \rightarrow A$：$E_{PK_A}[K_S]$。用户 B 产生会话密钥 K_S，并使用用户 A 的公钥 PK_A 对会话密钥 K_S 加密，然后发送给用户 A。

（3）$K_S = D_{SK_A}[E_{PK_A}[K_S]]$。用户 A 收到用户 B 发送的消息后，用自己的私钥 SK_A 解密消息，获得与用户 B 共享的临时会话密钥。该消息只有用户 A 能够解密，实现了密钥的保密性。

通过上述过程，可以避免密钥分配过程中存在中间人攻击。上述过程是用户双方简单建立会话密钥的过程，为了同时实现随后通信的保密性和可认证性，可以采用如下方式。

$A \rightarrow B$：$E_{PK_B}[M \| E_{SK_A}[H(M)] \| E_{SK_{AS}}[T \| ID_A \| PK_A]]$。用户 B 收到消息后，用自己的私钥解密消息，获取用户 A 的签名消息 $E_{SK_A}[H(M)]$，再使用用户 A 的公钥验证该签名消息。其中 $E_{SK_{AS}}[T \| ID_A \| PK_A]$ 是 AS 为用户 A 签署的证书，用户 B 可通过 ID_A 验证发送方身份。因此，不仅实现了对发送方的身份认证，而且实现了消息 M 的完整性认证。

14.4.2　基于公钥密码的双向认证

利用公钥密码实现双向认证的基本思路是由可信第三方为用户分配公私钥对，私钥由用户本人持有，任何人要验证用户身份可以通过第三方机构获取公钥，通过双向交互完成身份认证。

1. 公钥加密体制会话密钥分配过程

E 为公钥加密算法，SK_A、SK_B 分别是用户 A 和用户 B 的私钥，PK_A、PK_B 分别是用户 A 和用户 B 的公钥，PK_{AU}、SK_{AU} 分别是 KDC 的公钥和私钥。实现基于公钥密码的双向认证具体过程如下。

（1）$A \rightarrow KDC$：$ID_A \| ID_B$。用户 A 向密钥分配中心 KDC 发送用户 A 和用户 B 身份标识 ID_A 和 ID_B，告诉 KDC 他准备与用户 B 建立安全连接。

（2）$KDC \rightarrow A$：$E_{SK_{AU}}[ID_B \| PK_B]$。密钥分配中心 KDC 收到用户 A 的连接请求后，将用户 B 的公钥证书副本签名发送给用户 A，证书副本包括用户 B 的身份标识 ID_B 和公钥 PK_B。

（3）$A \rightarrow B$：$E_{PK_B}[N_A \| ID_A]$。用户 A 使用用户 B 的公钥加密自己选择的一次性随机数 N_A 和自己的身份标识 ID_A，然后发送给用户 B，告诉用户 B 想与他通信。

（4）$B \rightarrow KDC$：$ID_B \| ID_A \| E_{PK_{AU}}[N_A]$。用户 B 向密钥分配中心 KDC 发出与用户 A 建立通信的请求，请求信息包含需要建立通信双方的身份标识及由 KDC 的公钥加密的一次性随机数 N_A，KDC 将建立的会话密钥与该一次性随机数 N_A 绑定，以保证会话密钥的新鲜性。

（5）$KDC \rightarrow B$：$E_{SK_{AU}}[ID_A \| PK_A] \| E_{PK_B}[E_{SK_{AU}}[N_A \| K_S \| ID_B]]$。KDC 将用户 A 的公钥证书的副本和消息三元组 $\{N_A, K_S, ID_B\}$ 一起返回给用户 B，前者经过 KDC 私钥签名，证明 KDC 已经验证了用户 A 的身份。三元组 $\{N_A, K_S, ID_B\}$ 先经过 KDC 的私钥签名，确信消息来自 KDC，然后再使用用户 B 的公钥加密该签名消息，确保了消息传输过程中的保密性。临时会话密钥 K_S 和一次性随机数 N_A 绑定使用户 A 确信 K_S 是新的会话密钥。

（6）$B \rightarrow A$：$E_{PK_A}[E_{SK_{AU}}[N_A \| K_S \| ID_B] \| N_B]$。用户 B 新产生一个一次性随机数 N_B，与上一步收到的 KDC 的签名消息 $E_{SK_{AU}}[N_A \| K_S \| ID_B]$ 一起经用户 A 的公钥加密后发往用户 A。

（7）$A \rightarrow B$：$E_{K_S}[N_B]$。用户 A 收到用户 B 的消息后解密，取出会话密钥，再用会话密钥 K_S 加密一次性随机数 N_B 后发往用户 B，告知用户 B 已经掌握会话密钥。

对以上协议可做进一步改进：在步骤（5）和步骤（6）两步中的三元组中加上用户 A 的身份标识 ID_A，以说明一次性随机数 N_A 是由用户 A 产生的，即可唯一地识别用户 A 发出的连接请求。

2. 公钥加密体制下的认证过程

首先假定双方已经知道对方的公开密钥。ISO 认证的基本步骤如下。

（1）$A \rightarrow B$：R_A。用户 A 产生随机数 R_A，并将其发送给用户 B。

（2）$B \rightarrow A$：$Cert_B \| R_B \| S_B(R_A \| R_B \| B)$。用户 B 产生随机数 R_B，$Cert_B$ 为用户 B 的数字

证书，$S_B()$ 表示使用用户 B 的私钥数字签名。

（3）A → B：$\text{Cort}_A \parallel S_A(R_A \parallel R_B \parallel A)$。$\text{Cert}_A$ 为用户 A 的数字证书，$S_A()$ 表示使用用户 A 的私钥进行数字签名，并将其发送给用户 B 进行身份认证。

🔓 14.5　零知识证明

在很多情况下，用户都需要证明自己的身份。通常，在身份认证过程中，一般验证者在收到证明者提供的认证账户和密码后，在数据库中进行核对，如果在验证者的数据库中找到证明者提供的账户和密码，该认证通过，否则认证失败。在这一认证过程中，验证者必须事先知道证明者的账户和密码，这显然会带来不安全因素。零知识证明身份认证能实现在验证者不需要知道证明者任何消息（包括用户的账户和密码）的情况下完成对证明者的身份认证。

交互证明系统由两方参与，分别称为证明者（Prover，P）和验证者（Verifier，V），其中证明者 P 知道某一秘密，而且希望使验证者 V 相信自己的确掌握这一秘密，同时又不想让验证者 V 知道这些信息（如果验证者 V 不知道这些信息，第三者想盗取这些信息就更难了）。若验证者 V 除了知道证明者 P 能证明某一事实，不能得到其他任何信息，则称证明者 P 实现了零知识证明，相应的协议称为零知识证明协议。该技术比传统的密码技术更安全，但是它需要更多的复杂的数据交换协议，需要更多的数据传输，消耗更多的通信资源。

14.5.1　零知识证明原理

假设 P 是某些秘密信息的证明者，V 是验证者，证明者 P 想向验证者 V 证明自己掌握了这些秘密信息，验证者 V 验证证明者 P 是否真的掌握这些秘密信息。图 14.2 用洞穴例子来解释零知识证明，C 和 D 之间存在一个密门，并且只有知道咒语的人才能打开。证明者 P 知道咒语并想对验证者 V 证明，但证明过程中不想泄露咒语，该步骤如下。

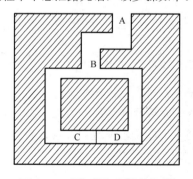

图 14.2　零知识证明协议示例

（1）验证者 V 站在 A 点。

（2）证明者 P 一直走进洞穴，到达 C 点或者 D 点。

（3）证明者 P 消失在洞穴中之后，验证者 V 走到 B 点。

（4）验证者 V 随机选择左通道或者右通道，要求证明者 P 从该通道出来。

（5）证明者 P 从验证者 V 要求的通道出来，如果有必要就用咒语打开密门。

（6）证明者 P 和验证者 V 重复步骤（1）至步骤（5）n 次。

显然，在上述协议中，若证明者 P 不知道咒语，则只能按来时的原路返回位置 B，而不能从另外一条路返回。证明者 P 每次猜对验证者 V 要求他走哪条路的概率为 1/2。因此，验证者 V 每次命令证明者 P 从洞穴深处走到位置 B 时，证明者 P 能欺骗验证者 V 的概率为 1/2。当协议中的步骤（1）至步骤（5）重复 n 次后，证明者 P 成功地欺骗验证者 V 的概率为 $1/2^n$。当 n 增大时，这个概率将变得忽略不计。因此，若证明者 P 每次都能按验证者 V 的要求从洞穴深处返回位置 B，则验证者 V 就可以相信证明者 P 知道打开位置 C 和 D 之间密门的咒语。而且，在上述协议执行过程中，验证者 V 没有得到关于咒语的任何信息，即该协议为零知识证明协议。如果将关于零知识洞穴的协议中证明者 P 掌握的咒语换为一个数学难题，而证明者 P 知道如何解这个难题，就可以设计一个使用的零知识证明协议。

14.5.2 Feige-Fiat-Shamir 零知识身份认证协议

下面介绍著名的 Feige-Fiat-Shamir 零知识身份认证协议。

1．Feige-Fiat-Shamir 零知识身份认证协议简介

设 $n = pq$，其中 p 和 q 是两个不同的大素数，y 是由随机选择的 t 个平方根构成的一个向量 $\boldsymbol{y} = (y_1,\ y_2,\ \cdots,\ y_t)$，向量 $\boldsymbol{x} = (y_1^2,\ y_2^2,\ \cdots,\ y_t^2)$，其中 n 和 $\boldsymbol{x}$ 是公开的，p、q 和 $\boldsymbol{y}$ 是保密的。证明者 P 以 $\boldsymbol{y}$ 作为自己的秘密，协议如下。

（1）证明者 P 随机选择 $r(0 < r < n)$，计算 $a \equiv r^2 \bmod n$，将 a 发送给验证者 V。

（2）验证者 V 随机选取 $e = (e_1,\ e_2,\ \cdots,\ e_t)$，其中 $e \in \{0,\ 1\}(i = 1,\ 2,\ \cdots,\ t)$，将 e 发送给证明者 P。

（3）证明者 P 计算 $b \equiv r\prod\limits_{i=1}^{t} y_i^{e_i} \bmod n$，将 b 发送给验证者 V。

（4）若 $b^2 \neq a\prod\limits_{i=1}^{t} y_i^{2e_i} \bmod n$，验证者 V 拒绝证明者 P 的证明，协议停止。

（5）证明者 P 和验证者 V 重复以上过程 k 次。

已证明，求解方程 $\boldsymbol{x}^2 \equiv a \bmod n$ 与分解 n 是等价的。因此，在 n 的两个素因子 p、q 未知的情况下计算 $\boldsymbol{y}$ 是困难的。证明者 P 和验证者 V 通过交互证明协议，证明者 P 向验证者 V 证明自己掌握秘密 $\boldsymbol{y}$，从而证明了自己的身份。

2．协议的完备性、正确性和安全性

1）完备性

如果证明者 P 和验证者 V 遵守协议，那么验证者 V 接受证明者 P 的证明。

2）正确性

如果假冒者欺骗验证者 V 成功的概率大于 2^{-kt}，意味着知道一个向量 $A = (a_1,\ a_2,\ \cdots,\ a_k)$，其中 a_j 是第 j 次执行协议时生成的。对于 A，攻击者能够正确回答验证者 V 的两个不同的询问 $E = (e^1,\ e^2,\ \cdots,\ e^k)$、$F = (f^1,\ f^2,\ \cdots,\ f^k)$，且 $E \neq F$。由 $E \neq F$ 可设 $e^j \neq f^j$，e^j 和 f^j 是第 j 次执行协议时验证者 V 的两个不同的询问，记为 $e = e^j$ 和 $f = f^j$，这一轮对应的 a^j 记为 a。E 能计算两个不同的值，$b_1^2 \equiv a \prod_{i=1}^{t} x_i^{e_i} \bmod n$，$b_2^2 \equiv a \prod_{i=1}^{t} x_i^{f_i} \bmod n$，即 $\dfrac{b_2^2}{b_1^2} \equiv \prod_{i=1}^{t} x_i^{f_i - e_i} \bmod n$，因此 E 可由 $\dfrac{b_2}{b_1} \bmod n$ 求得 $x \equiv \prod_{i=1}^{t} x_i^{f_i - e_i} \bmod n$ 的平方根，矛盾。

3）安全性

在 Feige-Fiat-Shamir 零知识身份认证协议中，验证者 V 的询问是由 t 个比特构成的向量，基本协议执行 k 次。假冒的证明者只有正确猜测验证者 V 的每次询问时，才可以使验证者 V 相信自己的证明，成功的概率是 2^{-kt}。

🔓14.6 认证协议

14.6.1 Kerberos 认证协议

Kerberos 认证协议用于实现开放式系统网络中用户双向认证，计算环境由大量的匿名工作站和相对较少的独立服务器组成。服务器提供文件存储、打印、邮件等服务，工作站主要用于交互和计算。Kerberos 的认证服务任务被分配到两个相对独立的服务器：AS 和票据许可服务器 TGS（Ticket Granting Server）。完整的 Kerberos 系统由 4 部分组成：AS、TGS、Client、Server。

Kerberos 使用两类凭证：票据（Ticket）和鉴别码（Authenticator）。这两种凭证均使用私钥签名，但签名的密钥不同。Ticket 用来在 AS 和用户请求的服务之间安全传递用户的身份及用来确保使用 Ticket 的用户必须是 Ticket 中指定的用户的附加信息。Ticket 一旦生成，在生存周期内可以被 Client 使用多次来申请同一个 Server 的服务。Authenticator 负责提供的信息与 Ticket 中的信息进行匹配，协同完成发出 Ticket 的用户为 Ticket 中指定的用户的认证。

1. Kerberos 认证过程

下面介绍 Kerberos 认证过程。lifetime 表示票据的生存期，TS 表示时间戳，K_x 表示 x 的秘密密钥，$K_{x,\ y}$ 表示 x 与 y 的会话密钥，$K_x[m]$ 表示以 x 的秘密密钥对消息 m 进行签名，ticket_x 表示 x 的票据，authenticator_x 表示 x 的鉴别码。用户 C 向 AS 请求服务的具体 Kerberos 详细认证过程如图 14.3 所示。

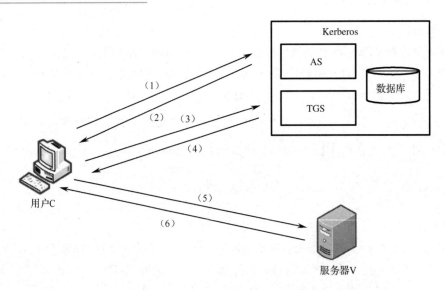

图 14.3　Kerberos 详细认证过程

1）用户 C 请求许可票据

$C \rightarrow AS$：$ID_C \| ID_{TGS} \| TS_1$，ID_C 是工作站标识，ID_{TGS} 是 TGS 标识，TS_1 是防止重放攻击时间戳。

2）AS 为用户 C 发放许可票据和会话密钥

$AS \rightarrow C$：$E_{K_C}[K_{C,\,TGS} \| ID_{TGS} \| TS_2 \| lifetime_2 \| ticket_{TGS}]$。

K_C 为由用户口令导出的加密的密钥，$K_{C,\,TGS}$ 为用户与 TGS 通信的会话密钥，TS_2 为时间戳，$ticket_{TGS}$ 为许可票据。

3）用户 C 请求服务器票据

$C \rightarrow TGS$：$ID_S \| ticket_{TGS} \| authenticator_C$。

用户工作站获得 AS 响应后，将用户口令转化为分组密码密钥 K_C，将 AS 的响应信息解密，获取票据和会话密钥，然后将获取的票据发送给 TGS。

4）TGS 发放服务器票据和会话密钥

$TGS \rightarrow C$：$E_{K_{C,\,TGS}}[K_{C,\,S} \| ID_S \| TS_4 \| ticket_S]$。

TGS 收到消息后，为用户生成会话密钥 $K_{C,\,S}$ 和服务器票据 $ticket_S$，然后将信息 $K_{C,\,S} \| ID_S \| TS_4 \| ticket_S$ 通过用户与票据服务器通信的会话密钥 $K_{C,\,TGS}$ 加密发送给用户 C。用户 C 收到消息后，用（2）中获得的 $K_{C,\,TGS}$ 解密信息，得到会话密钥 $K_{C,\,S}$ 和服务器票据 $ticket_S$。

5）用户 C 请求服务

$C \rightarrow S$：$ticket_S \| authenticator_C$。

用户首先向服务器 S 发送包含票据 $ticket_S$ 和 $authenticator_C$ 的请求，S 收到请求后验证票据的有效性。

6）S 提供服务器认证信息

$S \rightarrow C$：$E_{K_{C,\,S}}[TS_5 + 1]$。

当用户 C 预验证 S 的身份时，S 将收到的时间戳加 1，并用会话密钥 $K_{C,S}$ 加密后发送给用户，用户收到回答后，用会话密钥解密确定 S 的身份。

通过上述步骤，用户 C 和服务器 S 互相验证了彼此的身份，并且拥有会话密钥 $K_{C,S}$。

2．Kerberos 协议分析

Kerberos 协议具有以下优势。

（1）与授权机制相结合。

（2）实现了一次性签放的机制，并且签放的票据都具有有效期。

（3）支持双向的身份认证。

（4）支持分布式网络环境下的域间认证。

在 Kerberos 认证机制中，也存在一些安全隐患。Kerberos 机制的实现要求一个时钟基本同步的环境，这样需要引入时间同步机制，并且该机制也需要考虑安全性，否则攻击者可以通过调节某主机的时间实施重放攻击。在 Kerberos 系统中，Kerberos 服务器假想共享密钥是完全保密的，如果一个入侵者获得了用户的密钥，他就可以假装成合法用户。攻击者还可以采用离线方式攻击用户口令。如果用户口令被破获，系统将会不安全。如果系统的登录程序被替换，用户的口令会被窃取。

14.6.2　X.509 认证协议

根据国际电信联盟的建议，将 X.509 作为定义目录业务的 X.500 系列的一个组成部分，这里所说的目录实际上是维护用户信息数据库的服务器或分布式服务器集合，用户信息包括用户名到网络地址的映射和用户的其他属性。X.509 定义了 X.500 目录向用户提供认证业务的一个框架，目录的作用是存放用户的证书。X.509 还定义了基于证书的认证协议。X.509 中定义的证书结构和认证协议已被广泛应用于 S/MIME、IPSec、SSL/TLS 及 SET 等诸多应用过程，因此 X.509 已成为一个重要的标准。

X.509 的基础是公钥密码体制和数字签名，但其中未特别指明使用哪种公钥密码体制，也未特别指明数字签名中使用哪种杂凑函数。

1．证书的格式

用户的证书是 X.509 的核心问题，证书由某个可信的证书发放机构 CA 建立，并由 CA 或用户自己将其放入目录中，以供其他用户访问。目录服务器本身并不负责为用户建立证书，其作用仅仅是为用户访问证书提供方便。

X.509 证书如图 14.4 所示。

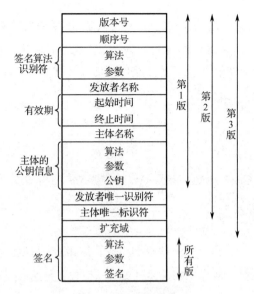

图 14.4 X.509 证书

（1）版本号：默认值为第 1 版。如果证书中需要有发放者唯一识别符或主体唯一标识符，则版本号为 2，如果有一个或多个扩充项，则版本号为 3。

（2）顺序号：为一个整数，由同一个 CA 发放的每个证书的唯一顺序号。

（3）签名算法识别符：签署证书所用的算法及相应的参数。

（4）发放者名称：建立和签署证书的 CA 名称。

（5）有效期：包括证书有效期的起始时间和终止时间两个数据项。

（6）主体名称：证书所属用户的名称。

（7）主体的公钥信息：包括主体的公钥、使用这一公钥的算法的标识符及相应的参数。

（8）发放者唯一识别符：这一数据项是可选用的，当 CA 的名称被重新用于其他实体时，用这一识别符来唯一标识发放者。

（9）主体唯一标识符：这一数据项也是可选用的，当主体的名称被重新用于其他实体时，用这一识别符来唯一标识主体。

（10）扩充域：其中包括一个或多个扩充的数据项，仅在第 3 版中使用。

（11）签名：CA 用自己的私钥对上述域的 Hash 值进行签名。此外，这个域还包括签名算法标识符。

X.509 中使用以下表示法来定义证书。

$CA << A >> = CA\{V, SN, AI, CA, T_A, A, A_p\}$，其中 $CA << A >>$ 表示 CA 向用户 A 发放的证书，$CA\{V, SN, AI, CA, T_A, A, A_p\}$ 表示 CA 对消息进行签名，V 为版本号，SN 为证书序列号，AI 为算法标识，T_A 为有效期，A 为用户标识，A_p 为 A 的公钥信息。

2．证书认证方案

X.509 是个重要的标准，除了定义证书结构，还定义了基于使用证书的可选认证协议。该协议基于公钥加密体制，每个用户拥有一对密钥：公钥和私钥。按照双方交换认证信息的不同，可以分为单向身份认证、双向身份认证和三向身份认证三种不同的方案。

1）单向身份认证

单向身份认证如图 14.5 所示。

图 14.5　单向身份认证

A → B：$S_A(T_A \| R_A \| B \| \text{sgnData} \| E_B[K_{AB}])$。其中，$S_A()$ 表示 A 的签名，$E_B[K_{AB}]$ 为可选项，表示使用 B 的公钥进行加密，R_A（防重放攻击）为 A 的生成随机数，T_A 为时间戳，sgnData 为 A 传递的信息，K_{AB} 为会话密钥。B 收到认证请求后，取得 A 的公钥，验证 A 证书的有效性、签名、数据完整性、接收用户是否为 B、时间戳等。作为可选步骤，可验证 R_A 是否重复。

2）双向身份认证

双向身份认证如图 14.6 所示。

A → B：$S_A(T_A \| R_A \| B \| \text{sgnData} \| E_B[K_{AB}])$。B → A：$S_B(T_B \| R_B \| A \| R_A \| \text{sgnData} \| E_A[K_{AB}])$。$E_B[K_{AB}]$、$E_A[K_{AB}]$ 为可选项。双向身份认证实现了用户 A 与用户 B 的相互认证。双向身份认证是在单向身份认证的基础上，B 再向 A 做出应答，以证明 B 的身份。应答消息由 B 生成，确保应答消息的新鲜性和完整性，消息内容包含时间戳 T_B 和随机数 R_B，并由用户 B 签名。

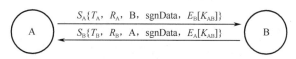

图 14.6　双向身份认证

3）三向身份认证

三向身份认证如图 14.7 所示。

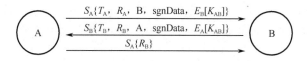

图 14.7　三向认证

A → B：$S_A(T_A \| R_A \| B \| \text{sgnData} \| E_B[K_{AB}])$。B → A：$S_B(T_B \| R_B \| A \| R_A \| \text{sgnData} \| E_A[K_{AB}])$。A → B：$S_A(R_B)$。

在上述双向身份认证完成之后，A 将收到来自 B 的一次性随机数 R_B 签名并发送给 B，即构成三向身份认证。三向身份认证的目的是双方将收到的对方发来的一次性随机数再反馈给对方，进行一次确认，因此双方不需要检查时间戳，只需要检查对方的一次性随机数即可检查出是否存在重放攻击。

14.7 本章小结

身份认证是保障网络系统安全的关键，本章介绍了基于口令、对称密码体制、公钥密码体制及零知识证明的身份认证技术，并描述了几个典型的认证协议。

14.8 本章习题

1．假设你知道一个背包问题的解，试设计一个协议，以零知识证明方式证明你的确知道问题的解。

2．Kerberos 能够解决什么问题？能够处理哪些与认证相关的威胁？

3．设 p 和 q 是两个大素数，$n = pq$。假设证明者 P 知道 n 的因子，如果证明者 P 想让验证者 V 相信他知道 n 的因子，并且证明者 P 不想让验证者 V 知道 n 的因子，请设计协议实现该认证需求。

4．证明者 P 希望向验证者 V 零知识证明自己的秘密身份，设证明者 P 的秘密身份是 $x_1 = 9$，$x_2 = 31$，$x_3 = 67$，对应的公开身份 $y_1 = 9$，$y_2 = 25$，$y_3 = 88$。请用 Feige-Fiat-Shamir 零知识身份认证协议说明证明者 P 如何向验证者 V 证明的。

5．下列是一个实时用户身份认证系统，假定所用对称密码算法足够安全，用户之间的共享密钥安全，请简明注释每个步骤的含义。

① $A \rightarrow B: \{ID_A,\ R_A\}$

② $B \rightarrow A: \{R_B,\ K_{BA}(R_A)\}$

③ $A \rightarrow B: \{K_{AB}(R_B)\}$

其中，ID_A 为用户 A 的身份标识，R_A、R_B 分别是 A、B 产生的实时随机数，$K_{BA}(R_A)$、$K_{AB}(R_B)$ 分别表示用 A、B 共享密钥 $K_{BA} = K_{AB}$，将 R_A、R_B 加密后的密文。事实上，该用户身份认证系统存在安全漏洞，即任何第三方 C 可以冒充 A 而设法得到 B 的认证，请分析。

6．请针对 14.3.2 节中 Needham-Schroeder 协议存在的缺陷设计改进方案。

第 15 章　密钥管理

密钥管理是指根据安全策略，对密钥的产生、分发、存储、更新、归档、撤销、备份、恢复和销毁等密钥生命周期的管理。本章从理论和技术的角度讨论密钥管理中的若干重要问题，主要包括密钥管理全过程、分配、协商、秘密共享等内容。

15.1　密钥管理概述

随着现代网络通信技术的发展，人们对网络上传递敏感信息的安全要求越来越高，密码得到广泛应用。随之而来的密钥使用也大量增加，如何保护密钥和管理密钥成为重要的问题。

密钥是密码系统中的可变部分。在现代密码体制中，密码算法是可以公开评估的，因而整个密码系统的安全性并不取决于对密码算法的保密或者对密码设备的保护，决定整个密码体制安全性的因素是密钥的保密性。也就是说，在考虑密码系统的设计时，需要解决的核心问题是密钥管理问题，而不是密码算法问题。由此带来的好处为：在密码系统中不用担心算法的安全性，只要保护好密钥就可以了，显然保护密钥比保护算法要容易得多。再者，可以使用不同的密钥保护不同的秘密，这意味着当攻击者攻破了一个密钥时，受威胁的只是这个被攻破密钥所保护的秘密，其他的秘密依然是安全的。由此可见，密码系统的安全性是由密钥的安全性决定的。

密钥管理就是在授权各方之间实现密钥关系的建立和维护的一整套技术和程序。密钥管理是密码学的一个重要分支，也是密码学最重要、最困难的部分，在一定的安全策略指导下，负责密钥从产生到最终销毁的整个过程，包括密钥的生成、存储、分发与协商、使用、备份与恢复、更新、撤销和销毁等。密钥管理是密码学许多技术（如机密性、实体身份验证、数据源认证、数据完整性和数据签名等）的基础，在整个密码系统中占有极其重要的地位。

下面介绍密钥管理的基本含义和作用。

1. 密钥生成和检验

密钥生成是密钥管理的首要环节，如何产生好的密钥是保证密码系统安全的关键。密钥产生设备主要是密钥生成器，一般使用性能良好的生成器装置产生伪随机序列，以确保所产生密钥的随机性。好的密钥生成器应做到：生成的密钥是随机等概率的、避免弱密钥的使用。

2. 密钥交换和协商

典型的密钥交换主要有两种形式：集中式交换方案和分布式交换方案。前者主要依靠网络中的"密钥管理中心"根据用户要求来分配密钥，后者则是根据网络中各主机相互间协商来生成共同密钥。生成的密钥可以通过手工方式或安全信道秘密传送。

3．密钥保护和存储

对所有的密钥必须有强力有效的保护措施，提供密码服务的密钥装置要求绝对安全，密钥存储要保证密钥的机密性、认证性和完整性，而且要尽可能减少系统中驻留的密钥量。

密钥在存储、交换、装入和传送过程中的核心是保密，其密钥信息流动应是密文形式。

4．密钥更换和装入

任何密钥的使用都应遵循密钥的生存周期，绝不能超期使用，因为密钥使用时间越长，重复概率越大，外泄可能性越大，被破译的危险性就越大。此外，密钥一旦外泄，必须更换与撤销。密钥装入可通过键盘、密钥注入器、磁卡等介质及智能卡、系统安全模块（具备密钥交换功能）等设备实现。密钥装入可分为主机主密钥装入、终端机主密钥装入，二者均可由保密员或专用设备装入，一旦装入就不可再读取。

密钥管理是一项综合性的系统工程，要求管理与技术并重，除了技术性因素，它还与人的因素密切相关，包括密钥管理相关的行政管理制度和密钥管理人员的素质等。密码系统的安全强度总是取决于系统最薄弱的环节，因此再好的技术，如果失去了必要管理的支持，终将使技术毫无意义。

15.1.1 密钥管理的层次结构

由于应用需求和功能上的差异，密码系统中所使用的密钥的种类还是比较多的。例如，按照加密内容的不同，密钥可以分为用于一般数据加密的密钥和用于密钥加密的密钥；按照所完成的功能上的差异，密钥可以分为用于验证数据签名的密钥（公钥）和用于实现数据签名的密钥（私钥）。根据不同种类密钥所起的作用和重要性的不同，现有的密码系统的设计大都采用了层次化的密钥结构，这种层次化结构与对系统的密钥控制关系是对应的，三层密钥管理的层次结构如图 15.1 所示，表示一个常用（三级）的简化密钥管理的层次结构。

在一般情况下，按照密钥的生存周期、功能和保密级别，可以将密钥分为 3 类：会话密钥、密钥加密密钥和主密钥。系统使用主密钥通过某种密码算法保护密钥加密密钥，再使用密钥加密密钥通过密码算法保护会话密钥，不过密钥加密密钥可能不止一个层次，最后会话密钥基于某种加密解密算法来保护明文数据。在整个密钥层次体系中，各层密钥的使用由相应层次的密钥协议控制。

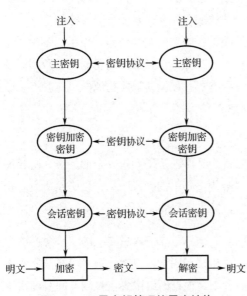

图 15.1　三层密钥管理的层次结构

（1）会话密钥。两个通信终端用户交换数据时使用的密钥称为会话密钥，也称数据加密密钥。会话密钥的生存周期非常短，通常在会话建立初生成，在会话结束后销毁，主要用来对传输的数据进行保护，即使会话密钥泄露，造成的直接损失也不会太大。一方面，会话密钥更换越频繁，通信就越安全，因为攻击者所能获得的破获密钥的信息就越少；另一方面，频繁更换会话密钥将给密钥管理带来更多的负担。从来源上讲，会话密钥可由通信双方协商得到，也可由密钥分配中心分配；从产生机制上来讲，会话密钥可在密钥加密密钥作用下通过某种加密算法动态产生，如用初始密钥控制非线性移位寄存器或用密钥加密密钥控制分组密码算法产生。它大多数是临时的、动态生成的，因此大大降低了密钥的存储量。

（2）密钥加密密钥。密钥加密密钥主要用于对要传送的会话密钥进行加密，也称二级密钥、次主密钥或辅助密钥。通信网中每个节点都分配密钥加密密钥（为了安全，各节点的密钥加密密钥应互不相同）。密钥加密密钥的生存周期相对较长，因为它主要用来协商或传送会话密钥，所以一旦泄露可能导致在其使用周期内的所有会话密钥泄露。因此，密钥加密密钥的保密级别较高，在主机和一些密码设备中，存储这种密钥的装置应有断电保护、认证和防窜扰、防欺诈等控制功能。可用随机数发生器生成这类密钥，也可用主密钥控制下的某种算法来产生。

（3）主密钥。主密钥对应于层次化密钥结构中的最高层次，它是由用户选定或由系统分配给用户的、可在较长时间内由用户所专有的秘密密钥。在某种程度上，主密钥还起到标识用户的作用。主密钥主要用于对密钥加密密钥或会话密钥的保护，使得这些密钥可以实现在线分发。它的生存周期最长，而且泄露主密钥所带来的危害无法估量，因此一般保存在网络中心、主节点、主处理机或专用硬件设备中，受到严格的保护。此外，对于主密钥的分配传送往往采用人工的方式，由可信的邮差、保密人员进行传送。主密钥控制产生其他加密密钥，而且长时间保持不变，因此它的安全性是至关重要的。

密钥的分级系统大大提高了密钥的安全性。一般来说，越低级的密钥更换速度越快，底层的密钥可以做到一次一换。在分级结构中，低级密钥具有相对独立性。一方面，它们被破译不会影响上级密钥的安全；另一方面，它们的生成方式、结构、内容可以根据某种协议不断变换。

对于攻击者，密钥的分级系统意味着其所攻击的是一个动态系统。对于静态密钥系统，一份报文的破译就可以导致使用该密钥的所有报文的泄露。而对于动态密钥系统，由于低级密钥是在不断变化中的，因而一份报文的破译造成的影响有限。然而直接对主密钥发起攻击也是很困难的，一方面对主密钥保护是相当严格的，采取了各种物理手段；另一方面主密钥的使用次数很少。

密钥的分级系统更大的优点还在于，它使得密钥管理自动化成为可能。对于一个大型密码系统而言，其需要的密钥数量是庞大的，都采用人工交换的方式来获得密钥已经不可能。在分级系统中，只有主密钥需要人工装入，其他各级密钥均可以由密钥管理系统按照某些协议来进行自动地分配、更换、撤销等。这既提高了工作效率，也提高了安全性。管理人员掌握着核心密钥，他们不直接接触普通用户使用的密钥与明文数据，普通用户也无法接触到核心密钥，这使得核心密钥的扩散面减到最小。

15.1.2　密钥管理的原则

密钥管理是一个庞大且烦琐的系统工程，必须从整体上考虑，从细节着手，严密细致地进行设计、实施，充分、完善地进行测试、维护，才能较好地解决密钥管理问题。为此，密钥管理应遵循一些基本原则。

（1）区分密钥管理的策略和机制。密钥管理策略是密钥管理系统的高级指导，策略着重原则指导，而不着重具体实现；而机制是具体的、复杂烦琐的。密钥管理机制是实现和执行策略的技术机构和方法。没有好的管理策略，再好的机制也不能确保密钥的安全；相反，没有好的机制，再好的策略也没有实际意义。

（2）完全安全原则。该原则是指必须在密钥的产生、存储、分发、装入、备份、更换和销毁等全过程中对密钥采取妥善的安全管理。只有各个阶段都安全时，密钥才是安全的。否则，只要其中一个环节出问题，密钥便不安全，也就是说，密钥的安全性是由密钥整个阶段中安全性最低的阶段决定的。

（3）最小权利原则。该原则是指只分配给用户进行某一事务处理所需要的最小的密钥集合。因为用户获得的密钥越多，他的权利就越大，所能获得的信息就越多。如果用户不诚实，那么可能发生危害信息安全的事情。

（4）责任分离原则。该原则是指一个密钥应当专职一种功能，不要让一个密钥兼任几种功能。例如，用于数据加密的密钥不应同时用于用户认证，用于文件加密的密钥不应同时用于通信加密。正确的做法是一个密钥用于数据加密，另一个密钥用于用户认证；一个密钥用于文件加密，另一个密钥用于通信加密。密钥专职的好处在于即使密钥泄露，也只会影响一种安全，从而使损失最小化。

（5）密钥分级原则。该原则是指对于一个大的系统（如网络），所需要的密钥的种类和数量都很多，应当采用密钥分级策略，根据密钥的职责和重要性，把密钥划分为几个级别。用高级密钥保护低级密钥，最高级的密钥由安全的物理设施保护。这样做的好处是既可减少受保护的密钥的数量，又可简化密钥的管理工作。

（6）密钥更换原则。该原则是指密钥必须按时更换，否则即使采用很强的密码算法，只要攻击者截获足够多的密文，密钥被破译的可能性就非常大。理想情况是一个密钥只使用一次，但一次一密是不现实的。密钥更换的频率越高，越有利于安全，但是密钥的管理就越复杂。实际应用时应当在安全和效率之间折中选取。

（7）密钥应当有足够的长度。密码安全的一个必要条件是密钥应当有足够的长度。密钥越长，密钥空间就越大，攻击就越困难，因而也就越安全；但密钥越长，用软硬件实现所消耗的资源就越多。因此，密钥管理策略也要在安全和效率方面折中选取。

（8）密码体制不同，密钥管理也不同。传统密码体制与公开密钥密码体制是性质不同的两种密码，因此它们在密钥管理方面有很大的不同。

15.1.3　密钥管理全过程

密钥的生命周期是指密钥从产生到最终销毁的整个过程。在这个生命周期中，密钥处于 4 种不同的状态：使用前状态，密钥不能用于正常的密码操作；使用状态，密钥是可用的，并处于正常使用中；使用后状态，密钥不再正常使用，但为了某种目的对其进行离线访问是可行的；过期状态，密钥不再使用，所有的密钥记录已被删除。Menezes、Orschot 和 Vanstone 提出了一个比较全面的密钥生命周期阶段图，密钥生命周期阶段如图 15.2 所示，密钥生命周期包括以下 12 个重要阶段。

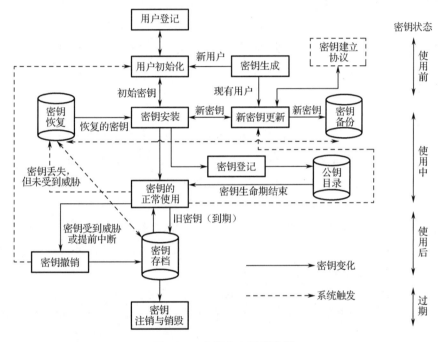

图 15.2　密钥生命周期阶段

（1）用户登记。一个实体成为一个安全域中的授权成员。这一阶段包括初始密钥材料（所谓密钥材料是指用于生成密钥的一些系统要素，比如共享的口令、PIN 等）的获取、创建和交换。密钥材料的获取应该通过安全的一次性技术实现，如当面交换、可信邮差等。

（2）用户初始化。用户建立用于安全操作的系统。这一阶段包括安装和初始化各种需要的软件和硬件，并使用或安装用户登记阶段获得的密钥材料。

（3）密钥生成。一般首先通过密钥生成器借助于某种噪声源产生具有较好统计分析特性的序列，以保障生成密钥的随机性和不可预测性，然后再对这些序列进行各种随机性检验，以确保其具有较好的密码特性。不同的密码体制或密钥类型，其密钥的具体生成方法一般是不同的，与相应的密码体制或标准相联系。密钥可能由用户自己选择生成也可能由可信的系统分发。算法的安全性依赖于密钥，如果密钥的生成方法不好，那么整个系统都将面临安全威胁。因此，对于一个密码系统，如何产生好的密钥很关键，密钥生成是密钥生命周期的基础阶段。

（4）密钥安装。将密钥材料安装在一个实体的软件或硬件中，以便使用。这一过程其实就是密钥的静态存储，其安全性尤为重要。一般来说，安装常采用以下技术：手工输入口令或者PIN、磁盘交换、只读存储设备、芯片卡等。初始密钥材料可用于建立安全的在线会话，从而建立工作密钥。在此后的更新中，理想的方式是通过一种安全的在线更新技术，安装新的密钥材料来代替正在使用的密钥。

（5）密钥登记。密钥材料被正式记录在案，并同一定实体绑定起来。一般绑定实体的身份，也可以包括其他属性（如认证信息或权限）。例如，公钥证书可以由一个证书颁发机构创建，并通过一个公开目录或其他方式使其他用户查询。

（6）密钥的正常使用。利用密钥进行正常的密码操作，如加密、解密、签名、验证等。密钥生命周期的目的就是要方便密钥材料的使用，一般来说，在有效期内密钥都可以使用。在密钥使用中密钥必须以明文形式出现，因此这阶段往往是攻击者重点关注阶段之一，通常需要对密钥使用环境进行保护。当然，密钥使用也可以进一步细分。例如，对于非对称密钥对而言，某些时刻公钥对于加密不再有效，然而私钥对于解密仍然有效。

（7）密钥更新。在密钥有效期截止之前，使用中的密钥材料被新的密钥材料替代。更新的原因可能是密钥使用有效期将到，也可能是正在使用的密钥出现泄露。密钥更新的两种常用方法：一种是重新生成新的密钥，另一种是在原有密钥基础上生成新的密钥。

（8）密钥备份。将密钥材料存储在独立、安全的介质上，以便需要时恢复密钥。备份是密钥处于使用状态时的短期存储，为密钥的恢复提供密钥源，要求以安全的方式存储密钥，防止密钥泄露，且不同等级和类型的密钥采取不同的方法。密钥备份主要有两种方法：一种是使用秘密共享协议，另一种是进行密钥托管。

（9）密钥恢复。从备份或档案中检索密钥材料，将其恢复。如果密钥材料遗失的同时没有安全威胁的风险（如设备损坏或者口令遗忘），那么可以从原有的安全备份中恢复密钥。

（10）密钥存档。当密钥不再正常时，需要对其进行存档，以便在某种情况下特别需要时（如解决争议）能够对其进行检索并在需要时恢复密钥。存档是指对过了有效期的密钥进行长期的离线保存，处于密钥的使用后的状态。

（11）密钥撤销。在原定的密钥有效期截止之前，如果出现密钥泄露或任务中止，那么需要将正在使用的密钥置为无效，即撤销。但若需要继续进行任务，则将重新生成密钥；若用该密钥保密的信息没过期，则需要把此密钥备份。

（12）密钥注销与销毁。当不再需要保留密钥或者保留与密钥相关联的内容的时候，这个密钥应当注销，并销毁密钥的所有副本，清除所有与这个密钥相关的痕迹。

在密钥生命周期中，初始密钥生成、密钥更新过程中都会使用一种重要的密钥协议，即密钥建立协议，密钥建立协议包括密钥分发和密钥协商。密钥分发是指一方生成一个密钥后，通过某种方式将其发放给其他参与者。密钥协商是指参与保密通信的各方通过协商谈判生成一个密钥。密钥建立协议是密钥管理的核心部分，同时也是密码学研究的重要领域，本章将重点介绍这方面内容。

需要指出的是，图 15.2 描述的生命周期主要应用于公私钥对，尤其公钥目录就是针对公钥的真实性而建立的，具体的内容请参阅有关数字证书的内容。对称密钥的生命周期（包括密钥加密和会话密钥）一般不会太复杂，如会话密钥一般无须注册、备份、撤销或归档。另外，需要指出，图 15.2 描述的生命周期仅涉及单一参与方。

15.2　密钥分配技术

密钥分配是指系统中的一个成员先选择一个秘密密钥，然后将它传送给另外一个成员。在下面的一些方案中，有一个可信方（Trusted Authority），记为 TA，负责验证用户身份、选择和传送密钥给用户等。

首先介绍一个最简单的密钥预分配方案。设想一个有 n 个用户的不安全网络，当用户 U、V 想进行保密通信时，先向 TA 提出申请，TA 为他们随机选择一个会话密钥 K，并通过一个安全信道（密钥的传送可以不在网络上进行，因为网络是不安全的）传送给他们。这个方法是无条件安全的，但需要 TA 和网络上的每个用户之间共享一个安全信道。而且每个用户必须存储 $n-1$ 个密钥，TA 需要安全地传送 $n(n-1)$ 个密钥（有时称为 n^2 问题）。甚至对一个相当小的网络，也可能代价变得很大，因此不是一个实际的解决方案。显然，试图减少安全信道的数目和每个用户需要存储的密钥量是人们关心的问题。

当考虑密钥分配所使用的密码技术时，通常区分为对称密码体制与公钥密码体制。

15.2.1　对称密码体制的密钥分配

1．密钥分配的基本方法

两个用户（如主机、进程、应用程序）在用对称密码体制进行保密通信时，首先必须有一个共享的秘密密钥，且为防止攻击者得到密钥，还必须时常更新密钥。因此，密码系统的强度也依赖于密钥分配技术。

两个用户 A 和 B 获得共享密钥的方法有以下几种。

（1）密钥由 A 选取并通过物理手段发送给 B。

（2）密钥由第三方选取并通过物理手段发送给 A 和 B。

（3）如果 A、B 事先已有一个密钥，其中一方选取新密钥后，用已有的密钥加密新密钥并发送给另一方。

（4）如果 A 和 B 与第三方 C 分别有一个保密信道，那么 C 为 A、B 选取密钥后，分别在两个保密信道上发送给 A、B。

前两种方法称为人工发送。在通信网中，若只有个别用户想进行保密通信，密钥的人工发送还是可行的。然而如果所有用户都要求支持加密服务，那么任意一对希望通信的用户都必须有一个共享密钥。如果有 n 个用户，那么密钥数目为 $n(n-1)/2$。因此，当 n 很大时，密钥分配的代价非常大，密钥的人工发送是不可行的。

对于（3），攻击者一旦获得一个密钥就可获取以后所有的密钥，而且用这种方法对所有用户分配初始密钥时，代价仍然很大。

（4）比较常用，其中的第三方通常是一个负责为用户分配密钥的密钥分配中心。这时每个用户必须和密钥分配中心有一个共享密钥，称为主密钥。通过主密钥分配给一对用户的密钥称为会话密钥，用于这一对用户之间的保密通信。通信完成后，会话密钥即被销毁。如上所述，如果用户数为 n，那么会话密钥数为 $n(n-1)/2$，但主密钥数却只需要 n 个，因此主密钥可通过物理手段发送。

2. 密钥分配实例

密钥分配实例如图 15.3 所示。假定两个用户 A、B 分别与密钥分配中心 KDC 有一个共享的主密钥 K_A 和 K_B，A 希望与 B 建立一个共享的一次性会话密钥，可通过以下几步来完成。

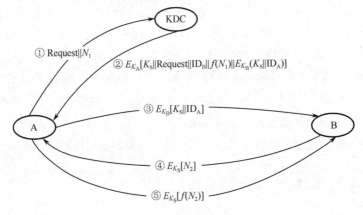

图 15.3 密钥分配实例

① A 向 KDC 发出会话密钥请求。表示请求的消息由两个数据项组成，第 1 项是 A 和 B 的身份，第 2 项是这次业务的唯一识别符 N_1，称 N_1 为一次性随机数，可以是时间戳、计数器或随机数。每次请求所用的 N_1 都应不同，且为防止假冒，应使敌手对 N_1 难以猜测。因此，用随机数作为这个识别符最为合适。

② KDC 对 A 的请求发出应答。应答是由 K_A 加密的消息，因此只有 A 才能成功地对这一消息解密，并且 A 可相信这一消息的确是由 KDC 发出的。消息中包括 A 希望得到的两项内容：一次性会话密钥 K_S；B 的身份（如 B 的网络地址）ID_B。

A 在步骤①中发出的请求包括一次性随机数 N_1，目的是使 A 将收到的应答与发出的请求相比较，判断是否匹配。因此，A 能验证自己发出的请求在被 KDC 收到之前是否被他人篡改，而且 A 还能根据一次性随机数相信自己收到的应答不是重放的过去的应答。此外，消息中还有 B 希望得到的两项内容：一次性会话密钥 K_S；A 的身份（如 A 的网络地址）ID_A。这两项由 K_B 加密，将由 A 转发给 B，以建立 A、B 之间的连接并用于向 B 证明 A 的身份。

③ A 存储一次性会话密钥，并向 B 转发 $E_{K_B}[K_S \| ID_A]$。因为转发的是由 K_B 加密后的密文，所以转发过程不会被窃听。B 收到密文后，可得到一次性会话密钥 K_S，并从 ID_A 可知另一方是 A，而且还从 E_{K_B} 判断 K_S 的确来自 KDC。这一步完成后，会话密钥就安全地分配给了 A、B。然而还能继续以下两步工作。

④ B 用一次性会话密钥 K_S 加密另一个一次性随机数 N_2，并将加密结果发送给 A。

⑤ A 以 $f(N_2)$ 作为对 B 的应答，其中 f 是对 N_2 进行某种变换（如加 1）的函数，并将应答用会话密钥加密后发送给 B。

步骤④和步骤⑤可使 B 相信步骤③收到的消息不是一个重放。

注：步骤③已完成密钥分配，步骤④和步骤⑤结合步骤③执行的是认证功能。

3．密钥的分层控制

网络中如果用户数目非常多而且分布的地域非常广，一个 KDC 无法承担为用户分配密钥的重任。问题的解决方法是使用多个 KDC 的分层结构。例如，在每个小范围（如一个 LAN 或一个建筑物）内，都建立一个本地 KDC。同一范围的用户在进行保密通信时，由本地 KDC 为他们分配密钥。若两个不同范围的用户想获得共享密钥，则可通过各自的本地 KDC，而两个本地 KDC 的沟通又需要经过一个全局 KDC，这样就建立了两层 KDC。类似地，根据网络中用户的数目及分布的地域，可建立 3 层或多层 KDC。

分层结构可减少主密钥的分布，因为大多数主密钥是在本地 KDC 和本地用户之间共享。再者，分层结构还可将虚假 KDC 的危害限制到一个局部区域。

4．会话密钥的有效期

会话密钥更换越频繁，系统的安全性就越高。因为即使敌手获得一个会话密钥，也只能获得很少的密文。但是，会话密钥更换太频繁，又将延迟用户之间的交换，同时还造成网络负担。因此，在决定会话密钥的有效期时，应权衡矛盾的两个方面。对面向连接的协议，在连接未建立前或断开时，会话密钥的有效期可以很长。而每次建立连接时，都应使用新的会话密钥。若逻辑连接的时间很长，则应定期更换会话密钥。

无连接协议（如面向业务的协议），无法明确地决定更换密钥的频率。为安全起见，用户每进行一次交换，都用新的会话密钥。然而这又失去了无连接协议主要的优势，即对每个业务都有最少的费用和最短的延迟。比较好的方案是在某一固定周期内或对一定数目的业务使用同一会话密钥。

5．无中心的密钥控制

用密钥分配中心为用户分配密钥时，要求所有用户都信任 KDC，同时还要求对 KDC 加以保护。如果密钥的分配是无中心的，那么不必有以上两个要求。然而如果每个用户都能和自己想与之建立联系的另一用户安全地通信，那么对 n 个用户的网络来说，主密钥多达 $n(n-1)/2$ 个。当 n 很大时，这种方案无实用价值，但在整个网络的局部范围却非常有用。

在进行无中心的密钥分配时，两个用户 A 和 B 建立会话密钥需要经过以下 3 步，无中心的密钥分配如图 15.4 所示。

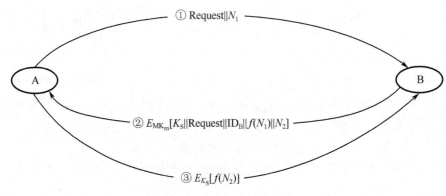

图 15.4　无中心的密钥分配

① A 向 B 发出建立会话密钥的请求和一个一次性随机数 N_1。

② B 用与 A 共享的主密钥 MK_m 对应答的消息加密，并发送给 A。应答的消息中有 B 选取的会话密钥、B 的身份、$f(N_1)$ 和另一个一次性随机数 N_2。

③ A 使用新建立的会话密钥 K_S 对 $f(N_2)$ 加密后返回给 B。

6．密钥的控制使用

密钥根据其不同用途可分为会话密钥和主密钥两种类型，会话密钥又称数据加密密钥，主密钥又称密钥加密密钥。因为密钥的用途不同，所以对密钥的使用方式也希望加以某种控制。

如果主密钥泄露了，那么相应的会话密钥也将泄露，因此主密钥的安全性应高于会话密钥的安全性。一般在密钥分配中心及终端系统中主密钥都是物理上安全的，如果把主密钥当作会话密钥注入加密设备，那么其安全性就会降低。

7．对称密码体制中的密钥控制技术

密钥标签。用于 DES 的密钥控制，将 DES 的 64bit（比特）密钥中的 8 个校验位作为控制使用这一密钥的标签。标签中各比特的含义为：一个比特表示这个密钥是会话密钥还是主密钥；一个比特表示这个密钥是否能用于加密；一个比特表示这个密钥是否能用于解密；其他比特无特定含义，留待以后使用。

标签是在密钥之中，在分配密钥时，标签与密钥一起被加密，因此可对标签起到保护作用。本方案的缺点：第一，标签的长度被限制为 8bit，限制了它的灵活性和功能；第二，标签是以密文形式传送的，只有解密后才能使用，因而限制了对密钥使用的控制方式。

控制矢量。这一方案比上一方案灵活。方案中对每个会话密钥都指定了一个相应的控制矢量，控制矢量分为若干字段，分别用于说明在不同情况下密钥被允许使用还是不被允许使用，且控制矢量的长度可变。控制矢量是在 KDC 产生密钥时加在密钥之中的，控制矢量的使用方式如图 15.5 所示。

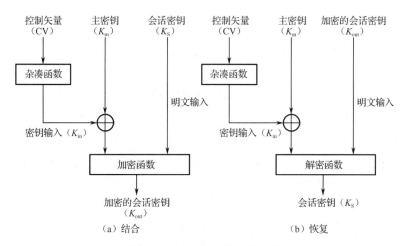

图 15.5 控制矢量的使用方式

首先，由一个杂凑函数将控制矢量压缩到与加密密钥等长，然后与主密钥异或后作为加密的会话密钥，即

$$H = h(\text{CV})$$
$$K_{\text{in}} = K_{\text{m}} \oplus H \qquad\qquad (15.1)$$
$$K_{\text{out}} = E_{K_{\text{m}} \oplus H}[K_{\text{S}}]$$

其中，CV 是控制矢量；h 是杂凑函数；K_{m} 是主密钥，K_{S} 是会话密钥。控制矢量的使用方式表示为 $K_{\text{S}} = D_{K_{\text{m}} \oplus H}[E_{K_{\text{m}} \oplus H}[K_{\text{S}}]]$。

8．控制矢量的使用

KDC 在向用户发送会话密钥时，同时以明文形式发送控制矢量。用户只有使用与 KDC 共享的主密钥及 KDC 发送来的控制矢量才能恢复会话密钥，因此还必须保留会话密钥和它的控制矢量之间的对应关系。

与使用 8bit 的密钥标签相比，使用控制矢量有两个优点：第一，控制矢量的长度没有限制，因此可对密钥的使用施加任意复杂的控制；第二，控制矢量始终以明文形式存在，因此可在任意阶段对密钥的使用施加控制。

15.2.2 公钥密码体制的密钥分配

前面介绍了对称密码体制的密钥分配问题，而公钥加密的一个主要用途是分配对称密码体制使用的密钥。本节介绍两方面内容：一是公钥密码体制所用的公开密钥的分配，二是如何用公钥密码体制来分配对称密码体制所需要的密钥。

1．公钥的分配

1）公开发布

公开发布是指用户将自己的公钥发给其他每个用户，或向某一团体广播。例如，PGP（Pretty

Good Privacy）中采用了 RSA 算法，它的很多用户都是将自己的公钥附加到消息上，然后发送到公开（公共）区域，如互联网上电子邮件列表。

这种方法虽然简单，但有一个非常大的缺点，即任何人都可伪造这种公开发布。如果某个用户假装是用户 A 并以 A 的名义向另一用户发送或广播自己的公钥，那么在 A 发现假冒者以前，这一假冒者可解读所有将要发向 A 的加密消息，而且假冒者还能用伪造的密钥获得认证。

2）公用目录表

公用目录表是指一个公用的公钥动态目录表，公用目录表的建立、维护及公钥的分布由某个可信的实体或组织承担，称这个实体或组织为公用目录的管理员。与公开发布分配方法相比，这种方法的安全性更高。该方案有以下一些组成部分。

① 管理员为每个用户在目录表中建立一个目录，目录中有两个数据项：一是用户名，二是用户的公钥。

② 每个用户都亲自或以某种安全的认证通信在管理者那里为自己的公钥注册。

③ 若用户自己的公钥用过的次数太多或与公钥相关的私钥已被泄露，则可随时用新密钥替换现有的密钥。

④ 管理员定期公布或定期更新目录表。例如，像电话号码本一样公布目录表或在发行量很大的报纸上公布目录表的更新。

⑤ 用户可通过电子手段访问目录表，这时从管理员到用户必须有安全的认证通信。

本方案的安全性虽然高于公开发布的安全性，但仍易受攻击。如果敌手成功地获取管理员的私钥，就可伪造一个公钥目录表，以后既可假冒任意用户又能监听发往任意用户的消息，而且公用目录表还易受到敌手的窜扰。

3）公钥管理机构

如果在公钥目录表中对公钥的分配施加更严密的控制，安全性将会更强。与公用目录表类似，这里假定有一个公钥管理机构来为各用户建立、维护动态的公钥目录，但同时对系统提出以下要求，即每个用户都知道管理机构的公钥，而只有管理机构自己知道相应的私钥。

公钥管理机构分配公钥如图 15.6 所示，公钥的分配步骤如下。

① 用户 A 向公钥管理机构发送一个带时间戳的消息，消息中有获取用户 B 的当前公钥的请求。

② 公钥管理机构对 A 的请求做出应答，应答由一个消息表示，该消息由公钥管理机构用自己的私钥 SK_{AU} 加密，因此 A 能用公钥管理机构的公钥解密，并使 A 相信这个消息的确来源于公钥管理机构。

应答的消息中有以下几项：B 的公钥 PK_B，A 可用之对将发往 B 的消息加密；A 的请求，用于 A 验证收到的应答的确是对相应请求的应答，且还能验证自己最初发出的请求在被管理机构收到以前是否被篡改；最初的时间戳，以使 A 相信管理机构发来的消息不是一个旧消息，因此消息中的公钥的确是 B 当前的公钥。

③ 用 B 的公钥对一个消息加密后发往 B，这个消息有两个数据项：一是 A 的身份 ID_A，二

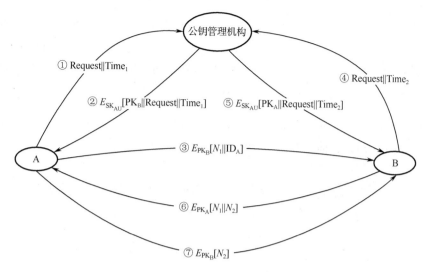

图 15.6 公钥管理机构分配公钥

是一个一次性随机数 N_1，用于唯一地标识这次业务。

④ 以相同方式从公钥公钥管理机构获取 A 的公钥（与①、②类似）。这时，A 和 B 都已经安全得到了对方的公钥，因此可进行保密通信。然而，他们也许还希望有以下两步，以认证对方。

⑤ 用 PK_A 对一个消息加密后发往 A，该消息的数据项有 A 的一次性随机数 N_1 和 B 产生的一个一次性随机数 N_2。因为只有 B 能解密③的消息，所以 A 收到的消息中的 N_1 可使其相信通信的另一方的确是 B。

⑥ 用 B 的公钥对 N_2 加密后返回给 B，可使 B 相信通信的另一方的确是 A。

以上过程共发送了 6 个消息，其中前 4 个消息用于获取对方的公钥。用户得到对方的公钥后保存起来可供以后使用，这样就不必再发送前 4 个消息了，然而还必须定期地通过公钥管理机构获取通信对方的公钥，以免对方的公钥更新后无法保证当前的通信。

4）公钥证书

上述公钥管理机构分配公钥时也有缺点，因为每个用户要想和他人联系都需要求助于公钥管理机构，所以公钥管理机构有可能成为系统的瓶颈，而且由公钥管理机构维护的公钥目录表也易被敌手窜扰。

分配公钥的另一种方法是公钥证书，用户通过公钥证书来互相交换自己的公钥而无须与公钥管理机构联系。公钥证书由证书管理机构 CA 为用户建立，其中的数据项有与该用户的私钥相匹配的公钥及用户的身份和时间戳等，所有的数据项经 CA 用自己的私钥签字后就形成证书，即证书的形式为 $C_A = E_{SK_{CA}}[T，ID_A，PK_A]$，其中 ID_A 是用户 A 的身份，PK_A 是 A 的公钥，T 是当前时间戳，SK_{CA} 是 CA 的私钥，C_A 是为用户 A 产生的证书。用户可将自己的公钥通过公钥证书发给另一用户，接收方可用 CA 的公钥 PK_{CA} 对证书加以验证，即 $D_{PK_{CA}}[C_A] = D_{PK_{CA}}[E_{SK_{CA}}[T，ID_A，PK_A]] = (T，ID_A，PK_A)$。

因为只有用 CA 的公钥才能解读证书，接收方从而验证了证书的确是由 CA 发放的，而且也获得了发送方的身份 ID_A 和公钥 PK_A。时间戳 T 为接收方保证了收到的证书的新鲜性，用以防止发送方或敌方重放旧证书。因此，时间戳可被当作截止日期，证书如果过旧，则被吊销。

2. 用公钥加密分配对称密码体制的密钥

公钥分配完成后，用户就可用公钥加密体制进行保密通信。然而公钥加密的速度过慢，以此进行保密通信不太合适，但用于分配对称密码体制的密钥却非常合适。

1）简单分配

简单使用公钥加密算法建立会话密钥如图 15.7 所示，表示简单使用公钥加密算法建立会话密钥的过程，如果 A 希望与 B 通信，可通过以下几步建立会话密钥。

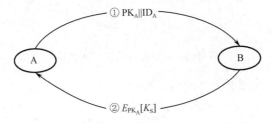

图 15.7 简单使用公钥加密算法建立会话密钥

① A 产生自己的一对密钥 $\{\text{PK}_A, \text{SK}_A\}$，并向 B 发送 $\text{PK}_A\|\text{ID}_A$，其中 ID_A 表示 A 的身份。

② B 产生会话密钥 K_S，并用 A 的公钥 PK_A 对 K_S 加密后发往 A。

③ A 由 $D_{\text{SK}_A}\left[E_{\text{PK}_A}\left[K_S\right]\right]$ 恢复会话密钥。因为只有 A 能解读 K_S，所以仅 A、B 知道这一共享密钥。

④ A 销毁 $\{\text{PK}_A, \text{SK}_A\}$，B 销毁 PK_A。

A、B 现在可以用对称加密算法以 K_S 作为会话密钥进行保密通信，通信完成后，又都将 K_S 销毁。

尽管这种分配方法简单，但 A、B 双方在通信前和完成通信后，都未存储密钥，因此密钥泄露的危险性最小，且可防止双方的通信被敌手监听。

这一协议易受到主动攻击，如果敌手 E 已接入 A、B 双方的通信信道，那么就可通过以下不被察觉的方式截获双方的通信。

① 与前面的①相同。

② E 截获 A 的发送后，建立自己的一对密钥 $\{\text{PK}_E, \text{SK}_E\}$，并将 $\text{PK}_E\| \text{ID}_A$ 发送给 B。

③ B 产生会话密钥 K_S 后，将 $E_{\text{PK}_E}[K_S]$ 发送出去。

④ E 截获 B 发送的消息后，由 $D_{\text{SK}_E}[E_{\text{PK}_E}[K_S]]$ 解读 K_S。

⑤ E 再将 $E_{\text{PK}_A}[K_S]$ 发往 A。

现在 A 和 B 知道 K_S，但并未意识到 K_S 已被 E 截获。A、B 在用 K_S 通信时，E 就可以实施监听。

2）具有保密性和认证性的密钥分配

具有保密性和认证性的密钥分配如图 15.8 所示，该密钥分配过程具有保密性和认证性，因此既可防止被动攻击，又可防止主动攻击。

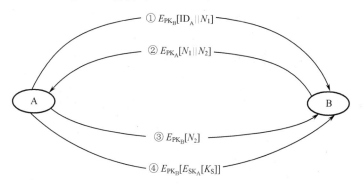

图 15.8　具有保密性和认证性的密钥分配

假定 A、B 双方已经完成公钥交换，可按以下步骤建立共享会话密钥。

① 用 B 的公钥加密 A 的身份 ID_A 和一个一次性随机数 N_1 后发往 B，其中 N_1 用于唯一标识这一业务。

② 用 A 的公钥 PK_A 加密 A 的一次性随机数 N_1 和 B 新产生的一次性随机数 N_2 后发往 A。因为只有 B 能解读①中的加密，所以 B 发来的消息中 N_1 的存在可使 A 相信对方的确是 B。

③ 用 B 的公钥 PK_B 对 N_2 加密后返回给 B，以使 B 相信对方的确是 A。

④ 选一个会话密钥 K_S，然后将 $M = E_{PK_B}\left[E_{SK_A}\left[K_S\right]\right]$ 发给 B，其中用 B 的公钥加密是为保证只有 B 能解读加密结果，用 A 的私钥加密是保证该加密结果只有 A 能发送。

⑤ 以 $D_{PK_A}\left[D_{SK_B}\left[M\right]\right]$ 恢复会话密钥。

15.3　密钥协商

密钥协商是现代网络通信的一种常见协议，是指两个或多个实体通过相互传送一些消息来共同建立一个共享的秘密密钥的协议，且各个实体无法预先确定这个秘密密钥的值，其目的是通信双方在网络中通过交换信息来生成一个双方共享的会话密钥。典型的密钥协商协议是 Diffie-Hellman 密钥交换协议，该协议是一个无身份认证要求的双方密钥协商方案，在这个协议基础上改进的端对端协议（Station-To-Station Protocol）是一个更安全的密钥协商协议。

15.3.1　Diffie-Hellman 密钥交换协议

1976 年，Whitfield Diffie 和 Martin Hellman 共同提出了 Diffie-Hellman 密钥交换协议（简称 D-H 协议），它是第一个实用的在非保护信道中建立共享密钥的方法，其安全性依赖于计算离散对数的困难程度。该协议可以让双方在完全没有对方任何预先信息的条件下通过不安全信道建立一个密钥，这个密钥可以在后续的通信中作为对称密钥来加密通信内容。2002 年，Hellman 建议将该算法改名为 Diffie-Hellman-Merkle 密钥交换协议，以表明 Ralph Merkle 对公钥加密算法的贡献。下面介绍 Diffie-Hellman 密钥交换协议实现过程。

设 p 是一个大素数，$g \in Z_p$ 是模 p 的一个本原元，p 和 g 公开，并可为所有用户共用。

（1）通信方 A 随机选取一个大数 a，$0 \leq a \leq p-2$，计算 $g_a \equiv g^a \bmod p$，并将结果 g_a 传送给通信方 B。

（2）B 随机选取一个大数 b，$0 \leq b \leq p-2$，然后计算 $g_b \equiv g^b \bmod p$，并将结果 g_b 传送给 A。

（3）A 计算 $k \equiv g_b^a \bmod p$。

（4）B 计算 $k \equiv g_a^b \bmod p$。

因为 $k \equiv g_b^a \bmod p \equiv \left(g^b \bmod p\right)^a \bmod p \equiv g^{ab} \bmod p \equiv g_a^b \bmod p \equiv k$，所以通信双方 A 和 B 各自计算出共同的会话密钥 k，这样他们就可以使用对称密码体制以 k 为密钥进行保密通信了。

上述的 Diffie-Hellman 密钥交换协议很容易扩展到三人密钥协商协议。下面以 A、B、C 三方一起产生秘密密钥为例。

（1）A 选取一个大随机整数 x，并且发送 $X \equiv g^x \bmod p$ 给 B。

（2）B 选取一个大随机整数 y，并且发送 $Y \equiv g^y \bmod p$ 给 C。

（3）C 选取一个大随机整数 z，并且发送 $Z \equiv g^z \bmod p$ 给 A。

（4）A 发送 $Z' \equiv Z^x \bmod p$ 给 B。

（5）B 发送 $X' \equiv X^y \bmod p$ 给 C。

（6）C 发送 $Y' \equiv Y^z \bmod p$ 给 A。

（7）A 计算 $k \equiv Y'^x \bmod p$。

（8）B 计算 $k \equiv Z'^y \bmod p$。

（9）C 计算 $k \equiv X'^z \bmod p$。

显然，会话密钥 k 等于 $g^{xyz} \bmod p$，除了他们三人，没有其他人能计算出 k 值。

这个协议很容易扩展到四人或更多人的密钥协商协议。然而随着人数增加，通信的轮数迅速增加，因此在现实通信中该方法不适合用于群密钥协商协议。

Diffie-Hellman 密钥交换协议不包含通信双方的身份认证过程，因此处于通信双方 A 和 B 通信中间的攻击者能够截获并替换他们之间的密钥协商交互的消息，从而监听他们的通信内容，这种攻击被称为中间人攻击。

在中间人攻击中，攻击者 M 截获 A 发送给 B 的第一条密钥协商消息 g_a，并伪装成 A 向 B 发送消息 $g_m \equiv g^m \bmod p$。B 将按照协议的规则回复 g_b 给 A，攻击者 M 截获这个消息。现在 M 和 B 协商了一个密钥 $g^{bm} \bmod p$，而 B 以为这个密钥就是他和 A 所共享的密钥。同理，M 伪装成 B 将 $g_m \equiv g^m \bmod p$ 发送给 A，则 M 和 A 协商了一个密钥 $g^{am} \bmod p$，而 A 以为这是他和 B 共享的密钥（对 Diffie-Hellman 密钥交换协议的中间人攻击如图 15.9 所示），该过程如下。

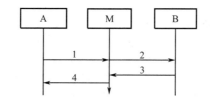

图 15.9　对 Diffie-Hellman 密钥交换协议的中间人攻击

（1）A 选择 $a \in_u [1, p-1)$，计算 $g_a \equiv g^a \bmod p$，发送 g_a 给 M（"B"）。

（2）M（"A"）对某个 $m \in [1, p-1)$，计算 $g_m \equiv g^m \bmod p$，发送 g_m 给 B。

（3）B 选择 $b \in_u [1, p-1)$，计算 $g_b \equiv g^b \bmod p$，发送 g_b 给 M（"A"）。

（4）M（"B"）向 A 发送 g_m。

（5）A 计算 $k_1 \equiv g_m^a \bmod p$。

（6）B 计算 $k_2 \equiv g_m^b \bmod p$。

上述过程完成之后，攻击者 M 可以计算出密钥 k_1 和 k_2，并用这两个密钥就可以监听 A 和 B 之间的秘密通信。A 用 $g^{am} \bmod p$ 加密信息发送给 B，M 截取信息的密文并用 k_1 解密得到信息，随后用密钥 $g^{bm} \bmod p$ 再次加密信息并传送给 B。反之亦然。

因为这个协议没有提供对消息源的认证，所以主动攻击者 M 对 Diffie-Hellman 密钥交换协议的中间人攻击可以成功。为了抵抗这种攻击，在协议的运行过程当中，参与者必须确定收到的消息的确来自目标参与者。

为了克服中间人攻击，最简便的方法就是在双方通信过程中进行身份认证。下面介绍两种常见的认证密钥协商协议。

Diffie 和 Van Orschot 等于 1992 年提出了一种 D-H 密钥协商协议的改进协议——端对端（STS）协议。该协议基于公钥基础设施引入了数字签名算法，假定存在可信中心 CA，其签名算法用 Sign 表示，与之对应的签名验证算法用 Ver 表示。域中的每个用户可以事先向 CA 注册并申请一个公钥证书，则简化的 STS 协议描述如下。

设 p 是一个大素数，$g \in Z_p$ 是模 p 的一个本原元，p 和 g 公开。

（1）A 随机选取 x，$0 \le x \le p-2$，计算 $g_a \equiv g^x \bmod p$，并将结果传送给用户 B。

（2）B 随机选取 y，$0 \le y \le p-2$，计算 $g_b \equiv g^y \bmod p$，然后计算 $S_B = \text{Sign}_A(g_a, g_b)$，用户 B 将 $(C(B), g_b, S_B)$ 传送给用户 A。

（3）用户 A 先验证 $C(B)$ 的有效性，然后验证 B 的签名 S_B 的有效性。确认 S_B 有效后，计算 $S_A = \text{Sign}_A(g_a, g_b)$，把自己的公钥证书及签名 S_A 发给用户 B。最后，计算 $K \equiv g_b^x \bmod p$ 作为会话密钥。

（4）B 同样先验证 $C(A)$ 的有效性，然后验证 A 的签名 S_A 的有效性。确认 S_A 有效后，计算 $K \equiv g_a^y \bmod p$ 作为会话密钥。

其中，$C(A)$ 和 $C(B)$ 分别表示用户 A 和 B 的证书，Sign_A 和 Sign_B 分别表示利用 A 私钥和 B 私钥进行签名算法。

这样，利用简化的 STS 协议，A 和 B 双方在信道上交换的密钥信息是不可替换的，显然前面提到的中间人攻击是无效的。本协议没有提供协商的会话密钥确认，可以通过把这两个签名 S_A 和 S_B 再用 K 加密即可达到目的。

15.3.2 量子密钥协议

量子密码学是量子力学在密码学中进行应用产生的交叉学科。与现代密码体制的安全性大多基于复杂的数学难题不同，量子密码的安全性是由量子力学的基本原理保证的，如量子不可克隆定理、不确定性原理。量子密码的核心是量子密钥分配，量子密钥分配能够以无条件安全的方式在合法通信双方之间分发密钥，再结合现代密码体制中的一次一密算法，从而能够实现无条件安全的保密信息传输。第一个量子密钥分配协议是 1984 年由 Bennett 和 Brassard 提出的 BB84 协议，BB84 协议的理论安全性已经得到了严格的证明，在实验上也获得了快速发展，并且开始逐步实用化。但是实际系统和理论模型之间总是存在偏差，这些偏差可能带来潜在的安全隐患。因此，研究 BB84 协议的实际安全性具有重要的现实意义。

量子密码协议不总是像量子密钥分配那样具有无条件安全性，但是在量子时代，现代密码体制中基于大整数分解等数学难题解决这些密码学任务的方法将变得十分不安全。因此，仅基于量子力学原理研究这些密码学任务能够获得多大程度的安全性具有重要的理论意义，从而为量子时代的信息安全提供前瞻性指导。Bennett 在 20 世纪 70 年代从 Wisener 处得知量子货币的想法后，于 1979 年和 Brassard 经过 5 年的时间在 1984 年构造了闻名至今的第一个量子密钥分配（Quantum Key Distribution，QKD）协议，简称 BB84 协议或第一个量子掷币协议，从而正式开启了量子密码的时代。QKD 协议可以基于量子力学原理实现无条件安全的密钥分发，所以为了在即将到来的量子时代仍然能够实现安全通信，保护信息安全，人们对 QKD 的研究产生了极大的兴趣。

在 QKD 协议中，一般称发送者为 Alice，接收者为 Bob，窃听者为 Eve。在进行量子密钥分配的过程中，Alice 和 Bob 可以利用量子力学原理检测携带密钥的量子态是否被 Eve 干扰，其中用到的量子力学原理有量子不可克隆原理、测量不确定性原理和测量塌缩原理等。不管在理论还是实验方面，BB84 协议是发展最成熟的。

在 BB84 协议中，Alice 和 Bob 约定两组共轭基 $Z = \{|0\rangle, |1\rangle\}$ 和 $X = \{|+\rangle, |-\rangle\}$ 进行量子态的编码和解码。其中，$|0\rangle$ 和 $|1\rangle$ 是泡利矩阵 σ_Z 的本征态，$\{|+\rangle, |-\rangle\}$ 是泡利矩阵 σ_X 的本征态，且 $|+\rangle = \frac{1}{\sqrt{2}}(|0\rangle + |1\rangle)$，$|-\rangle = \frac{1}{\sqrt{2}}(|0\rangle - |1\rangle)$，这 4 个量子状态经常被称为 BB84 量子态。BB84 协议的过程如下所示，其中利用了两条信道：量子信道和经典信道。对于量子信道，Alice 和 Bob 不假设 Eve 可以对其进行操作，但是要求经典信道是经过认证的，即 Eve 只能对经典信息进行窃听，但是不能更改经典信息的内容。这可以通过 Alice 和 Bob 事先共享一串短的密钥，然后利用无条件安全的 Wegman-Carter 认证协议实现，在认证过程中消耗掉的密钥可以通过 QKD 协

议新产生的密钥来补充。协议的具体过程描述如下。

（1）量子过程。①量子态的制备和发送。Alice 生成一串由 0 和 1 组成的随机数，并为每个随机数随机选择一个编码基 Z 或 X。对于随机数 0，若选择的编码基是 Z 则制备量子态 $|0\rangle$；若选择的编码基为 X，则制备量子态 $|+\rangle$。对于随机数 1，若选择的编码基是 Z，则制备量子态 $|1\rangle$；若选择的编码基为 X，则制备量子态 $|-\rangle$。根据上述编码方式，Alice 将制备的量子态发送给 Bob。②量子态的测量。Bob 随机选择测量基 Z 或 X 对每个量子态进行测量并记录测量结果。

（2）经典后处理过程。①Bob 利用经典认证信道公布自己的探测器成功响应的量子态，以及对这些量子态使用的测量基，Alice 也公布这些量子态的制备基。Alice 和 Bob 舍弃两者基不相同的情况，只保留相同的情况，从而得到各自的筛后密钥 K_A^{sift} 和 K_B^{sift}。②参数估计。Alice 和 Bob 从筛后密钥中随机抽取一部分样本并公布样本的密钥值，通过比较各自样本密钥的值，他们计算信道的量子比特误码率。若量子比特误码率大于安全阈值，则终止协议过程，否则继续执行下面的步骤。注意，除了这里利用随机抽样进行比特误码率估计的方法，还有利用纠错算法直接计算比特错误个数的方法。③纠错密钥。上一步估计出来的比特误码率，Alice 和 Bob 对随机抽样后剩余的筛后密钥进行纠错，得到以很大概率相等的纠错后密钥 K_A^{core} 和 K_B^{core}。常用的纠错算法有 Cascade 纠错法、Winnow 纠错法和 LDPC 码纠错法等。在纠错过程之后一般还需要进行错误校验，即验证纠错过程是否成功，一般通过比较 K_A^{core} 和 K_B^{core} 的 Hash 函数值来实现。

🔓 15.4　SM2 密钥交换协议

下面介绍 SM2 椭圆曲线公钥密码算法的密钥交换协议。在 SM2 椭圆曲线公钥密码算法中，用户 A 具有长度为 entlen_A bit 的可辨别标识 ID_A，记 ENTL_A 是由整数 entlen_B 转换而成的两个字节。在 SM2 椭圆曲线密钥交换协议中，参与密钥协商的 A、B 双方都需要用密码杂凑函数求得用户 A 的杂凑值 Z_A 和用户 B 的杂凑值 Z_B。其中 $Z_A = H_{256}(\text{ENTL}_A \| \text{ID}_A \| a \| b \| x_G \| y_G \| x_A \| y_A)$，$Z_B = H_{256}(\text{ENTL}_B \| \text{ID}_B \| a \| b \| x_G \| y_G \| x_B \| y_B)$。

在该密钥交换协议中，涉及 3 类辅助函数：密码杂凑函数、密钥派生函数与随机数发生器。这 3 类辅助函数的强弱直接影响密钥交换协议的安全性。

其中，密码杂凑函数 $H_v(\ )$ 的输出是长度恰为 $v$bit 的杂凑值，规定使用国家密码管理局批准的密码杂凑函数，如 SM3 密码杂凑算法。密钥派生函数的作用是从一个共享的秘密比特串中派生出密钥数据。在密钥协商过程中，密钥派生函数作用在密钥交换所获共享的秘密比特串上，从中产生所需要的会话密钥或进一步加密所需要的密钥数据。密钥派生函数 KDF(Z, klen) 需要调用密码杂凑函数，规定使用国家密码管理局批准的随机数发生器。

参数选取同 8.2.1 节。

下面是 SM2 密钥交换协议过程。

设用户 A 和 B 协商获得密钥数据的长度为 klen bit，用户 A 为发起方，用户 B 为响应方。

用户 A 和 B 双方为了获得相同的密钥，应实现如下运算步骤。

记 $w = \lceil (\lceil \log_2(n) \rceil / 2) \rceil - 1$，$n$ 为 G 的阶。

用户 A。

第 1 步（A1）：产生随机数 $r_A \in [1, n-1]$。

第 2 步（A2）：计算群 G_1 中的元素 $R_A = [r_A]G = (x_1, y_1)$。

第 3 步（A3）：将 R_A 发送给用户 B。

用户 B。

第 1 步（B1）：产生随机数 $r_B \in [1, n-1]$。

第 2 步（B2）：计算群 G_1 中的元素 $R_B = [r_B]G = (x_2, y_2)$。

第 3 步（B3）：从 R_B 中取出域元素 x_2，计算 $\bar{x}_2 = 2^w + (x_1 \& (2^w - 1))$。

第 4 步（B4）：计算 $t_B = (d_B + \bar{x}_2 \cdot r_B) \bmod n$。

第 5 步（B5）：验证 R_A 是否满足椭圆曲线方程，若不满足则协商失败；否则从 R_A 中取出域元素 x_1，将 x_1 转换为整数，计算 $\bar{x}_1 = 2^w + (x_1 \& (2^w - 1))$。

第 6 步（B6）：计算椭圆曲线点 $V = [h \cdot t_B](P_A + [\bar{x}_1]R_A) = (x_V, y_V)$，若 V 是无穷远点，则 B 协商失败；否则将 x_V、y_V 数据转换为比特串。

第 7 步（B7）：计算 $K_B = \mathrm{KDF}(x_V \| y_V \| Z_A \| Z_B, \text{klen})$。

第 8 步（B8）：将 R_A 的坐标 x_1、y_1 和 R_B 的坐标 x_2、y_2 的数据类型转换为比特串，计算选项 $S_B = \mathrm{Hash}(0x02 \| y_V \| \mathrm{Hash}(x_V \| Z_A \| Z_B \| x_1 \| y_1 \| x_2 \| y_2))$。

第 9 步（B9）：将 R_B、选项 S_B 发送给用户 A。

用户 A。

第 4 步（A4）：从 R_A 中取出域元素 x_1，将 x_1 转换为整数，计算 $\bar{x}_1 = 2^w + (x_1 \& (2^w - 1))$。

第 5 步（A5）：计算 $t_A = (d_A + \bar{x}_1 \cdot r_A) \bmod n$。

第 6 步（A6）：验证 R_B 是否满足椭圆曲线方程，若不满足则协商失败；否则从 R_B 中取出域元素 x_2，将 x_2 转换为整数，计算 $\bar{x}_2 = 2^w + (x_2 \& (2^w - 1))$。

第 7 步（A7）：计算椭圆曲线点 $U = [h \cdot t_A](P_B + [\bar{x}_2]R_B) = (x_U, y_U)$，若 U 是无穷远点，则 A 协商失败；否则将 x_U、y_U 数据转换为比特串。

第 8 步（A8）：计算 $K_A = \mathrm{KDF}(x_U \| y_U \| Z_A \| Z_B, \text{klen})$。

第 9 步（A9）：选项将 R_A 的坐标 x_1、y_1 和 R_B 的坐标 x_2、y_2 的数据类型转换为比特串，计算选项 $S_1 = \mathrm{Hash}(0x02 \| y_U \| \mathrm{Hash}(x_U \| Z_A \| Z_B \| x_1 \| y_1 \| x_2 \| y_2))$，并验证 $S_1 = S_B$ 是否成立，若等式不成立则从 B 到 A 的密钥确认失败。

第 10 步（A10）：计算选项 $S_A = \mathrm{Hash}(0x03 \| y_V \| \mathrm{Hash}(x_V \| Z_A \| Z_B \| x_1 \| y_1 \| x_2 \| y_2))$，将 R_A 发送给用户 B。

用户 B。

第 10 步（B10）：计算 $S_2 = \mathrm{Hash}(0x03 \| y_V \| \mathrm{Hash}(x_V \| Z_A \| Z_B \| x_1 \| y_1 \| x_2 \| y_2))$，并检验 $S_2 = S_A$ 是否成立，若等式不成立则从 A 到 B 的密钥确认失败。

A、B 双方共享密钥为 K_A 和 K_B，事实上 $K_A=K_B$。证明过程读者可自行学习。可选项实现了 A、B 双方共享密钥的确认。

🔓 15.5　SM9 密钥交换协议

下面介绍 SM9 密钥交换协议。参与密钥交换的发起方用户 A 和响应方用户 B 各自持有一个标识和一个相应的私钥，私钥均由密钥生成中心通过主私钥和用户的标识结合产生。用户 A 和用户 B 通过交互的信息传递，用标识和各自的加密私钥来商定一个只有他们知道的秘密密钥，用户双方可以通过可选项实现密钥确认。这个共享的秘密密钥通常用在某个对称密码算法中，该密钥交换协议能够用于密钥管理和协商。

协议中还用到密码函数 $H_1(\ )$ 和密码函数 $H_2(\ )$。密码函数 $H_1(Z,\ n)$、$H_2(Z,\ n)$ 的输入分别为比特串 Z 和整数 n，输出为一个整数 $h_1 \in [1,\ n-1]$、$h_2 \in [1,\ n-1]$。$H_1(Z,\ n)$ 需要调用密码杂凑函数 $H_v(\ )$。

下面是 SM9 密钥交换协议过程。协议中的参数参考第 9 章 SM9 标识密码算法。

设用户 A 和用户 B 协商获得密钥数据的长度为 klen bit，用户 A 为发起方，用户 B 为响应方。用户 A 和用户 B 双方为了获得相同的密钥，应实现如下运算步骤。

用户 A。

第 1 步（A1）：计算群 G_1 中的元素 $Q_B = [H_1(ID_B\|hid,\ N)]P_1 + P_{pub\text{-}e}$。

第 2 步（A2）：产生随机数 $r_A \in [1,\ N-1]$；计算群 G_1 中的元素 $R_A = [r_A]Q_B$。

第 3 步（A3）：将 R_A 发送给用户 B。

用户 B。

第 1 步（B1）：计算群 G_1 中的元素 $Q_A = [H_1(ID_A\|hid,\ N)]P_1 + P_{pub\text{-}e}$。

第 2 步（B2）：产生随机数 $r_B \in [1,\ N-1]$。

第 3 步（B3）：计算群 G_1 中的元素 $R_B = [r_B]Q_A$。

第 4 步（B4）：按椭圆曲线子群上点的验证方法验证 $R_A \in G_1$ 是否成立，若不成立则协商失败；否则计算群 G_T 中的元素 $g_1 = e(R_A,\ de_B)$，$g_2 = e(P_{pub-e},\ P_2)^{r_B}$，$g_3 = g_1^{r_B}$，并将 g_1，g_2，g_3 的数据类型转换为比特串。

第 5 步（B5）：将 R_A 和 R_B 的数据类型转换为比特串，计算 $SK_B = KDF(ID_A \| ID_B \| R_A \| R_B \| g_1 \| g_2 \| g_3,\ klen)$。

第 6 步（B6）：计算 $S_B = \text{Hash}\big(0x82 \| g_1 \| \text{Hash}\big(g_2 \| g_3 \| ID_A \| ID_B \| R_A \| R_B\big)\big)$。

第 7 步（B7）：将 R_B、选项 S_B 发送给用户 A。

用户 A。

第 4 步（A4）：按椭圆曲线子群上点的验证方法验证 $R_B \in G_1$ 是否成立，若不成立则协商失败；否则计算群 G_T 中的元素 $g_1' = e(P_{pub-e},\ P_2)^{r_A}$，$g_2' = e(R_B,\ de_A)$，$g_3' = (g_2')^{r_A}$，并将 g_1'，g_2'，g_3'

的数据类型转换为比特串。

第 5 步（A5）：把 R_A 和 R_B 的数据类型转换为比特串，计算 $S_1 = \text{Hash}(0x82 \| g_1' \| \text{Hash}(g_2' \| g_3' \| \text{ID}_A \| \text{ID}_B \| R_A \| R_B))$，并检验 $S_1 = S_B$ 是否成立，若等式不成立则从 B 到 A 的密钥确认失败。

第 6 步（A6）：计算 $\text{SK}_A = \text{KDF}(\text{ID}_A \| \text{ID}_B \| R_A \| R_B \| g_1' \| g_2' \| g_3', \text{klen})$。

第 7 步（A7）：计算 $S_A = \text{Hash}\left(0x83 \| g_1 \| \text{Hash}\left(g_2 \| g_3 \| \text{ID}_A \| \text{ID}_B \| R_A \| R_B\right)\right)$，并将 S_A 发送给用户 B。

用户 B。

第 8 步（B8）：计算 $S_2 = \text{Hash}\left(0x83 \| g_1 \| \text{Hash}\left(g_2 \| g_3 \| \text{ID}_A \| \text{ID}_B \| R_A \| R_B\right)\right)$，并检验 $S_2 = S_A$ 是否成立，若等式不成立则从 A 到 B 的密钥确认失败。

15.6 秘密共享技术

存储在系统中的所有密钥的安全性（整个系统的安全性）可能最终取决于一个主密钥。这样做有两个缺陷：一是若主密钥偶然或蓄意地被暴露，整个系统就易受攻击；二是若主密钥丢失或损坏，系统中所有信息就不能用了。第二个问题可通过将密钥的副本发给信得过的用户来解决，但这样做时，系统无法对付背叛行为。在密码学上，解决这两个问题的技术称为秘密共享技术，也称秘密分享，即将秘密分割成多个子秘密，使用超过阈值数目的子秘密才能恢复该秘密的机制。它的基本思想是把重要的秘密分成若干份额，分别由若干人保管，必须有足够多的份额才能重建这个重要的秘密。

秘密共享技术的基本要求是将秘密 s 分成 n 个份额 s_1，s_2，…，s_n，满足以下两个性质。

（1）已知任意 t 个 s_i 值易算出 s。

（2）已知任意 $t-1$ 个或更少个数的 s_i，不能确定 s。

t 为一个小于等于 n 的整数，由安全策略确定。当 t 小于 n 时，称为 (t, n) 门限方案。此时，重构秘密要求至少有 t 个份额，故泄露至多 $t-1$ 个份额不会危及秘密 s，因此少于 t 个用户不可能共谋得到秘密 s。另外，若一个份额丢失或损坏，只要有 t 个有效份额，仍可恢复秘密 s。

15.6.1 Shamir 门限方案

1979 年 Shamir 基于多项式的拉格朗日插值公式提出了一个 (t, n) 门限方案，称为 Shamir 门限方案或拉格朗日插值法。Shamir 门限方案的详细介绍如下。

1. 参数选取

选定一个素数 p，p 应该大于所有可能的秘密，并且比所有可能的份额大。设秘密 s 用一个模 p 数来表示，参与保管的成员共有 n 个，要求重构该秘密至少需要 t 个人。

2. 秘密分割

首先，随机地确定 $t-1$ 个模 p 数，记为 s_1，s_2，$\cdots$，s_{t-1}，得到多项式为

$$s(x) \equiv s + s_1 x + \cdots + s_{t-1} x^{t-1} \pmod p \tag{15.2}$$

该多项式满足 $s(0) \equiv s \bmod p$。

其次，选定 n 个不同的小于 p 的整数 x_1，x_2，$\cdots$，x_n（如选择 1，2，$\cdots$，n），对于每个整数分别计算数对 $(x_i,\ y_i)$，其中 $y_i \equiv s(x_i) \bmod p$。

最后，将 n 个数对 $(x_i,\ y_i)$，$i = 1$，2，$\cdots$，n 分别秘密传送给 n 个成员，多项式 $s(x)$ 则是保密的，可以销毁。

3. 秘密恢复

假设 t 个人一起准备恢复秘密 s，不妨设他们的数对为 $(x_1,\ y_1)$，$(x_2,\ y_2)$，$\cdots$，$(x_t,\ y_t)$。

首先，计算多项式 $f(x)$，即

$$f(x) \equiv \sum_{k=1}^{t} y_k \prod_{\substack{j=1 \\ j \neq k}}^{t} \frac{x - x_j}{x_k - x_j} \pmod p \tag{15.3}$$

其次，取多项式 $f(x)$ 的常数项 $f(0)$，即所求的秘密 s。

4. 正确性证明

首先，证明 t 个人构造出来的多项式满足 $f(x_i) = s(x_i) = y_i$，$(i = 1$，2，$\cdots$，$n)$。

令

$$l_k(x) \equiv \prod_{\substack{j=1 \\ j \neq k}}^{t} \frac{x - x_j}{x_k - x_j} \pmod p \tag{15.4}$$

其中，

$$l_k(x_j) = \begin{cases} 1, & k = j \\ 0, & k \neq j \end{cases}$$

这是因为 $l_k(x_j)$ 中包含为零的 $(x - x_j)/(x_k - x_j)$ 因子。

而拉格朗日插值多项式为

$$f(x) = \sum_{k=1}^{t} y_k l_k(x) \tag{15.5}$$

当 $1 \leqslant j \leqslant t$ 时，满足 $f(x_j) = y_j$。

例如，$f(x_1) \equiv y_1 l_1(x_1) + y_2 l_2(x_1) + \cdots + y_t l_t(x_1) \equiv y_1 \cdot 1 + y_2 \cdot 0 + \cdots + y_t \cdot 0 \equiv y_1 \bmod p$。

其次，通过点 $(x_1,\ y_1)$，$(x_2,\ y_2)$，$\cdots$，$(x_t,\ y_t)$ 重构 $t-1$ 阶的多项式 $s(x)$，这意味着已知 t 个 t 元一次方程为

$$y_k \equiv S + s_1 x_k^1 + \cdots + s_{t-1} s_k^{t-1} \pmod p, \quad 1 \leqslant k \leqslant t$$

其中，$(x_i,\ y_i)$ 已知，方程系数未知。那么可以重写上式为

$$\begin{pmatrix} 1 & x_1 & \cdots & x_1^{t-1} \\ 1 & x_2 & \cdots & x_2^{t-1} \\ \vdots & \vdots & & \vdots \\ 1 & x_t & \cdots & x_t^{t-1} \end{pmatrix} \begin{pmatrix} s_0 \\ s_1 \\ \vdots \\ s_t \end{pmatrix} \equiv \begin{pmatrix} y_1 \\ y_2 \\ \vdots \\ y_t \end{pmatrix} \bmod p \tag{15.6}$$

左边的 $t \times t$ 矩阵是一个范德蒙矩阵，记为 V。如果这个方案的矩阵 V 是模 p 非奇异的，则其有唯一的模 p 解。能够证明它的行列式为

$$\det V = \prod_{1 \leqslant j < k \leqslant t} (x_k - x_j) \tag{15.7}$$

当且仅当两个 $x_i \bmod p$ 相等时，行列式为 $0 \bmod p$。

因此，只要有 t 个不同的 x_i 的值，方程系数就有唯一解。又因为前面已经证明多项式 $f(x)$ 是一个解，故 $f(x) = s(x)$。

15.6.2 Asmuth-Bloom 门限方案

Asmuth 和 Bloom 于 1980 年基于中国剩余定理提出了一个 (t, n) 门限方案，在这个方案中，成员的共享是由秘密 s 推算出的数 y 对不同模数 m_1，m_2，$\cdots$，m_n 的剩余。

1. 参数选取

令 q 是一个大素数，m_1，m_2，$\cdots$，m_n 是 n 个严格递增的数，且满足下列条件。

（1）$q > s$。

（2）$\gcd(m_1, m_j) = 1$，$\forall i$，j，$i \neq j$。

（3）$\gcd(q, m_i) = 1$，$i = 1$，2，$\cdots$，n。

（4）$N = \prod_{i=1}^{t} m_i > q \prod_{j=1}^{t-1} m_{n-j+1}$。

条件（1）表明秘密数必须小于 q；条件（2）指出 n 个模数两两互素；条件（3）表示 n 个模数都与 q 互素；条件（4）指出，N/q 大于后 $t-1$ 个模数 m_i 之积。

2. 秘密分割

首先，随机选取整数 A 满足 $0 \leqslant A \leqslant \lfloor N/q \rfloor - 1$，并公布 q。其次，$y = s + Aq$，则有 $y < q + Aq = (A+1)q \leqslant \lfloor N/q \rfloor \cdot q \leqslant N$。最后，计算 $y_i \equiv y \bmod m_i (i = 1$，$2$，$\cdots$，$n)$。$(m_i, y_i)$ 即一个子共享，将其分别传送给 n 个用户。集合 $\{(m_i, y_i) | i = 1$，2，$\cdots$，$n\}$ 即构成了一个 (t, n) 门限方案。

3. 秘密恢复

当 t 个参与者 i_1，i_2，$\cdots$，i_t 提供自己的子份额时，由 $\left\{ (m_{i_j}, y_{i_j}) | i = 1$，$2$，$\cdots$，$t \right\}$ 建立方程组为

$$
\begin{cases}
y \equiv y_{i_1} \bmod m_{i_1} \\
y \equiv y_{i_2} \bmod m_{i_2} \\
\quad\quad \cdots \\
y \equiv y_{i_t} \bmod m_{i_t}
\end{cases}
\tag{15.8}
$$

根据中国剩余定理可求得

$$
y \equiv y' \bmod N'
\tag{15.9}
$$

其中，$N' = \prod\limits_{j=1}^{t} m_{i_j} \geqslant N$，由 $y' \bmod q$ 即得秘密 s。

4．正确性证明

因为由 t 个成员的共享计算得到的模满足条件 $y < N \leqslant N'$，所以 $y = y'$ 是唯一的，再由 $y' - Aq$ 即得秘密 s。若仅有 $t-1$ 个参与者提供自己的子共享 (m_i, y_i)，则只能求得 $y'' \equiv y \bmod N''$，其中 $N'' = \prod\limits_{j=1}^{t-1} m_{i_j}$。由条件（4）得 $N'' < N / q$，即 $N / N'' > q$。

令 $y = y'' + \alpha N''$，其中 $0 \leqslant \alpha < \dfrac{y}{N''} < \dfrac{N}{N''}$。由于 $N / N'' > q$，$(N'', q) = 1$，当 α 在 $[0, q-1]$ 变化时，$y'' + \alpha N''$ 都是 y 的可能取值，因此无法确定 y。

在上述两个密钥共享的门限方案中，n 个共享者（也称委托人）的权限是一样的。但在实际应用中，委托人的地位和职能不同，其权限通常是不同的，因此需要考虑更一般的密钥共享体制。一个理想的秘密共享方案应具有如下两个性质。

（1）完全性，即任何授权集可恢复主密钥 k，而任何非授权集不能得到主密钥 k 的任何信息。

（2）无数据扩散性，即表示每个共享 $s_i\,(1 \leqslant i \leqslant n)$ 的比特数与表示主密钥 k 的比特数在平均的意义下都是相等的。

有关这方面的理论及各种类型的秘密共享方案，有兴趣的读者可自行查阅文献进行进一步了解。

🔓 15.7　本章小结

在任何安全系统中，密钥的管理都是一个关键的因素。本章介绍了在参与通信的各方中建立密钥并保护密钥的一整套过程和机制，包括密钥管理、分配、协商和共享 4 个方面，同时介绍了 SM2 椭圆曲线公钥密码算法和 SM9 标识密码算法的密钥交换协议。

🔒 15.8 本章习题

1. 在公钥体制中，每个用户 U 都有自己的公钥 PK_U 和私钥 SK_U。如果任意两个用户 A、B 按以下方式通信，A 给 B 发消息 $\left[E_{PK_B}(m),\ A\right]$，B 收到后，自动向 A 返回消息 $\left[E_{PK_A}(m),\ B\right]$ 以通知 A、B 确实收到报文 m。问用户 C 怎样通过攻击手段获取报文 m？

2. 设在 Diffie-Hellman 密钥交换协议中，公用素数 $q=11$，本原元等于 2。若用户 A 的公钥 $Y_A=9$，则 A 的私钥 X_A 为多少？如果用户 B 的公钥为 $Y_B=3$，则共享密钥为多少？

3. 设有限域 GF(13) 上的一个 Shamir(3，5) 门限方案所选的 5 个公开点为 2，3，5，6，7，交给 5 个系统成员相应的秘密份额依次为 2，5，4，0，-2，试求该系统的秘密值。

4. 一个使用有限域 GF（11）上的 Shamir（4，6）门限方案的系统交给 6 个成员的秘密份额依次为（1，0）、（2，-3）、（-2，-1）、（3，4）、（4，6）、（5，10），试求系统的秘密值。

5. 设在基于 Diffile-Hellman 密钥交换原理的一个 MIT 协议中，所用素数 $P=23$、模 p 的一个原根 $\alpha=5$。如果已知用户 U 的私钥 $a_U=6$，用户 V 的公钥 $b_V=9$；本次 U 收到 V 发来的由选择随机数 $r_V=6$ 算出的 $s_V=16$、V 收到 U 发来的由选择随机数 r_U 算出的 $s_U=4$。试求用户 U 与用户 V 本次可以形成的共享密钥 K。

6. 不考虑第三者冒充欺骗问题，下面两种密钥分配思想（其中，k_1 与 k_2 分别是 A、B 秘密选取的随机数，k 为 A 与 B 希望形成的共享密钥）是否可行？简要说明理由。

（1）与 B 进行三次交互如下。

$$A \xrightarrow{\quad k_1 \oplus k \quad} B$$
$$A \xleftarrow{\quad k_1 \oplus (k_2 \oplus k) = k_2 \oplus (k_1 \oplus k) \quad} B$$
$$A \xrightarrow{\quad k_2 \oplus k \quad} B$$

（2）设 p 是一个公开的使有关离散对数问题难解的大素数，A 与 B 进行三次交互如下。

$$A \xrightarrow{\quad k^{k_1} \bmod p,\ \gcd(k_1,\ p-1)=1 \quad} B$$
$$A \xleftarrow{\quad (k^{k_2})^{k_1} \bmod p = (k^{k_1})^{k_2} \bmod p,\ \gcd(k_2,\ p-1)=1 \quad} B$$
$$A \xrightarrow{\quad k^{k_2} \bmod p \quad} B$$

7. Asmuth-Bloom(3，5) 门限方案所选的素数 $p=11$，5 个两两互素正整数 $m_1=19$，$m_2=23$，$m_3=24$，$m_4=25$，$m_5=29$，它们都不是 p 的倍数，且满足：$10488=19\times23\times24>11\times25\times29=7975$。设交给 5 个系统成员的秘密份额依次为（19，5）、（23，1）、（24，1）、（25，9）、（29，5），试求出该系统的秘密值。

参考文献

[1] Shannon C E. A mathematical theory of communication[J]. Bell Labs technical journal，1948，27（4）：379-423.

[2] Shannon C E. Communication theory of secrecy systems[J]. Bell system technical journal，1949，28（4）：656-715.

[3] Diffie W，Hellman M E. New directions in cryptography [J]. IEEE transactions on information theory，1976，22（6）：644-654.

[4] Coppersmith D，Shamir A. Lattice attacks on NTRU[C]. International Conference on Theory and Application of Cryptographic Techniques，1997.

[5] Hoffstein J，Pipher J，Silverman J H. NTRU: A ring-based public key cryptosystem[C]. International Symposium on Algorithmic Number Theory，1998.

[6] National Institute of Standrads and Technology. Data Encryption Standard (DES)[S]，1999.

[7] National Institute of Standrads and Technology. Advanced Encryption Standard (AES)[S]，2001.

[8] 肖国镇，卢明欣，秦磊，等. 密码学的新领域——DNA 密码[J]. 科学通报，2006，51（10）：1139-1144.

[9] Gentry C. Fully homomorphic encryption using ideal lattices[C]. ACM Symposium on Theory of Computing，2009：169-178.

[10] GM/T 0002-2012. SM4 分组密码算法[S]. 北京：中国标准出版社，2012.

[11] GM/T0003-2012. SM2 椭圆曲线公钥密码算法[S]. 北京：中国标准出版社，2012.

[12] GM/T0001-2012. 祖冲之序列密码算法[S]. 北京：中国标准出版社，2012.

[13] GM/T0004-2012. SM3 密码杂凑算法[S]. 北京：中国标准出版社，2012.

[14] GM/T0044-2016. SM9 标识密码算法[S]. 北京：中国标准出版社，2016.

[15] 汪朝晖，张振峰. SM2 椭圆曲线公钥密码算法综述[J]. 信息安全研究，2016，2（11）：972-982.

[16] 冯秀涛. 祖冲之序列密码算法[J]. 信息安全研究，2016，2（11）：1028-1041.

[17] 王小云，于红波. SM3 密码杂凑算法[J]. 信息安全研究，2016，（11）：983-995.

[18] 吕述望，苏波展，王鹏. SM4 分组密码算法综述[J]. 信息安全研究，2016，2（11）：995-1007.

[19] 袁峰，程朝辉. SM9 标识密码算法综述[J]. 信息安全研究，2016，2（11）：1008-1027.

[20] 曹珍富. 公钥密码学[M]. 哈尔滨：黑龙江教育出版社，1993.

[21] 王育民，刘建伟. 通信网的安全——理论与技术[M]. 西安：西安电子科技大学出版社，1999.

[22] Carlisle Adams. 公开密钥基础设施——概念、标准和实施[M].冯登国，等译. 北京：人民邮电出版社，2001.

[23] Wenbo Mao. 现代密码学理论与实践[M]. 北京：电子工业出版社，2004.

[24] 杨波. 现代密码学[M]. 2 版. 北京：清华大学出版社，2007.

[25] 陈鲁生，沈世镒. 现代密码学[M]. 2 版. 北京：科学出版社，2008.

[26] 卢开澄，卢华明. 椭圆曲线密码算法导引[M]. 北京：清华大学出版社，2008.

[27] 谷利泽，郑世慧，杨义先. 现代密码学教程[M]. 北京：北京邮电大学出版社，2009.

[28] 周福才. 格理论与密码学[M]. 北京：科学出版社，2013.

[29] 彭长根. 现代密码学趣味之旅[M]. 北京：金城出版社，2015.

[30] 杨义先，钮心忻. 安全简史[M]. 北京：电子工业出版社，2017.

[31] 杨义先. 安全通论[M]. 北京：电子工业出版社，2018.